8th CCPS Latin American Conference on Process Safety 2018

Buenos Aires, Argentina
11 - 13 September 2018

ISBN: 978-1-5108-8235-5

Printed from e-media with permission by:

Curran Associates, Inc.
57 Morehouse Lane
Red Hook, NY 12571

Some format issues inherent in the e-media version may also appear in this print version.

Printed by Curran Associates, Inc. (2019)

For permission requests, please contact AIChE
at the address below.

AIChE
120 Wall Street, FL 23
New York, NY 10005-4020

Phone: (800) 242-4363
Fax: (203) 775-5177

www.aiche.org

Additional copies of this publication are available from:

Curran Associates, Inc.
57 Morehouse Lane
Red Hook, NY 12571 USA
Phone: 845-758-0400
Fax: 845-758-2633
Email: curran@proceedings.com
Web: www.proceedings.com

TABLE OF CONTENTS

IDENTIFICATION AND RISK MANAGEMENT

PROCESS SAFETY TECHNOLOGY

EMERGENCY MANAGEMENT AND STAKEHOLDERS OUTREACH

The Undergraduate Process Safety Learning Initiative

A global effort that prepares the next generation of chemical engineers to enter the workforce

Program Overview

AIChE The Global Home of Chemical Engineers | DOING A WORLD OF GOOD

The Undergraduate Process Safety Learning Initiative includes 3 major elements:

Collaboration

- Community
- Industry
- Academia

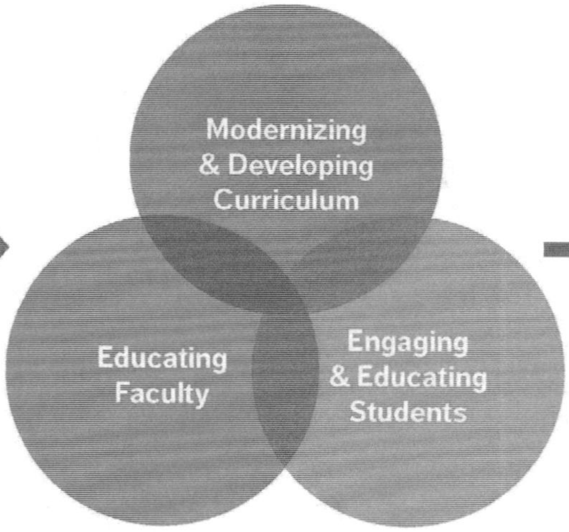

Results

- Decreased incidents
- Enhanced public perception
- Improved skilled hires
- Direct cost benefits

Industry & University Collaboration
Accelerating the Program

Less than 28% students have taken SAChE modules

100% new hires with rigorous process safety training

Reduction in catastrophic process safety incidents

Prior to Launch | **By 2024**

Available Curriculum

e-Learning modules

Level 1 (Basic)
- *The Importance of Process Safety**
- *Hazard Recognition**
- *Identifying & Minimizing Hazards**
- *Intro to Managing Process Safety Hazards**

Level 2 (Intermediate)
- *Toxicological Hazards*
- *Chemical Reactivity Hazards **
- *Fire Hazards**
- *Understanding Hazards and Risk**
- *Hazards and Risk: What Can Go Wrong?*
- *Hazards and Risk: Introduction to Pressure Protection*

Level 3 (Advanced)
- *Inherently Safer Design*

*Translated into either Spanish, or Mandarin

www.aiche.org/sache

The Impact

AIChE The Global Home of Chemical Engineers | DOING A WORLD OF GOOD

374

UNIVERSITIES PARTICIPATING
in undergraduate process safety learning initiative curriculum

+25%

INCREASE IN SAFETY CERTIFICATES COMPLETED BY STUDENTS
(since campaign launch)

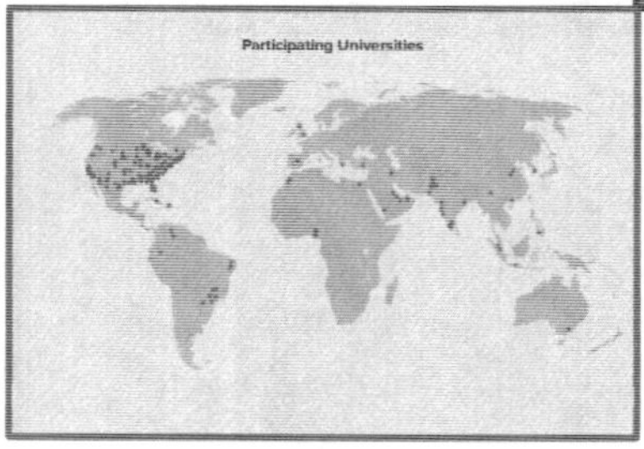

295

NEW FACULTY MEMBERS
educated on process safety
(since campaign launch)

Broad Support

AIChE The Global Home of Chemical Engineers | DOING A WORLD OF GOOD

The AIChE Foundation has raised \$7.2MM towards UPSLI, one of the transformative priorities of AIChE's Doing a World of Good campaign.

FOUNDERS' CIRCLE

Benefactors
\$750,000 and up

Dow, Chevron, lyondellbasell, BASF We create chemistry

Underwriters
\$500,000 - \$749,999

Chemours

Patrons
\$250,000 - \$499,999

DuPont, Eastman, Univar Chemistry Delivered

MAJOR CONTRIBUTORS:

Partners - \$100,000-\$249,000

Albemarle
Archer Daniels Midland Co.
Cabot
Covestro LLC
Evonik
ExxonMobil Corporation
FMC
Mitsui & Co. (U.S.A.), Inc.
Olin
PolyOne
Wacker Chemical Corporation

For a complete list of donors, visit www.DoingaWorldofGood.org

Doing a World of Good Campaign -- Funds Raised

LOS ATRIBUTOS DE LA CULTURA DE SEGURIDAD EN PAN AMERICAN ENERGY

Una experiencia de intervención

Diego Turjanski
Director ICSI Latam
diego.turjanski@icsi-eu.org

Federico Caldora
Vicepresidente
Safety & Environment - Risk Management
Pan American Energy
fcaldora@pan-energy.com

8th LACPS · Universidad Católica Argentina · September 11-13 2018

Agenda

- El ICSI y sus miembros
- Enfoques sobre cultura de seguridad
- Síntesis sobre atributos "estratégicos" de la cultura de seguridad
- Experiencia de intervención
- Conclusiones

8th LACPS · Universidad Católica Argentina · September 11-13 2018

¿Qué es el ICSI?

- ICSI es una Asociación sin fines de lucro creada en 2003, después del accidente de la planta AZF en Toulouse
- Financiado con los aportes de empresas privadas, sindicatos, municipios, centros de investigaciones y universidades

Es un espacio en el que se realiza **investigación**, **intercambio de información, asistencia técnica** y **formación** sobre los grandes desafíos de la gestión de la seguridad

Los miembros de ICSI

8th LACPS · Universidad Católica Argentina · September 11-13 2018

CCPS
An AIChE Technology Alliance
Center for Chemical Process Safety

arpel

Actividades

Grupos de Intercambio	Publicaciones y conferencias
Masters especializados	Asesoramiento y acompañamiento
Formación	Investigación

CCPS
An AIChE Technology Alliance
Center for Chemical Process Safety

arpel

Un breve sobrevuelo conceptual acerca de los enfoques de CS

DOS MANERAS DE PENSAR LA CS LIGADO A DOS ENFOQUES (MODOS DE PENSAR) LA GESTIÓN DE SEGURIDAD

Enfoque ERROR HUMANO

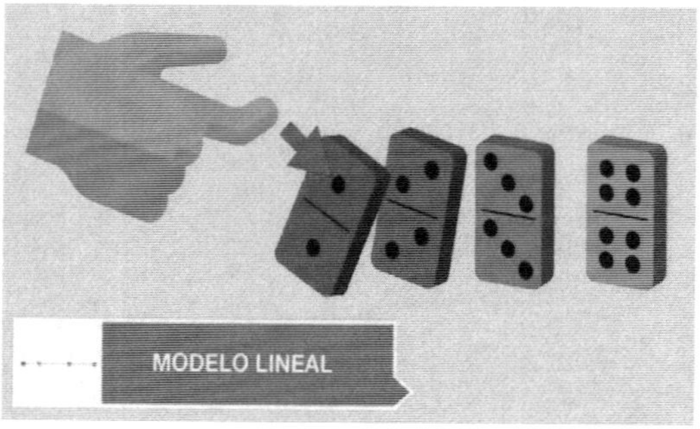

- Los accidentes son producto del error humano
- La seguridad se logra interviniendo directamente sobre las personas

CS, bajo este modelo, es actuar sobre "las creencias" de los trabajadores

8th LACPS · Universidad Católica Argentina · September 11-13 2018

Enfoque CONTEXTO Y ORGANIZACIÓN

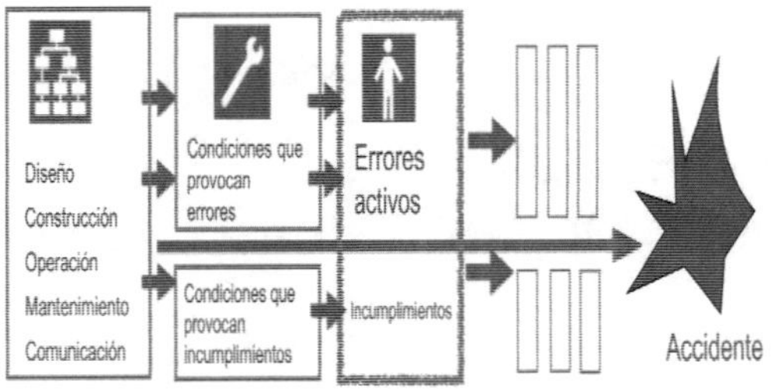

- El error humano como sintoma
- Los accidentes son producto de deficiencias en la arquitectura del sistema
- La seguridad se logra interviniendo sobre las personas, el contexto y la organización

CS, bajo este modelo, es actuar sobre el sistema

8th LACPS · Universidad Católica Argentina · September 11-13 2018

MODELO 1

MODELO 2

8th LACPS · Universidad Católica Argentina · September 11-13 2018

3 Ideas importantes…

✓ La visión más frecuente de CS es en función del enfoque individual (por eso se plantea que "hay que cambiar las creencias")

✓ Sin embargo, si queremos cambiar la CS es indispensable actuar sobre el contexto de generación de las creencias, no tanto sobre las creencias en sí mismas

✓ La CS es consecuencia, no causa. No es lo que explica, sino lo que hay que explicar

Hablando de organización y contexto de trabajo...

Las grandes catástrofes industriales muestran que existen ciertos "atributos" de las organizaciones que aumentan su capacidad de resiliencia (o su posibilidad de fallo)

CCPS
Center for Chemical Process Safety

arpel

LOS ATRIBUTOS "ESTRATÉGICOS" DE LA SEGURIDAD

- ORGANIZACIÓN INFORMADA
- ORGANIZACIÓN QUE APRENDE
- ORGANIZACIÓN JUSTA
- LIDERAZGO EN SEGURIDAD

CCPS
Center for Chemical Process Safety

arpel

Atributo – Organización informada

¿Por qué es importante?

- No se puede gestionar lo que no se conoce
- Es imposible gestionar la seguridad sin información
- Sin *información de seguridad* no hay *gestión de seguridad*

ORGANIZACIÓN INFORMADA

8th LACPS · Universidad Católica Argentina · September 11-13 2018

¿Cuáles eran los problemas relevados en la organización?

- **Deficiencia en las herramientas de observación comportamental**
  - Calibración
  - Método top-down
  - Sin criterio de seguimiento de observaciones críticas

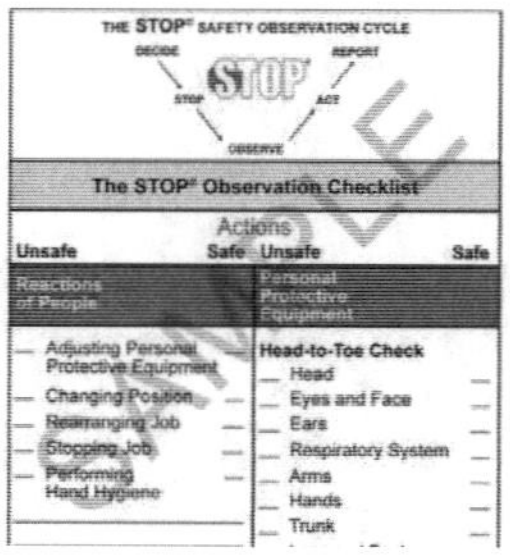

- **Ausencia de programas de notificación "bottom-up"**
  - Self Reporting
  - Espontánea
  - Accesible a todos

La metáfora de la deriva práctica para entender la necesidad de captura de datos

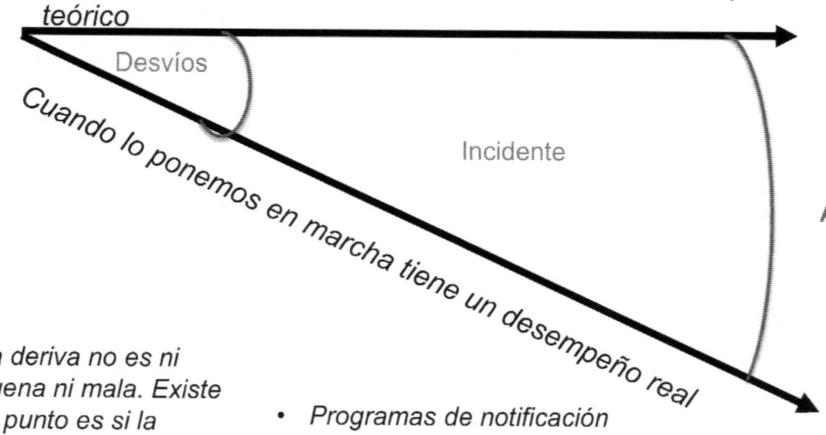

- *La deriva no es ni buena ni mala. Existe*
- *El punto es si la monitoreamos o no*

Y Cuando...

- *Programas de notificación*
- *Programas de observación*

Cómo capturar la deriva? Programas de notificación

- Sistemas de reporte
- No punitivos. Con ciertas garantías de confianza y protección de la información. Nadie va a notificar si tiene miedo
- A través de una herramienta accesible y simple para que la gente pueda contar estos problemas o situaciones
- Con un "custodio de la información"
- De uso voluntario (no obligatorio) para garantizar buena información (por oposición a "mucha")
- Con un proceso que garantice el tratamiento de las notificaciones y de respuesta (feedback) a las personas

Programa de notificación

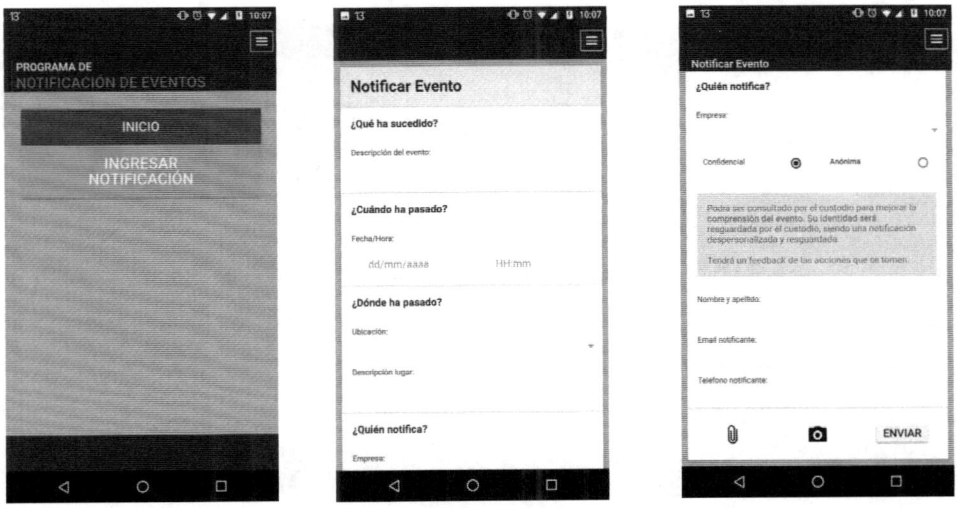

8th LACPS · Universidad Católica Argentina · September 11-13 2018

TOSS, nuevo diseño

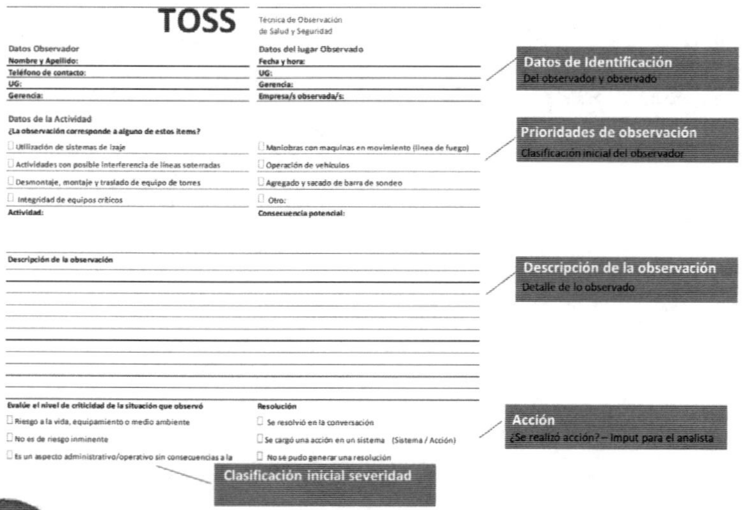

- ✓ Focalizar la observación en los problemas importantes
- ✓ Foco no sólo en la presencia y conversación, sino en el registro y la explotación de datos

Atributo Organización que aprende

¿Por qué es importante?

- Si tenemos buena información, pero:
  - No se analiza
  - Se analiza pero de manera individual
  - No hay respuesta en cuanto a acciones de mitigación

ORGANIZACIÓN QUE APRENDE

¿Cuáles fueron los problemas relevados en la organización?

- Análisis "individual" de los problemas de seguridad. Culpa del operador como respuesta
- No extraer "inteligencia" de la información. Acopio de información que no se utiliza para la toma de decisiones de gestión (inversión de los recursos)

8th LACPS · Universidad Católica Argentina · September 11-13 2018

Perfil de investigaciones

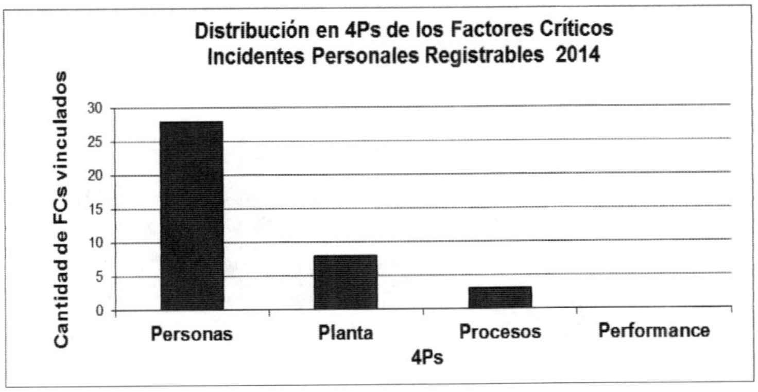

- El **72%** de los Factores Críticos definidos en las investigaciones están vinculados a "actos/toma de decisiones/criterios" de las personas:

- No identificar ....
- Transitar por...
- Descender de ....
-

-Tropezar ....
- No utilizar ....

8th LACPS · Universidad Católica Argentina · September 11-13 2018

Nueva metodología de análisis de accidentes

INVESTIGACIÓN DE INCIDENTES
MODELO SISTÉMICO

Guía de aplicación de la metodología

Pan American ENERGY

8th LACPS · Universidad Católica Argentina · September 11-13 2018

Nueva metodología de análisis de accidentes

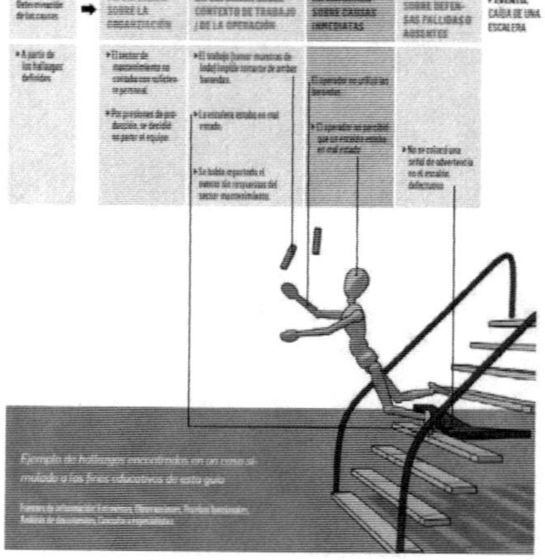

Síntesis de elementos a relevar:

3	2	1	4
INFORMACIÓN SOBRE LA ORGANIZACIÓN	INFORMACIÓN SOBRE CONTEXTO DE TRABAJO / DE LA OPERACIÓN	INFORMACIÓN SOBRE ACTOS INSEGUROS Y/O FALLAS TÉCNICAS	INFORMACIÓN SOBRE DEFENSAS FALLIDAS O AUSENTES
▸Gestión en general ▸Políticas de capacitación ▸Gestión de los aprendizajes ▸Políticas de mantenimeinto ▸Procesos de recursos humanos ▸Políticas de producción ▸Política de subcontratación ▸Liderazgo de la gerencia y de la línea media	▸Procedimientos de trabajo ▸Herramientas de trabajo ▸Condiciones físicas y ambientales ▸Consignas de trabajo ▸Contexto de realización de la tarea ▸Condiciones habituales de realización de la tarea ▸Capacitación	▸Acciones u omisiones de los involucrados ▸Posición y estado de equipos o materiales ▸Funcionamiento de equipos y materiales ▸Estado psicofísico de los involucrados	▸Existencia, funcionamiento y diseño de dispositivos técnicos o simbólicos capaces de prevenir, detectar, recuperar o contener las fallas humanas o de los equipos, sin consecuencias graves

Fuentes de información: Entrevistas, Observaciones, Pruebas funcionales, Análisis de documentos, Consulta a especialistas.

8th LACPS · Universidad Católica Argentina · September 11-13 2018

SAFETY INFORMATION

- No se puede prestar atención a todo, ni poner los recursos en arreglar todo
- Hay que priorizar la inversión de recursos
- Para eso tenemos que contar con información empírica

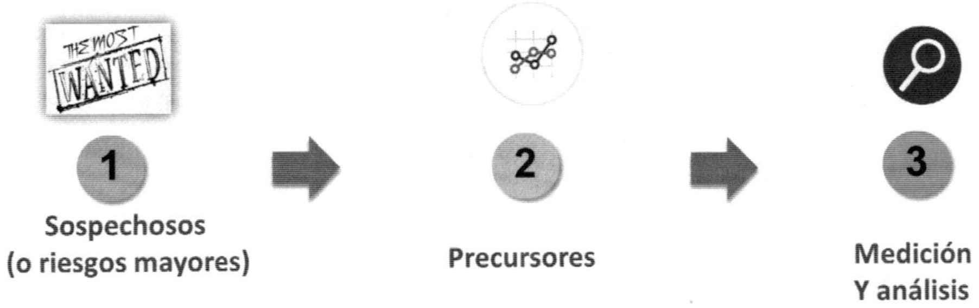

8th LACPS · Universidad Católica Argentina · September 11-13 2018

DEFINIR SOSPECHOSOS O "RIESGOS MAYORES"

1
SOSPECHOSO

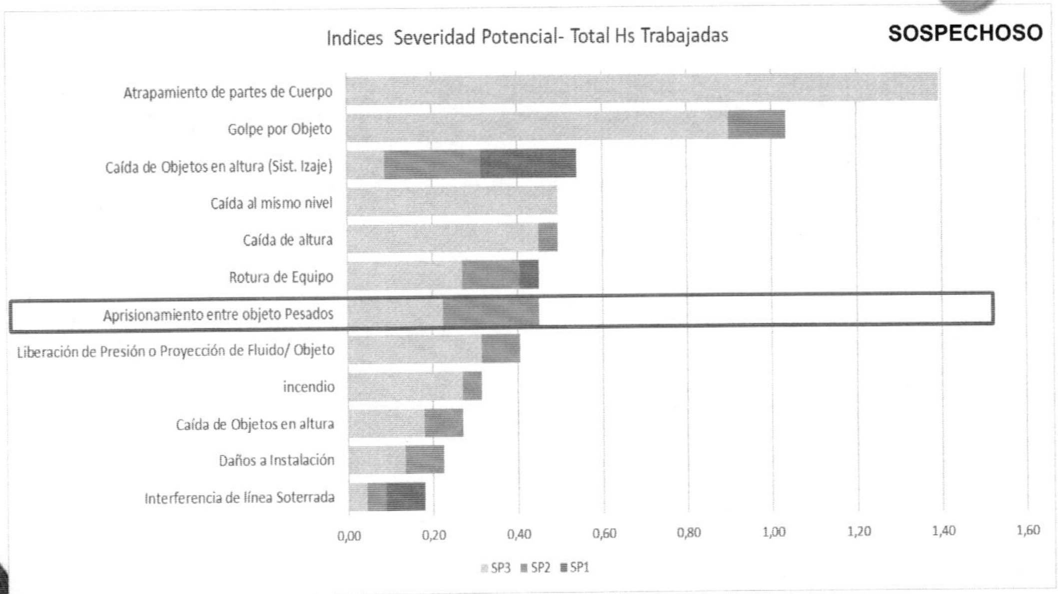

8th LACPS · Universidad Católica Argentina · September 11-13 2018

PRECURSORES

Atrapamiento entre objetos pesados

- ❑ Intrusión a zona demarcada

2

PRECURSOR

8th LACPS · Universidad Católica Argentina · September 11-13 2018

Fuente: observaciones

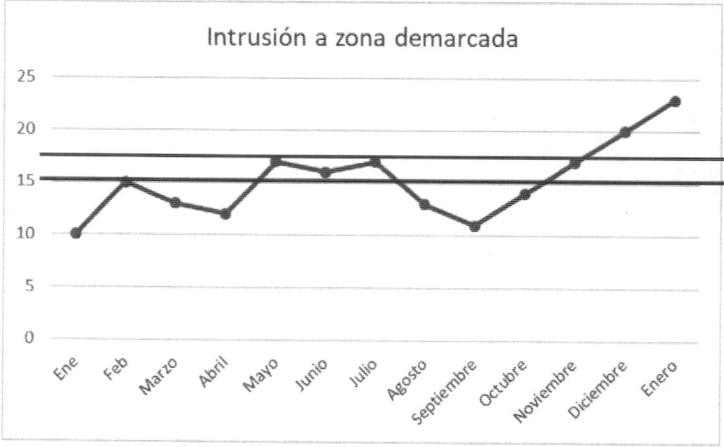

3

Assessment cuanti-cualitativo

Medición Y análisis

8th LACPS · Universidad Católica Argentina · September 11-13 2018

Post intervención

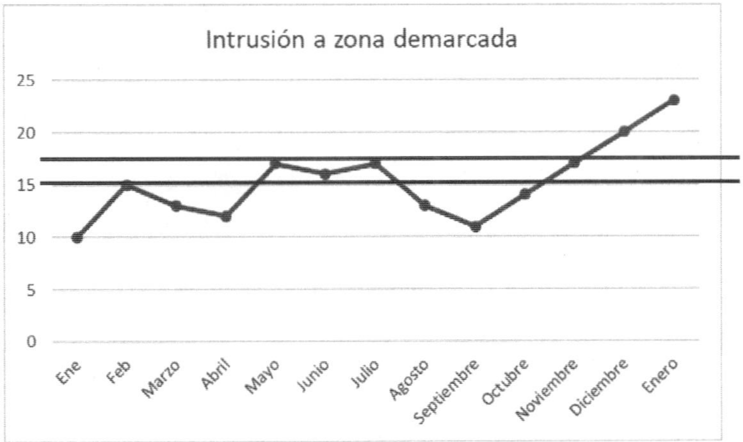

...?

Con esta lógica

- Tenemos un sistema de alertas tempranas
- Sin romper nada ni matar a nadie
- Con base empírica

Conclusiones

- **Mejorar la CS requiere intervenciones "técnicas"** (cambiar contextos), no sólo intervenciones "socio" (cambiar creencias)
- **Cambiar la CS requiere intervenir sobre el contexto organizativo y de trabajo**, sobre lo que la organización hace efectivamente para gestionar
- Para eso dos **variables de intervención** fundamentales:

a) Disponer de herramientas para capturar esos problemas y

b) herramientas para analizar y priorizar la inversión de recursos (y atención)

8th LACPS · Universidad Católica Argentina · September 11-13 2018

8ª CONFERENCIA LATINOAMERICANA DE SEGURIDAD DE PROCESOS DEL CCPS

OCENSA

La Disciplina Operativa como Factor Clave para una Cultura Segura y la Gestión de Seguridad de Procesos

Jorge Torrado
Jefe de Riesgos Operacionales

Septiembre 11 de 2018, Buenos Aires, Argentina

OCENSA

8ª CONFERENCIA LATINOAMERICANA DE SEGURIDAD DE PROCESOS DEL CCPS

Oleoducto Cental S.A. El más extenso, relevante y con mayor capacidad en Colombia.

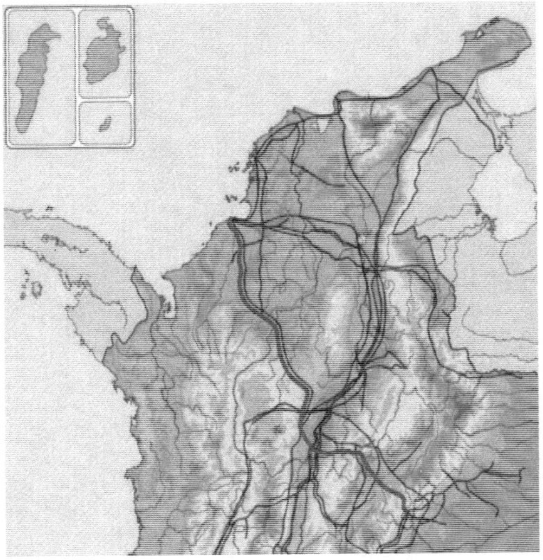

- 745 K
  Barriles por día
- 837 Km
  Oleoducto subterráneo
- 12,7 Km
  Oleoducto submarino
- 2970 msnm
  Punto más alto en la Cordillera Oriental
- 10 estaciones de bombeo
  1 estación de control de presión
- 19 tanques
  Capacidad de 5 millones de barriles
- 25 buquetanques
  Mensuales entre 500K y 2M de barriles

Transportamos en promedio... **68%** del crudo producido en Colombia **57%** de la exportación en el puerto de Coveñas

OCENSA

8ª CONFERENCIA LATINOAMERICANA DE SEGURIDAD DE PROCESOS DEL CCPS

Sistema de Gestión Operacional - SGO

Articula los **sistemas de gestión** a través de los **procesos organizacionales** para fortalecer la **excelencia en las operaciones del negocio**, operacionalizando la **ética del cuidado**.

OCENSA

8ª CONFERENCIA LATINOAMERICANA DE SEGURIDAD DE PROCESOS DEL CCPS

Gestión de Seguridad de Procesos

OPERACIÓN EFICIENTE = SEGURIDAD + CONFIABILIDAD

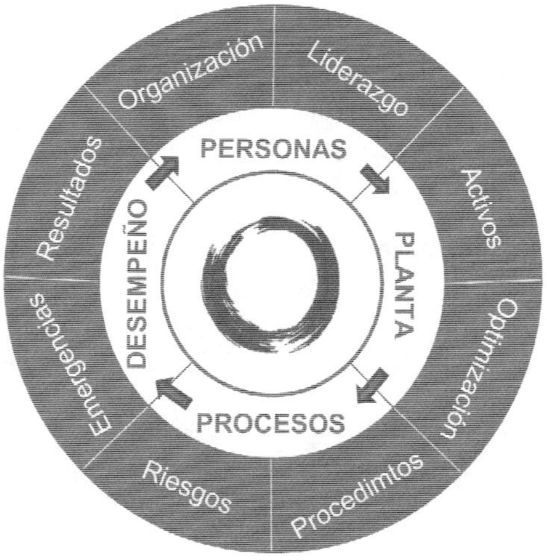

11

Elementos

Uso de buenas prácticas de la industria petrolera

Aplicación rigurosa de normas y estándares internos

Estricto cumplimiento de legislaciones aplicables vigentes en ingeniería

FORTALECIMIENTO DE UNA CULTURA SEGURA

OCENSA

8ª CONFERENCIA LATINOAMERICANA DE SEGURIDAD DE PROCESOS DEL CCPS

Disciplina Operativa en OCENSA

1.Roles y responsabilidades
2.Competencias
3.Procedimientos
4.Equipos y materiales
5.Trabajo en equipo

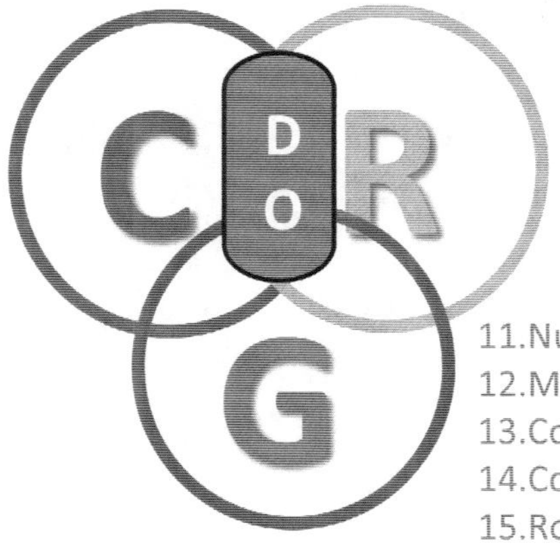

6.Sin atajos
7.Liderazgo
8.Reporte
9.Documentación
10.Matrices P&A

11.Nuevos proyectos
12.Mantenimiento
13.Condiciones de la operación
14.Condic. anormales/emergencias
15.Rotación de personal

CONOCIMIENTO

Saber y entender cómo realizar una labor eficientemente y con seguridad.

GESTIÓN DEL CAMBIO

Estar conscientes y tomar acción oportuna y efectiva ante problemas potenciales y situaciones anormales evitando la materialización de eventos.

RIGUROSIDAD

Comprometerse a realizar las labores de forma correcta, todas las veces y desde la primera vez.

OCENSA

8ª CONFERENCIA LATINOAMERICANA DE SEGURIDAD DE PROCESOS DEL CCPS

Índice de Disciplina Operativa - IDO

Conjunto de comportamientos, hábitos, conocimientos y grado de desarrollo interior de una organización; decisiones tomadas y desviaciones toleradas...

CULTURA

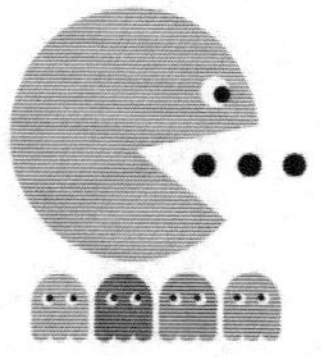

Estrategia

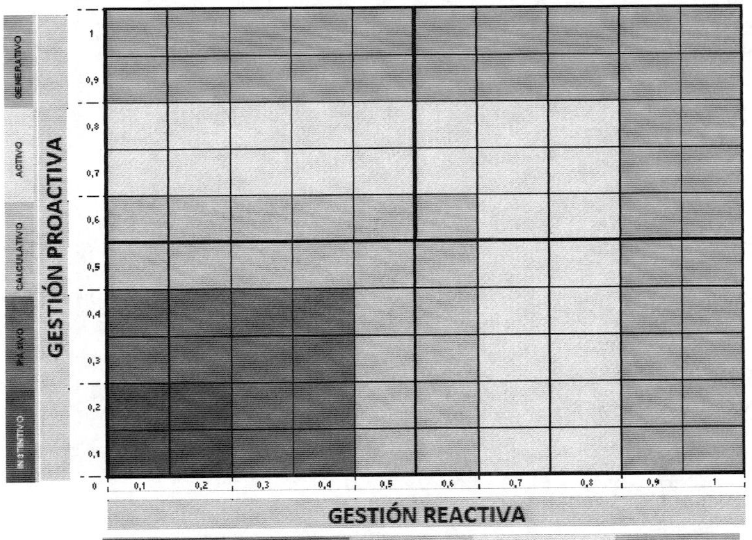

	INSTINTIVO	PASIVO	CALCULATIVO	ACTIVO	GENERATIVO
NIVEL DE MADUREZ	La Seguridad de Procesos (SP) no es importante para la continuidad del negocio	La SP tiene un enfoque eminentemente reactivo; sólo se toman acciones cuando sucede un evento no deseado	El sistema de gestión de SP incorpora un enfoque preventivo limitado al mínimo requerido	La gestión en SP va más allá del sistema y el cumplimiento requerido; hay participación activa y permanente del personal en todos los niveles de la organización	La gestión en SP es parte integral del negocio apalancando la excelencia operacional a través del Sistema de Gestión Operacional-SGO
RIESGO	MUY ALTO	ALTO	INTERMEDIO	MEDIO	BAJO

OCENSA

8ª CONFERENCIA LATINOAMERICANA DE SEGURIDAD DE PROCESOS DEL CCPS

Índice de Disciplina Operativa - IDO

GESTIÓN REACTIVA	GESTIÓN PROACTIVA
1 Índice de Frecuencia de Seguridad de Procesos (API 754)	1 Fortalecimiento del pilar de conocimiento
2 Pérdida de Contención Primaria Tipo I – Goteos	2 Seguimiento y control de la rigurosidad en la operación y mantenimiento
3 Pérdida de Contención Primaria Tipo I – Fugas	3 Aplicación de la gestión integral del cambio
4 Pérdida de Contención Primaria Tipo II (Fluidos Menos Reactivos)	4 Gestión de *Standing Instructions*
5 Gestión de Efectos No Deseados (END)	5 Refuerzo de competencias blandas

OCENSA

8ª CONFERENCIA LATINOAMERICANA DE SEGURIDAD DE PROCESOS DEL CCPS

Definición de Metas

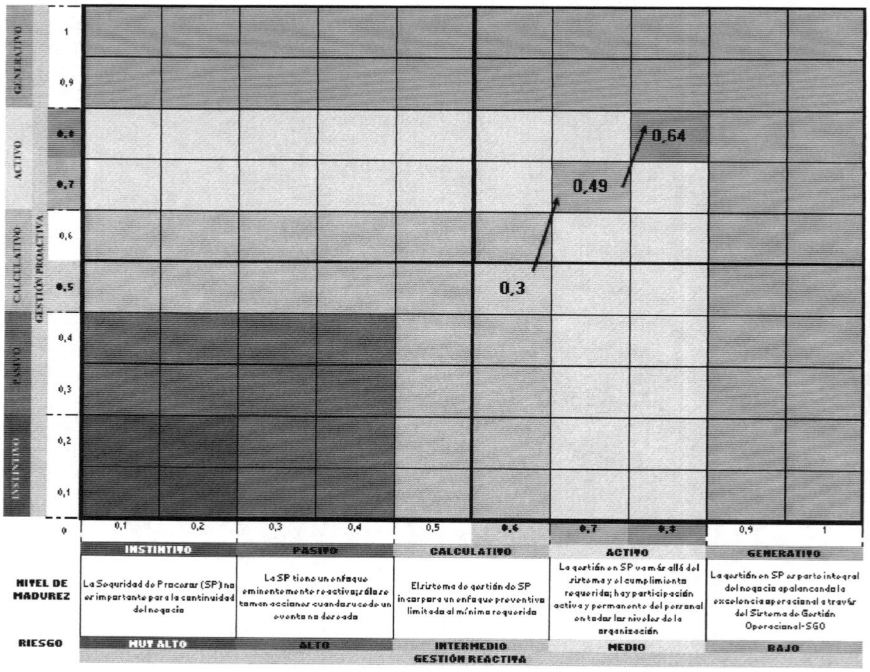

META IDO

ACTUAL	Igual	0,3
CUMPLE	>=	0,49
EXCEDE	>=	0,64

OCENSA

8ª CONFERENCIA LATINOAMERICANA DE SEGURIDAD DE PROCESOS DEL CCPS

Conclusiones

El fortalecimiento de una cultura segura y la gestión de seguridad de procesos requiere la gestión del lado humano del cambio, patrocinio ejecutivo desde la alta dirección y una coalición activa y visible de patrocinio.

Para el éxito del IDO es indispensable su alineación con la planeación de objetivos individuales en los niveles táctico y operativo.

La gestión permanente y sistemática del IDO permite involucrar a toda la organización, no solo desde el aspecto técnico de ingeniería sino además, desde el componente humano y conductual, asegurando el fortalecimiento de la excelencia operacional.

A través del IDO se crean sinergias entre las diferentes áreas funcionales para la operación y el mantenimiento del sistema de transporte, así como con áreas de soporte, apalancando el trabajo por procesos funcionales.

8ª CONFERENCIA LATINOAMERICANA DE SEGURIDAD DE PROCESOS DEL CCPS

GRACIAS...

OCENSA

EXPRO

Lograr Sustentabilidad a través de un enfoque combinado

EXPRO

1. La importancia de un enfoque combinado

La construcción de una Cultura de Seguridad positiva es un proceso complejo influenciado por diversos factores tales como (IOGP, 2013): liderazgo y compromiso, motivación e involucramiento de empleados, valores y premisas de la fuerza de trabajo y su interacción con los Sistemas de Gestión, acciones y omisiones en la corrección de desvíos en comportamientos y condiciones inseguras.

EXPRO

8ª CONFERENCIA LATINOAMERICANA DE SEGURIDAD DE PROCESOS DEL CCPS

2.1 Metodología – Cultura en seguridad

Se realiza una comparación de las diversas herramientas de gestión de salud y seguridad con el Modelo de Safety Culture Ladder y (PARKER et al, 2006) según su encuadramiento en los diversos niveles de Cultura de Seguridad presentados.

EXPRO

8ª CONFERENCIA LATINOAMERICANA DE SEGURIDAD DE PROCESOS DEL CCPS

CHAMPION SAFETY

2.1 Metodología – Cultura en seguridad

Las encuestas se realizaron en México, Brasil y Bolivia durante los talleres de Champion Safety para Gerentes.

Una dinámica con una encuesta similar sobre las herramientas se hizo con empleados de la Compañía y se evaluó por personal de HSEQ para validación de lo que estaba realmente implementado.

En Argentina donde la operación es la mas reciente contamos con las herramientas en su proceso de implementación y pendiente la validación de las mismas.

EXPRO

8ª CONFERENCIA LATINOAMERICANA DE SEGURIDAD DE PROCESOS DEL CCPS

Tabla 1: Niveles de cultura en seguridad

Nivel	Nombre	Descripción
1	Patológica	No manifiesta preocupación interna a menos que un externo los alerte
2	Reactiva	La seguridad es importante y se actúa cuando algo sucede
3	Calculativa	Se tiene un sistema implementado
4	Proactiva	Se trabaja en los problemas a medida que los mismos se identifican
5	Generativa	La seguridad es clave y está integrada completamente en las tareas

EXPRO

8ª CONFERENCIA LATINOAMERICANA DE SEGURIDAD DE PROCESOS DEL CCPS

Tabla 2: 15 Atributos de la Cultura de Seguridad

Investigacion Inteligente

ATRIBUTOS		
Reporte y registro de información de HSE (incidentes & cuasi incidentes)	Investigación y análisis de incidentes	Auditorias
Diseño contemplativos del factor humano	Prácticas de trabajo y procedimientos	Gestión de Riesgos de HSE
Sistema de Gestión de HSE	Entrenamiento y competencias en HSE	Evaluaciones de HSE
Conciencia Situacional	Cuestionarios y encuestas	Observación / intervención
Esquemas de incentivos	Comunicaciones de HSE	Otras herramientas de HSE

EXPRO

8ª CONFERENCIA LATINOAMERICANA DE SEGURIDAD DE PROCESOS DEL CCPS

Resultados correspondientes a México

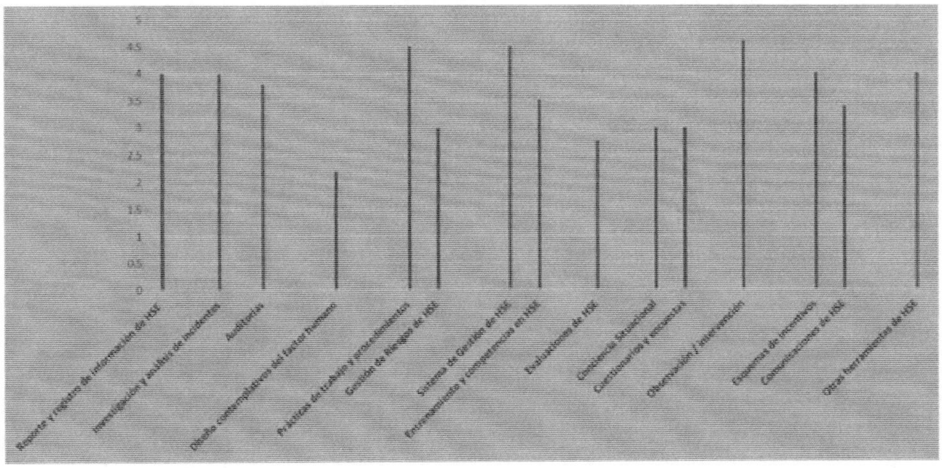

EXPRO

8ª CONFERENCIA LATINOAMERICANA DE SEGURIDAD DE PROCESOS DEL CCPS

Resultados correspondientes a Brasil

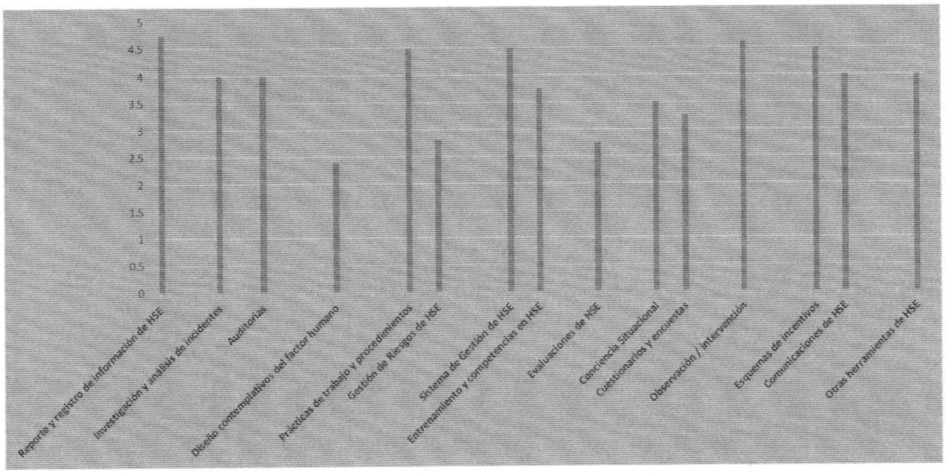

EXPRO

8ª CONFERENCIA LATINOAMERICANA DE SEGURIDAD DE PROCESOS DEL CCPS

Resultados correspondientes a Bolivia

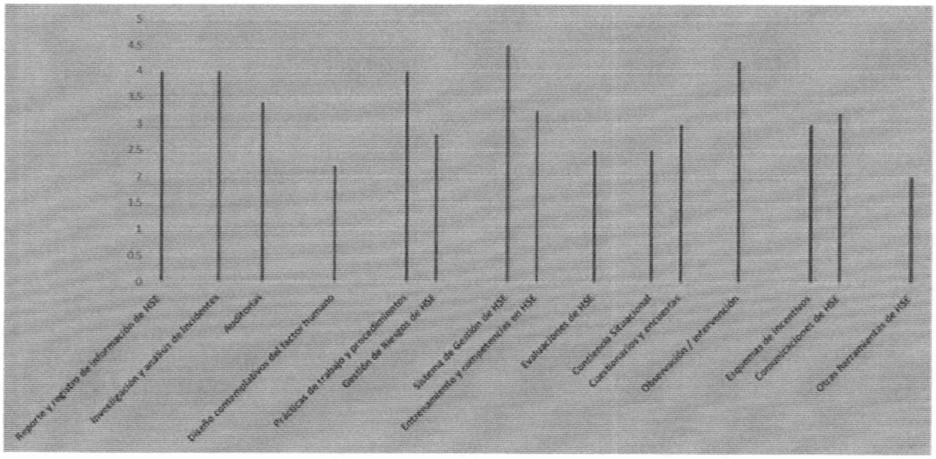

EXPRO

8ª CONFERENCIA LATINOAMERICANA DE SEGURIDAD DE PROCESOS DEL CCPS

Resultados correspondientes a Argentina

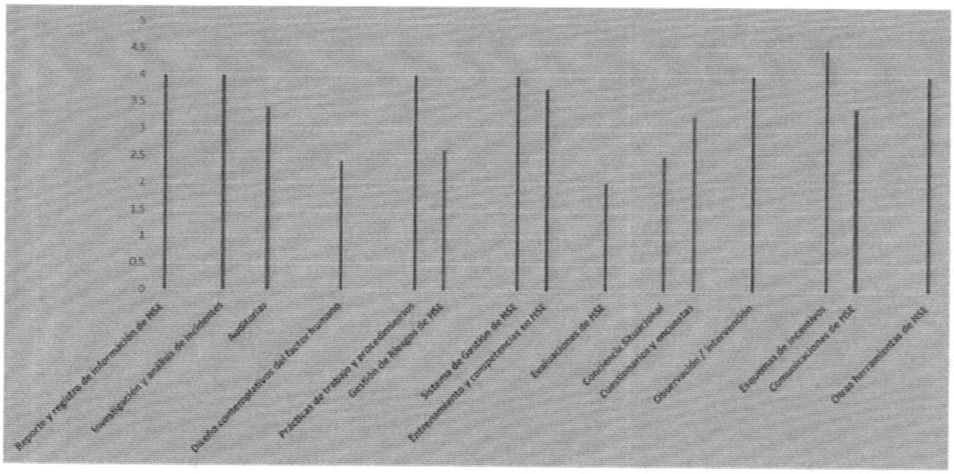

3. Resultados

A continuación se valida a través del promedio de puntajes (atribuidos de acuerdo al nivel de cultura para cada elemento), el desempeño en seguridad consistente:

- Días sin Lesiones con Pérdida de Tiempo
- Frecuencia de Incidentes Recordables Totales

EXPRO
8ª CONFERENCIA LATINOAMERICANA DE SEGURIDAD DE PROCESOS DEL CCPS

3.1 Indicadores de desempeño de HSE por País (Enero 2017 – Julio 2018).

PAIS	LTIF	TRCF	LTI-FREE DAYS
Argentina	00.0	00.0	521*
Bolivia	00.0	00.0	3679
Brasil	00.0	00.0	931
México	00.0	00.0	3972
Total – LATAM	00.0	00.0	931

*Basado en la fecha de reinauguración de las operaciones en Neuquén.

EXPRO

8ª CONFERENCIA LATINOAMERICANA DE SEGURIDAD DE PROCESOS DEL CCPS

3.2 Desempeño en seguridad de los países de Latino América

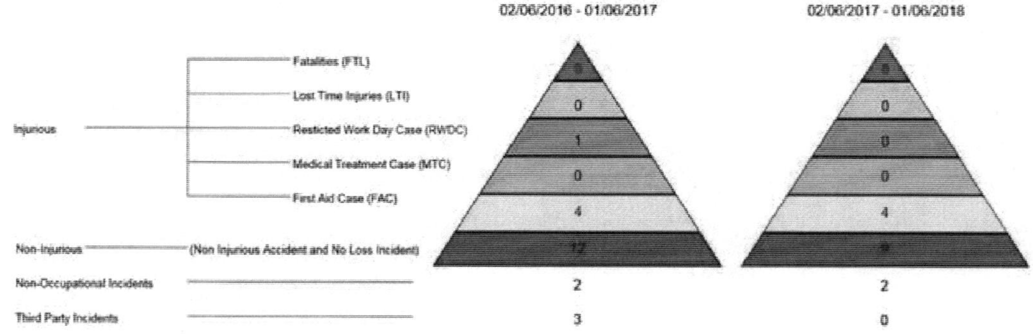

EXPRO

8ª CONFERENCIA LATINOAMERICANA DE SEGURIDAD DE PROCESOS DEL CCPS

3. Resultados

Al final del estudio comparativo se llega a la determinación del nivel de cultura de seguridad de la compañía por dos aspectos: **el de uso de las herramientas de gestión de HSE y la efectividad del Sistema de Gestión.**

Los resultados de la Compañía: índices de accidentalidad e indicadores proactivos de gestión existentes también son analizados para validar que el uso de las herramientas están implementadas y hacen su contribución para el desempeño en seguridad.

EXPRO

8ª CONFERENCIA LATINOAMERICANA DE SEGURIDAD DE PROCESOS DEL CCPS

4. Conclusión

Finalmente con lo expuesto esperamos contarlos entre los que caminamos mediante fortalecimiento y mantenimiento de una cultura de seguridad proactiva hacia el horizonte de la cultura generativa.

Entre los elementos considerados como oportunidades de mejora o ajustes continuos, tenemos los siguientes atributos:

EXPRO

8ª CONFERENCIA LATINOAMERICANA DE SEGURIDAD DE PROCESOS DEL CCPS

4. Conclusión (Cont.)

- **Factores humanos en diseño** – necesario mejorar la evaluación del diseño de los equipos para garantizar un interface más apropiado a la interacción con los operadores, quitándolos de las zonas consideradas como "línea de fuego"

- **Gestión de Riesgos de HSE** – trabajar en conjunto con los elementos de Conciencia Situacional y capacitación, para mejorar la calidad para la identificación de los peligros y las medidas de control

- **Evaluaciones de HSE de Personal** – buscar ajustes principalmente en la evaluación de habilidades (parte del Programa de Competencia de la Compañía), para mejorar la cuestión de la conciencia situacional y su relación con el proceso de gestión de riesgo y con el comportamiento seguro.

Liderando la Implementación de Seguridad de Procesos

Claudio Castañeda
EQUION Energia Limited
claudio.castaneda@equion-energia.com

Agenda

1. Modelo de gestión de seguridad de procesos
2. Modelo RBPS del CCPS
3. Implementación de la práctica de gestión de SP
4. Conclusiones

8th LACPS · Universidad Católica Argentina · September 11-13 2018

1. Modelo de gestión de seguridad de procesos

8th LACPS · Universidad Católica Argentina · September 11-13 2018

Modelo de gestión de EQUION

8th LACPS · Universidad Católica Argentina · September 11-13 2018

Modelo de gestión de SP

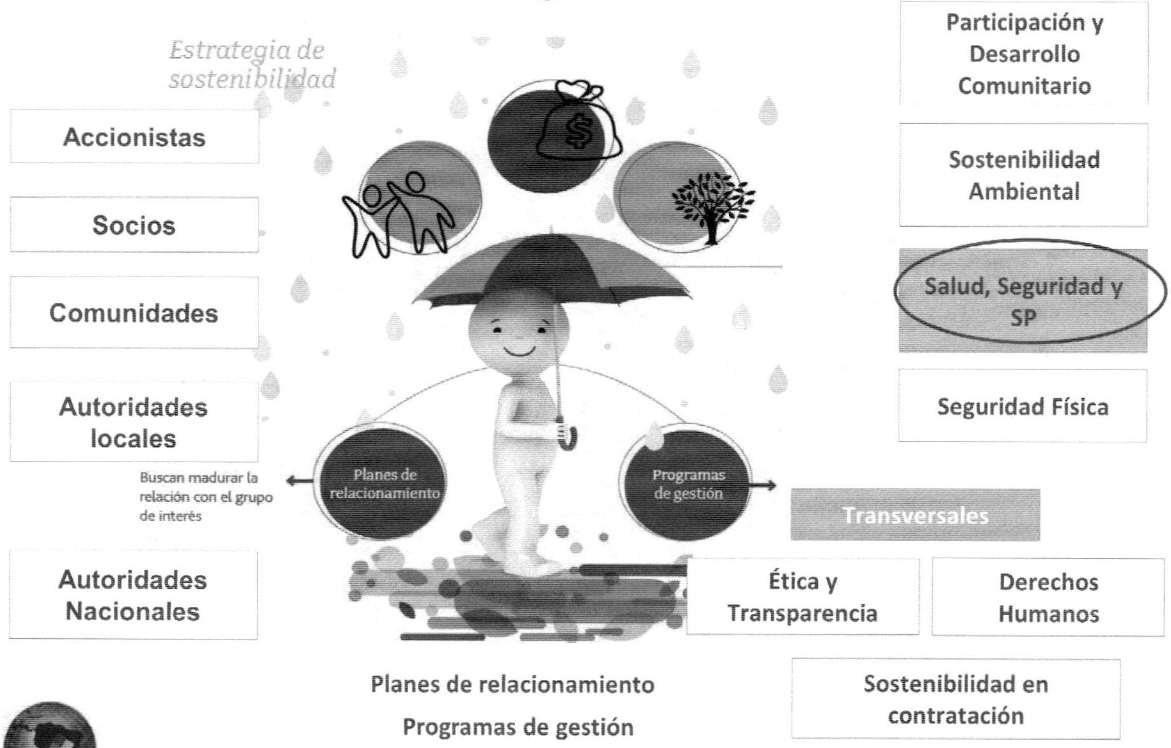

Modelo Gestión de SP

El modelo de Gestión de SP aplica para todo el ciclo de vida del activo, desde el diseño hasta el desmantelamiento y abandono de las operaciones de superficie, perforación e intervención de pozos.

Los requerimientos de gestión también aplican para los contratistas cuyas operaciones puedan tener impacto con la seguridad de procesos.

Todos las áreas de Equión deben adoptar esta práctica y cumplir con los requerimientos definidos.

Gestión de Seguridad de Procesos				
Perforación, Completamiento e Intervención de Pozos	Desarrollo de Proyectos	Desarrollo de las Operaciones	Expansión de Plantas / Modificaciones (MoCs)	Decomisionamiento y Abandono

2. Modelo RBPS del CCPS

PILARES DE RBPS

(Risk Based Process Safety)

Compromiso con la SP

- SP como un valor central
- Fuerte liderazgo y sólido compromiso.
- Toda la organización debe tener el mismo compromiso.
- Hacer las cosas bien, de la manera correcta, en el momento adecuado, incluso cuando nadie esta mirando.

Entendimiento de Peligros y Riesgos

- Conocimiento del proceso de manera precisa y actualizada.
- Identificación de peligros para la reducción y eliminación de riesgos.
- Asignar recursos limitados de manera más eficaz.

Gestión del riesgo

- Operar con prudencia y hacer mantenimiento a los procesos que se suponen en riesgo.
- MoC de proceso, que asegure un riesgo remanente tolerable.
- Preparación para responder a, y manejar incidentes que se producen.
- Sistemas de gestión que ayuden a mantener a la compañía sin incidentes a largo plazo y con operaciones rentables.

Aprender de la experiencia

- Monitoreo y actuar sobre fuentes de información internas y externas
- Aplicar mejores prácticas para un uso más eficiente de los recursos disponibles.
- Corregir deficiencias expuestas por incidentes internos
- Aplicar lecciones aprendidas de otras organizaciones.

Centrándose en estos cuatro pilares, se permite a una organización mejorar su eficiencia en la seguridad del proceso, reducir la frecuencia y gravedad de los incidentes, y mejorar su seguridad a largo plazo, del medio ambiente y el rendimiento del negocio.

Fuente: *Guidelines for risk based process Safey. CCPS*

8th LACPS · Universidad Católica Argentina · September 11-13 2018

ELEMENTOS DE RBPS

(Risk Based Process Safety)

1. Compromiso con la SP	1.1 CULTURA DE SEGURIDAD DE PROCESOS 1.2 CUMPLIMIENTO DE CODIGOS Y ESTÁNDARES 1.3 COMPETENCIAS EN SEGURIDAD DE PROCESOS 1.4 PARTICIPACIÓN DE FUERZA LABORAL 1.5 ALCANCE DE PARTES INTERESADAS	*Señales de alerta*
2. Entendimiento de peligros y riesgos	2.1 GESTIÓN DEL CONOCIMIENTO DEL PROCESO 2.2 IDENTIFICACIÓN DE PELIGROS Y EVALUACIÓN DE RIESGOS	*Señales de alerta*
3. Gestión del Riesgo	3.1 PROCEDIMIENTOS DE OPERACIÓN 3.2 PROCEDIMIENTOS DE TRABAJO SEGURO 3.3 INTEGRIDAD Y CONFIABILIDAD DE ACTIVOS 3.4 GESTIÓN DE CONTRATISTAS 3.5 ENTRENAMIENTO Y ASEGURAMIENTO DEL DESEMPEÑO 3.6 GESTIÓN DEL CAMBIO 3.7 PREPARACION OPERACIONAL 3.8 DISCIPLINA OPERACIONAL 3.9 MANEJO DE EMERGENCIAS	*Señales de alerta*
4. Aprender de la experiencia	4.1 INVESTIGACIÓN DE INCIDENTES 4.2 MEDICIÓN Y METRICAS 4.3 AUDITORIAS 4.4 REVISIÓN DE LA GESTIÓN Y MEJORA CONTINUA	*Señales de alerta*

8th LACPS · Universidad Católica Argentina · September 11-13 2018

ELEMENTOS DE RBPS

(Risk Based Process Safety)

COMPROMISO CON LA SP

Cultura de SP

Actitudes y comportamientos que soportan un proceso operacional más seguro.

Control de riesgos de proceso y fallas del sistema de gestión de SP, estas a menudo están vinculadas a deficiencias culturales.

Mantener sentido de vulnerabilidad.

Asegurar una comunicación abierta y efectiva.

La cultura de SP se encuentra directamente relacionada con el concepto de conducta operacional.

Cumplimiento de códigos y Stds

Asegurar que la organización permanezca en conformidad con las normas aplicables, códigos, reglamentos y leyes, incluidos los adoptados voluntariamente por la empresa a lo largo del ciclo de vida de las facilidades.

Competencias de SP

Aprendizaje proactivo, mediante el desarrollo y mantenimiento de competencias.

Las lecciones aprendidas no deben ser olvidadas.

Asegurar que la información apropiada esté disponible para las personas que lo necesitan.

Las Competencias de SP están estrechamente relacionadas con el conocimiento del proceso y la formación.

Fuente: *Guidelines for risk based process Safey. CCPS*

8th LACPS · Universidad Católica Argentina · September 11-13 2018

CCPS An AIChE Technology Alliance Center for Chemical Process Safety

arpel

3. Implementación de la práctica de gestión de S.P.

CCPS An AIChE Technology Alliance Center for Chemical Process Safety

arpel

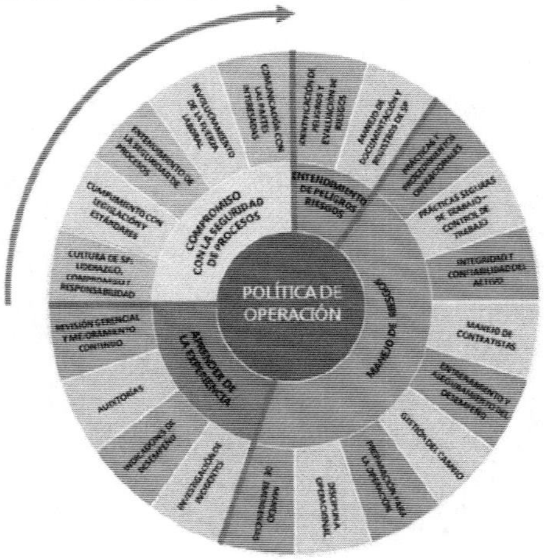

- ❑ PILARES (4)
- ❑ ELEMENTOS (20)
- ❑ PROPOSITO - INTENCION
- ❑ REQUISITOS

3. Implementación de la práctica de gestión de SP

Planeación & Análisis	Etapa Implementación	Etapa Afianzamiento	Etapa Mejora
3 Meses	9 Meses	3 Meses	6 Meses

Planeación & Análisis

- Entendimiento SP
- Desarrollo herramienta para brechas LTP 0063
- **Análisis brechas** práctica SP
- Formulación plan implementación
- **Quick wins**

Etapa Implementación

- Re-lanzamiento SP
- **Ejecución plan para cierre brechas** SP
- Concientización SP
- **Compromiso Contratistas** Tier 1
- SP en procesos operativos
- **Auto-evaluación**

Etapa Afianzamiento

- **Revisión Implementación SP**
- Acompañamiento Operaciones E&P
- Cierre plan implementación SP
- **Auto-evaluación**

Etapa Mejora

- Sostenibilidad SP
- **Aseguramiento implementación**
- Indicadores gestión SP

HERRAMIENTA GAPPS

Pilares y elementos Seguridad de Procesos LTP-0063

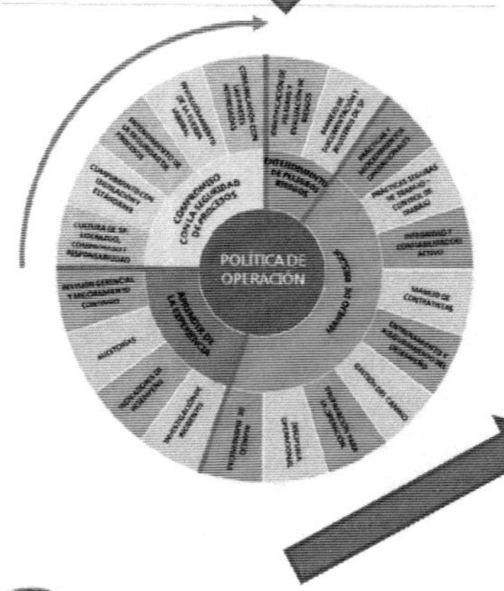

GAPPS - Gap Análisis Práctica Seguridad de Procesos LTP-0063

Escala valoración Resultados		
No evidencia de la práctica o proceso	1	NO
Alguna evidencia de la práctica o proceso	2	Algo
Evidencia de la práctica o proceso pero no de una manera estructurada	3	Evidencia
Evidencia de la práctica o proceso como lo describe la LTP-0063 pero necesita mejoras	4	Alineado
Evidencia de la práctica o proceso como lo describe la LTP-0063	5	Complet.
No Aplica	N/A	N/A

Elementos	Requerimientos	PCI	Subslo	Proy	Ops
	PILAR 1 Compromiso con la seguridad de procesos				
1.1 - Cultura de Seguridad de Procesos: Liderazgo, Compromiso y Responsabilidad.	1.1 Definir, documentar y publicar una política de la SP que establezca el compromiso de todos los niveles de la organización.	4	4	4	4
	1.2 Demostrar visiblemente el compromiso y responsabilidad personal hacia la seguridad de procesos, liderando con el ejemplo y efendiendo los valores y las normas de la organización.	3	5	4	2
	1.3 Definir los roles, responsabilidades y autoridades para la gestión de la SP.	4	4	4	5
	1.4 Proporcionar los recursos técnicos y financieros requeridos para la gestión de SP.	3	4	4	3
	1.5 Definir un programa de gestión y planes específicos de SP basado en los riesgos y necesidades del sistema de gestión de SP.	5	3	4	4
	1.6 Implementar programas de seguimiento para verificación del cumplimiento y comprensión de los aspectos asociados de SP y análisis de tendencias de cumplimiento para niveles específicos de la organización.	4	3	4	5
	Score	71%	71%	75%	71%

GAPPS OPERACIONES

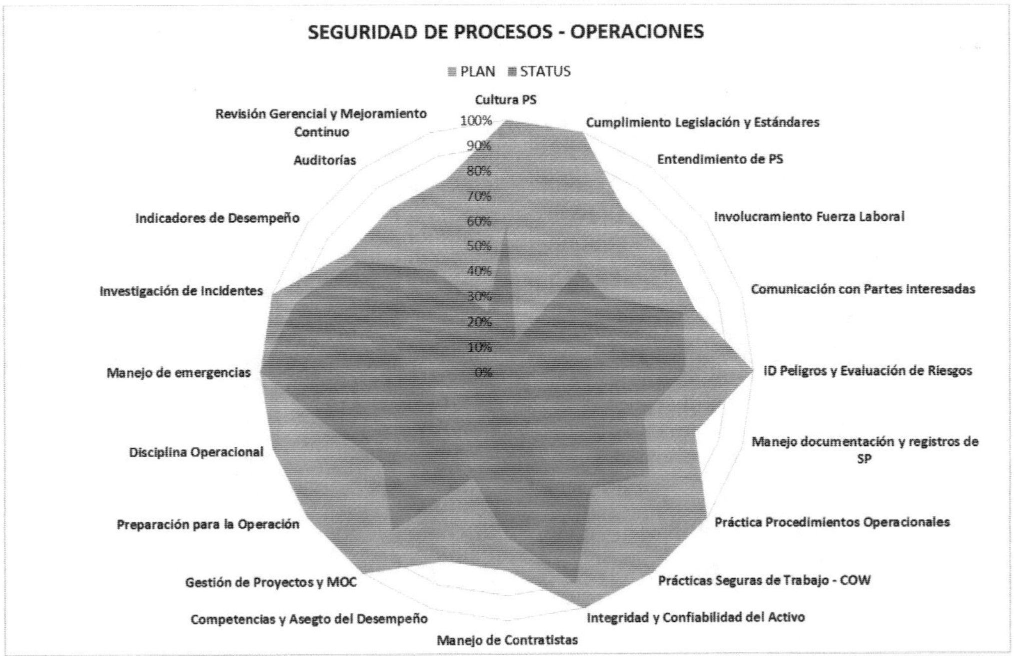

8th LACPS · Universidad Católica Argentina · September 11-13 2018

GAPPS PROYECTOS

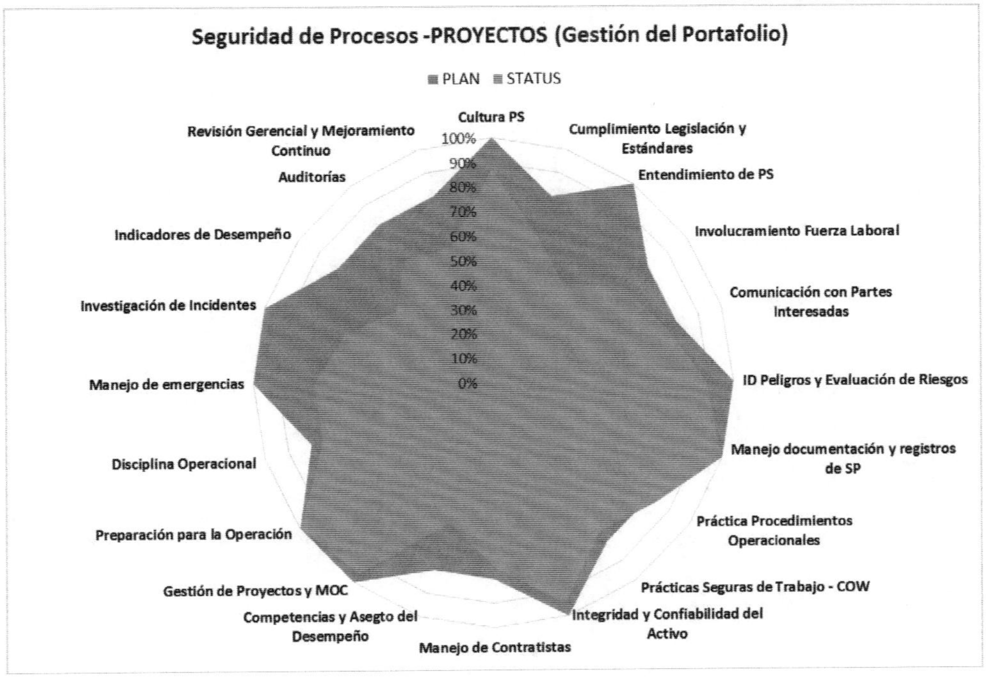

8th LACPS · Universidad Católica Argentina · September 11-13 2018

GAPPS PC&I

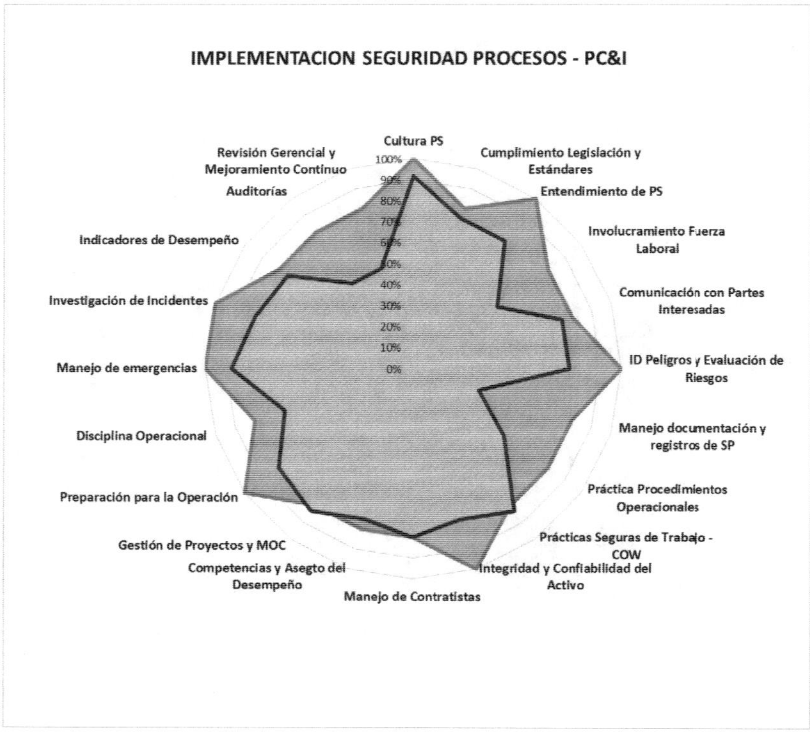

8th LACPS · Universidad Católica Argentina · September 11-13 2018

GAPPS SUB-SUELO

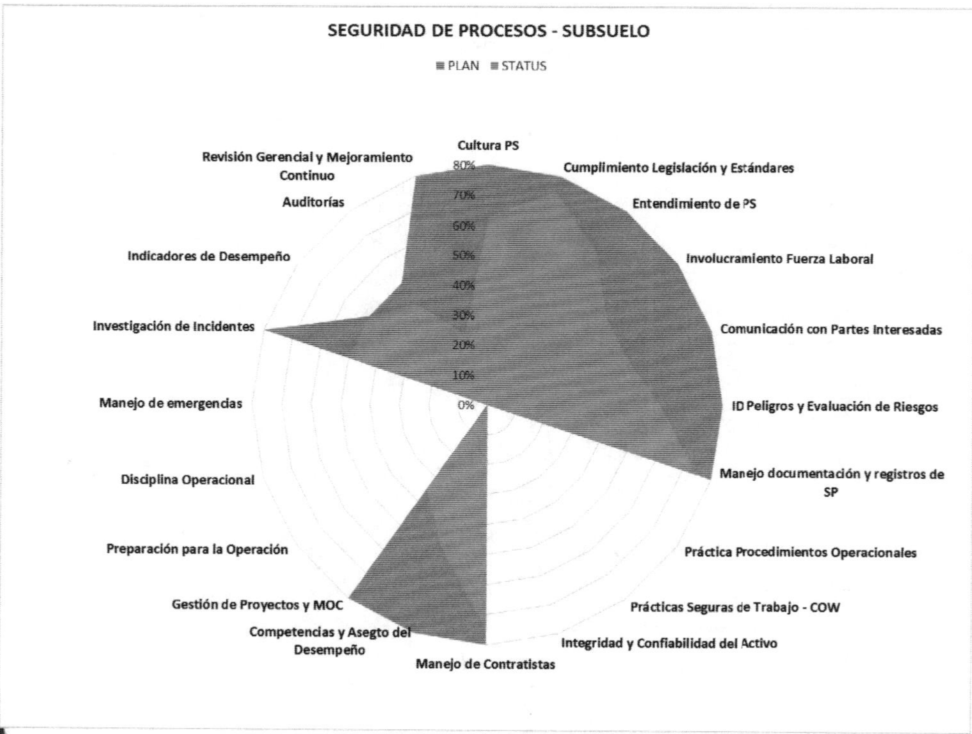

8th LACPS · Universidad Católica Argentina · September 11-13 2018

3. Implementación de ...

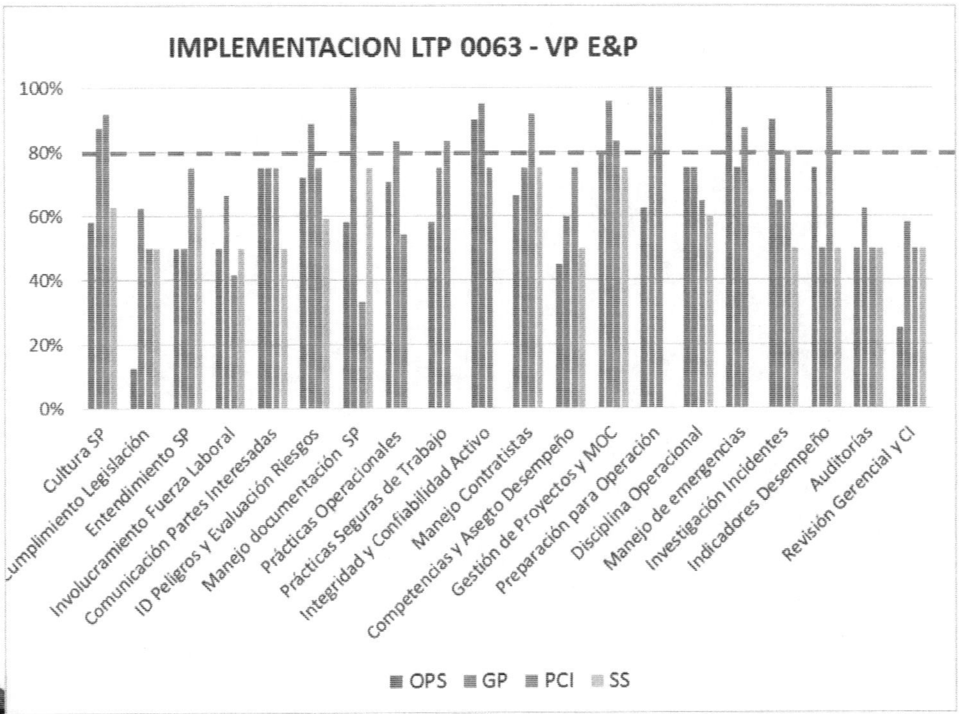

Cultura de SP

Cómo reforzamos nuestro conocimiento en Seguridad de Procesos

- *Re-lanzamiento del Compromiso VP E&P en Seguridad de Procesos*
- *Entrenamiento e-learning a nivel concientización en seguridad de procesos a empleados – principios RBPS y LTP 0063.*
- *Divulgación del compromiso con Disciplina operacional en cuanto a: *Comportamientos seguros. *HSSE y Seguridad de Procesos por cada Gerente de área a su equipo de trabajo.*
- *Cursos en el trabajo a nivel especializado a Operadores Planta acerca de su entendimiento y rol en seguridad de procesos*
- *Cursos en el trabajo a nivel especializado a Operadores de equipos de perforación e Intervención acerca de su entendimiento y rol en seguridad de procesos*
- *Participación empleados con rol en seguridad de procesos de visitas gerenciales, reuniones HSE & SO y participación en programas de mejoramiento continuo con énfasis SP* ***Firma compromiso individual con SP***

8th LACPS · Universidad Católica Argentina · September 11-13 2018

Seguridad de Procesos

I. Desempeño

PSTIR = 0,37   Nivel I, II, HiPo YTD = 0

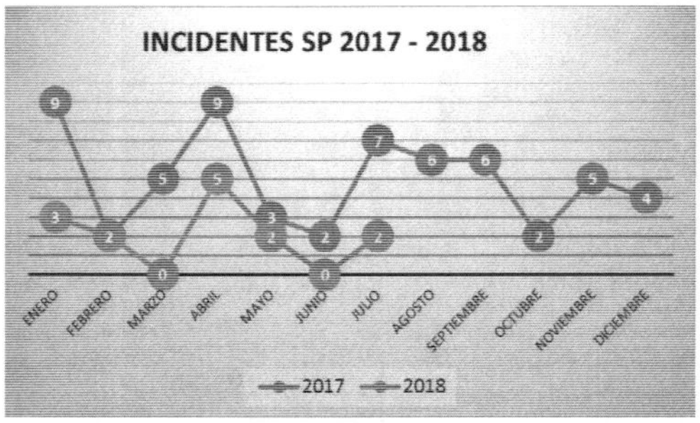

II. Riesgos & Oportunidades

1. Recurrencia de eventos de Seguridad de procesos
2. Falta de cumplimiento estándares

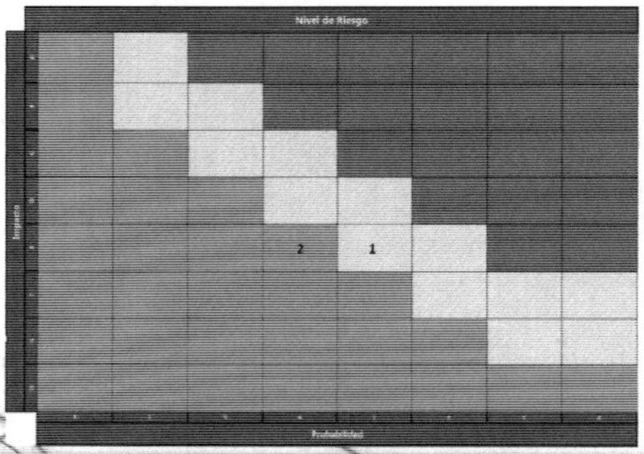

III. Aseguramiento

1. Aseguramiento cierre adecuado investigación de incidentes asociados a SP y riesgos
2. **Seguimiento plan cierre hallazgos /observaciones Auditoría externa gestión SP** (Diciembre/17).
3. **Actualización** documental LTP-SOP-PROs

IV. Mejoramiento

- ✓ **CONCIENTIZACION** CULTURA DE SEGURIDAD DE PROCESOS
- ✓ **REVISION** PRACTICA CORPORATIVA DE INVESTIGACION INCIDENTES
- ✓ COMPROMISO **CONTRATISTAS** CORE SEGURIDAD PROCESOS

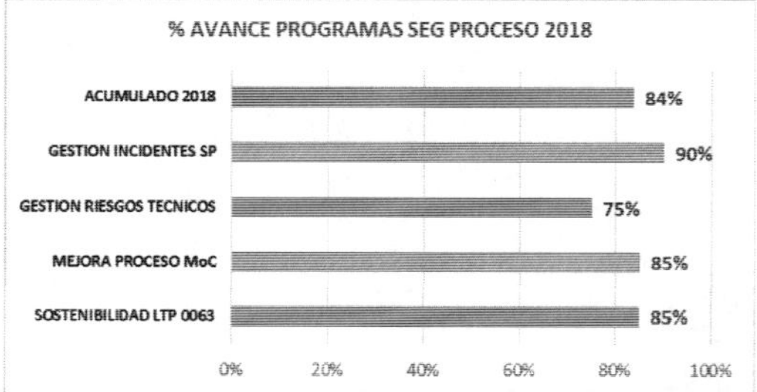

4. Conclusiones

1. Reconocimiento como líder a nivel nacional en cuanto a la seguridad de procesos e integridad de sus operaciones no sólo en el área mecánica sino del buen relacionamiento con las comunidades donde operamos así como su responsabilidad social.

2. La herramienta GAAPS nos permitió tener un diagnóstico del grado de cumplimiento de los requerimientos de la práctica de gestión de SP y formular planes para el cierre de brechas ajustados al foco establecido por la dirección incluyendo seguimiento a los progresos por área.

3. Todo proceso para ser efectivo y sostenible requiere del Compromiso real desde la Dirección, empleados y Contratistas, respecto de SP, cada uno de los requerimientos asociados a cada uno de los elementos de la práctica de gestión de SP hasta el aprendizaje. Incluye visitas a los sitios de operación enfocadas en seguridad de procesos.

4. El acompañamiento permanente y asignar espacios periódicos para revisión del proceso de implementación y cumplimiento de KPIs de tipo proactivo y reactivo incluyendo la auditoría interna / externa al sistema de gestión de SP que a su vez asegura la sostenibilidad de los procesos del SIG.

PREGUNTAS?

MUCHAS GRACIAS !!

8th LACPS · Universidad Católica Argentina · September 11-13 2018

La Percepcion De La Cultura De Seguridad De Procesos En La Industria De Petroleo y Gas Bajo La Vision De Los Expertos En HSE

8TH CCPS LATIN AMERICAN CONFERENCE ON PROCESS SAFETY

Conference: CCPS Latin American Conference on Process Safety

Year: 2018

Proceeding: 8th CCPS Latin American Conference on Process Safety

Group: General Program

Session: Leadership and Culture

Time: Tuesday, September 11, 2018 - 2:30am-3:00am

Authors:

Oliveira, H. L. S., PETROBRAS - Petróleo Brasileiro S.A.
Lima, G. B. A., UFF
Kämpffe, M. G. F., UFF - Universidade Federal Fluminense

Uno de los pilares de la gestión de la seguridad de procesos es la cultura de seguridad de proceso y su evaluación puede en gran medida expresar la madurez de esa gestión. Se entiende por cultura de seguridad de proceso a la forma en que las personas de una organización perciben, valoran y priorizan la seguridad de proceso, expresándola a través de sus comportamientos individual o colectivamente, aun cuando no se están observando.

La cultura de seguridad puede crecer, a partir de estrategias de abordaje de identificación de peligros y estímulo a la mayor concientización de los riesgos, cohibiendo actitudes poco favorables a la seguridad de proceso (tales como: monotonía, desmotivación, prisa, desatención en cuanto a los riesgos) y estimulando la incorporación de hábitos que eleven el desempeño de seguridad de proceso.

Un proceso de mejora en la cultura de seguridad de proceso de la organización puede favorecer resultados positivos en todas las dimensiones del negocio, a medida que este proceso puede culminar en la creación de valor fundamental. Por su parte, este posicionamiento de la seguridad de proceso como un valor fundamental pone el foco en la integridad de equipos e instalaciones, así como en las personas.

La inversión en seguridad de proceso también contribuye a aumentar el compromiso de los trabajadores y la mejora del ambiente de trabajo, influenciando en más productividad, más beneficios económicos y mejor imagen corporativa, entre otros factores.

La cultura de seguridad de proceso es un ente que su evaluación sólo puede ser hecha de forma indirecta, siendo que de las estrategias de recolección de datos disponibles (Cuestionarios, Observaciones, Entrevistas, Grupos Focales), los cuestionarios son los de empleo más indicado una vez que se destinan a evaluar más apropiadamente las percepciones y actitudes que lo que se puede alcanzar con otros instrumentos de recolección de datos.

La investigación aquí desarrollada tiene un diseño de naturaleza cuantitativa, a la luz del paradigma positivista (GRAY, 2018), habiéndose escogido la metodología de Levantamiento (Survey). De acuerdo con Kincheloe & Berry (2007) la epistemología de la investigación involucra la exploración de cómo los investigadores vienen a conocer los fenómenos que estudian, así como la forma a través de la cual ese conocimiento es estructurado y las bases en que tales afirmaciones de conocimiento son postuladas. Como método de mejor caracterizar el método de la investigación como sugiere Deshpand (1983) se aclara que el enfoque racional escogido fue la deducción, bajo los presupuestos de una perspectiva epistemológica objetivista, y de premisas ontológicas del ser, donde la realidad es real y comprensible.

En lo que se refiere a la aplicación es una investigación aplicada y, en cuanto a los objetivos, la investigación aquí conducida es de carácter exploratorio, ya que pretende proveer al investigador de un mayor conocimiento sobre en qué medida se percibe los factores influyentes de la cultura de seguridad de proceso en la industria de petróleo y gas en la visión de los encuestados.

El estudio se basa en la aplicación de un cuestionario estructurado adaptado a partir del survey originalmente desarrollado por el panel Baker "2006 Process Safety Culture Survey" (BAKER et al, 2007) traducido y adaptado por los autores de este artículo. Los respondedores son un grupo de profesionales que actúan en la industria de petróleo y gas en Brasil. En el presente trabajo se analizaron los resultados obtenidos en el análisis de los resultados obtenidos en el análisis de los resultados obtenidos. Por conveniencia: Los entrevistados fueron seleccionados, en su mayoría, por el criterio de la accesibilidad del investigador. Bola de nieve: Cada encuestado, después de entrevistado, indicaba una o más personas que se encuadrar en el perfil de entrevistado deseado. Los encuestados de la investigación están dispersos en todo el territorio brasileño, e incluyen profesionales de nivel superior y de nivel técnico.

Como se describe Malhotra (2010) las investigaciones realizadas con ayuda de Internet se han vuelto cada vez más populares entre los investigadores. El método utilizado para la recolección de datos fue a través de cuestionarios en línea disponibles a través de la plataforma de formulario de Google con preservación de anonimato de los encuestados. El cuestionario viene siendo aplicado a los respondedores, en el período del 15 de mayo de 2018 al 15 de julio de 2018, fue estructurado con preguntas cerradas y abiertas. El cuestionario enfocó principalmente las siguientes dimensiones: Registros de seguridad de proceso; Valores y compromiso con la seguridad de proceso; Participación y soporte de la supervisión; Procedimientos y equipamientos; Profesionalismo y compromiso de los trabajadores; Capacitación en Seguridad de Proceso.

Según Hair (2014) la validez es el grado en que una medida representa precisamente lo que se espera y, la garantía de la validez comienza con una comprensión directa de lo que debe ser medido y entonces realizar la medida tan "correcta" y precisa como sea posible. Para asegurar la validez interna de este estudio se tomaron algunas precauciones para asegurar correlaciones y posibilidad de sacar conclusiones causales. Por ejemplo, posibles variables de confusión se controlan haciendo que la edad y el nivel educativo de los encuestados estuvieran de acuerdo con lo esperado.

Además, también se aseguró la participación sólo de que estuviera dispuesto a participar del estudio. La validez de contenido fue evaluada por los índices CVR (LAWSHE, 1975) y CVI (LYNN, 1986). En cuanto a la validez externa, es decir, la posibilidad de generalización a partir de los datos para una población o contexto más amplio, hay ciertos límites en función de la estrategia de muestreo seleccionada. La consistencia interna es evaluada por el coeficiente alfa de Cronbach (1951) y para posibilitar una comparación también es evaluada por el coeficiente "r" de Gilmer-Feldt (1983), el cual tiene por característica ser menos vulnerable al número de ítems del cuestionario.

El método de investigación utilizado presenta como limitaciones principales: La muestra por conveniencia, a pesar de atender a los objetivos de una investigación exploratoria, tiende a ser menos confiable, a pesar de ser un método relativamente barato; La muestra seleccionada no puede ser asumida como representativa de toda la población de trabajadores, por haber utilizado un criterio intencional, aunque, pueda en cierto grado caracterizar relativamente bien un piloto que esperar para la población.

Como parte del tratamiento primario de los datos se procede a una inspección inicial de los datos recolectados para identificar previamente la ocurrencia de datos atípicos (Outliers) y datos perdidos (Missing data). En consecuencia, para decidir si un valor es de hecho un outlier se emplea la prueba de Grubss (1969).

Además, la aplicación de pruebas estadísticas paramétricas requiere que cuatro premisas fundamentales sean simultáneamente aceptadas por los datos, a saber: Normalidad de los datos; homocedasticidad; linealidad; Colinealidad y multicolinealidad. Se realizan análisis de los datos en cuanto a la atención de esas premisas y, una vez que sea constatado el integral respeto a tales premisas, se emplea para el análisis final de los datos recolectados, varios cruces aplicándose a "ANOVA: Two-factor without replication" (Análisis de varianza: Dos factores sin replicación), una prueba estadística con un 95% de confianza. Como estrategia de refuerzo, en favor del rigor en el análisis de los datos, ante las eventuales incertidumbres existentes en cuanto a la suposición de normalidad, exigida en la ANOVA y, también para disminuir la influencia de eventuales outliers, un camino natural para el tratamiento de datos sería la adopción de alguna prueba no paramétrica. Sin embargo, ante la no disponibilidad de una prueba no paramétrica que asegurase plena equivalencia con el test paramétrico ya seleccionado, se optó como alternativa por el análisis de varianza en los puestos (HOTELLING & PABST, 1936, HÁJEK, SIDÁK, SEN, 1999). La razón de esta última opción es que, si ambos procedimientos proporcionan resultados similares, las suposiciones del análisis de varianza se han satisfecho razonablemente bien y así, el análisis estándar de varianza puede considerarse satisfactorio. Sin embargo, si los resultados son divergentes, los resultados de las transformaciones de puestos deben tener preferencia, ya que es menos probable que esté distorsionada por la no normalidad de los datos o por observaciones no usuales (MONTGOMERY, 2013).

En lo que se refiere a las cuestiones éticas de la investigación, se adoptaron, en el presente estudio, cautelas diversas en el sentido de evitar daños a los participantes, incluso preservando el anonimato, asegurar su consentimiento a través del empleo del "Término de Consentimiento Libre, Previo y Informado", y por el respeto a la privacidad y la eliminación del uso de engaño al participante, es decir, asegurando que la investigación que la investigación tendrá exactamente el alcance declarado. Al final se verifica la percepción de los trabajadores en cuanto al grado de implementación de la cultura de seguridad de proceso, así como un análisis crítico en cuanto a la adecuación y el alcance del cuestionario utilizado como instrumento de evaluación de la cultura de seguridad de proceso en la industria brasileña de petróleo y de gas.

8ª CONFERENCIA LATINOAMERICANA DE SEGURIDAD DE PROCESOS DEL CCPS

ABORDAJE CULTURAL PARA LA GESTIÓN DE RIESGOS

Gretel D'Amico

Operational Improvement Manager

Pluspetrol

8ª CONFERENCIA LATINOAMERICANA DE SEGURIDAD DE PROCESOS DEL CCPS

LA NECESIDAD DE GESTIONAR LA CULTURA PARA GESTIONAR LOS RIESGOS

TRIR Evolution – IOGP 2017

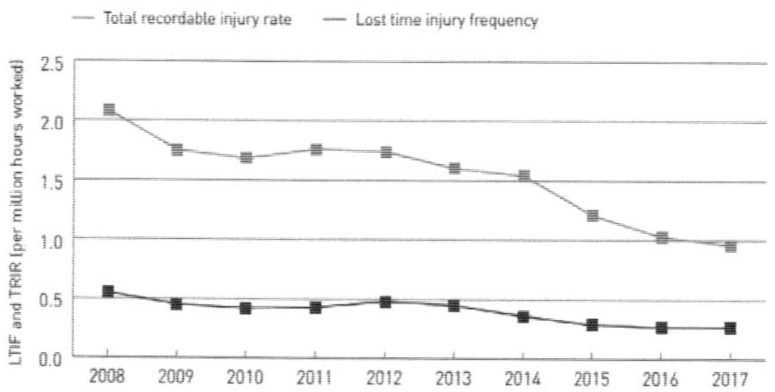

Y aún continúan los grandes eventos

Piper Alpha

Macondo

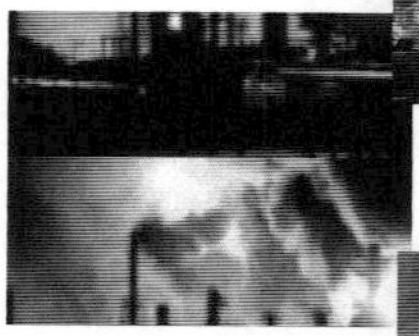
BP Texas City

Buncefield

- Tecnología – Mayor complejidad para nuestras operaciones
- Sistemas de Gestión – Solo para cumplimiento

LA NECESIDAD DE GESTIONAR LA CULTURA PARA GESTIONAR LOS RIESGOS

CAUSAS RELACIONADAS CON LA CULTURA ➡

Falta de:

- LIDERAZGO
- FOCO
- INDICADORES
- COMPETENCIAS
- CUMPLIMIENTO
- APRENDIZAJE

8ª CONFERENCIA LATINOAMERICANA DE SEGURIDAD DE PROCESOS DEL CCPS

EL ABORDAJE CULTURAL – EL ROL DEL LIDERAZGO

Algunas definiciones de cultura:

"Lo que hacemos cuando nadie nos ve"

"Las actitudes y comportamientos compartidos (escritos y no escritos) que influyen en cómo la organización lleva adelante colectivamente la gestión de riesgos".

¿Por qué es importante gestionarla?

La **cultura** regula el comportamiento de los **grupos**.

La cultura es un fenómeno grupal y cada grupo genera un **contexto particular**.

El **contexto** en el que las personas trabajan **condiciona** fuertemente su **comportamiento**.

El contexto es modelado por quienes toman decisiones.

EL PODER DEL CONTEXTO

EXPERIMENTO: ASCH

EL CONTEXTO DETERMINA:

- INTERACCIONES
- COMUNICACIÓN
- GESTIÓN
- INFLUENCIA

8ª CONFERENCIA LATINOAMERICANA DE SEGURIDAD DE PROCESOS DEL CCPS

CONTEXTO ORGANIZACIONAL

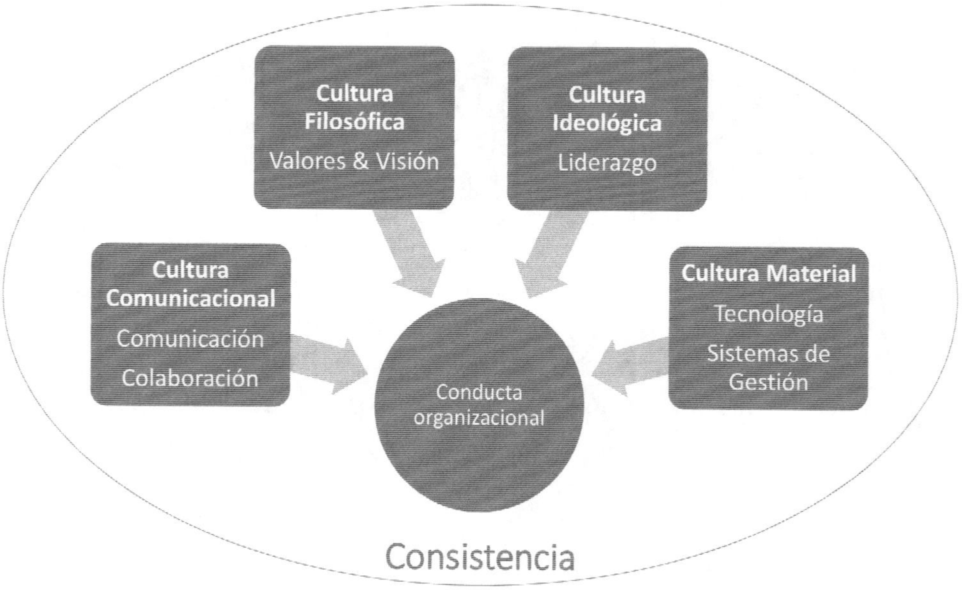

REFERENCIAS DE LA INDUSTRIA

«Guidelines for Risk Based Process Safety» (CCPS, 2007)

El CCPS define, en su modelo de gestión de seguridad de procesos, que gestionar la cultura de seguridad de procesos es un elemento fundamental para evitar accidentes mayores y propone una serie de principios esenciales para abordarla.

«Essential practices for creating, strenghthening, and sustainning process safety culture» (CCPS, 2018)

Actualiza los principios esenciales a partir de las causas de los incidentes mayores. Profundiza en el rol del liderazgo y en cómo la cultura influencia cada uno de los elementos de PSM. Propone indicadores para cada uno de los principios y prácticas para gestionarla.

8ª CONFERENCIA LATINOAMERICANA DE SEGURIDAD DE PROCESOS DEL CCPS

ESSENTIAL PRACTICES FOR CREATING, STRENGTHENING, AND SUSTAINING PROCESS SAFETY CULTURE

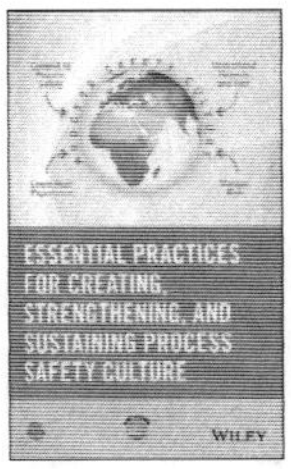

Principios fundamentales

Establecer PS como valor fundamental	Fomentar confianza mutua	Asegurar comunicaciones abiertas y efectivas
Mantener presente el sentido de vulnerabilidad	Entender y actuar en función de peligros y riesgos	Empoderar a los individuos para cumplir exitosamente las responsabilidades de PS
Hacer referencia a la experiencia	Combatir la normalización de desvíos	Aprender a evaluar e impulsar la cultura

Proveer un liderazgo fuerte

DESARROLLAR, SOSTENER Y MEJORAR LA CULTURA DE SEGURIDAD DE PROCESOS

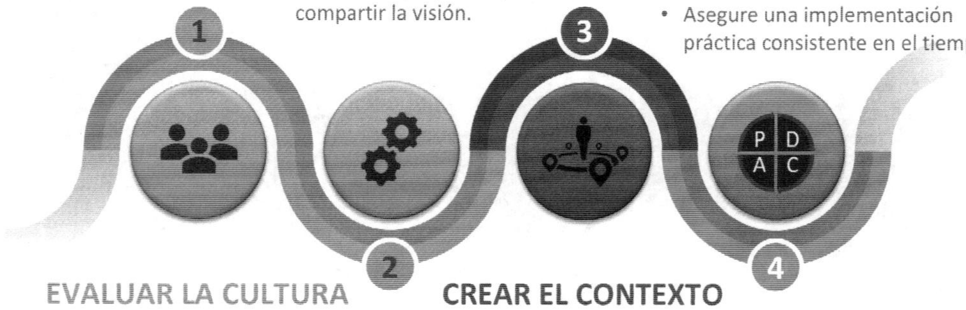

EVALUAR LA CULTURA

- Antes de empezar, entender la cultura.
- Herramientas adecuadas (focus, entrevistas, observación)
- Instancia de involucramiento.

DESARROLLAR LA ESTRATEGIA

- Establecer el marco y definir objetivos, metas.
- Clarificar el propósito y compartir la visión.

CREAR EL CONTEXTO

- Impulsar los principios fundamentales.
- Incorporarlos en las prácticas, procesos, indicadores, herramientas (cultura material).
- Fortalecer el liderazgo.

CICLO PDCA

- Implemente un ciclo de PDCA para desarrollar, sostener y mejorar su cultura.
- Asegure una implementación práctica consistente en el tiempo.

8ª CONFERENCIA LATINOAMERICANA DE SEGURIDAD DE PROCESOS DEL CCPS

CONCLUSIONES

1. Gestionar la cultura como un elemento clave para incorporar la gestión de riesgos en nuestro accionar cotidiano.
2. El concepto de cultura está asociado a grupos, no individuos.
3. Los líderes son los que definen el contexto.
4. Entender la cultura y definir estrategias para cerrar las brechas (ciclo PDCA).

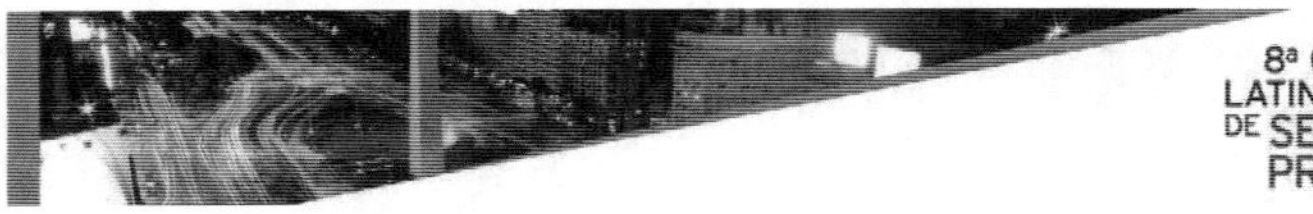

8ª CONFERENCIA LATINOAMERICANA DE SEGURIDAD DE PROCESOS DEL CCPS

Gracias!

Gretel D'Amico

Operational Improvement Manager

gdamico@pluspetrol.net

Gretel Damico - LinkedIn

Determinação Do Pfd De Prd, Usando o API 581 Como Referência

8TH CCPS LATIN AMERICAN CONFERENCE ON PROCESS SAFETY

Conference: CCPS Latin American Conference on Process Safety

Year: 2018

Proceeding: 8th CCPS Latin American Conference on Process Safety

Group: General Program

Session: Mechanical Integrity

Time: Tuesday, September 11, 2018 - 12:00am-12:30am

Authors:

Rocha, P. Sr., Braskem
Ribeiro, F. Sr., Braskem
França, S. Sr., Braskem

Criteria for defining the Probability of Failure on Demand (PFD) of Pressure Relief Devices (PRD): A more precise evaluation as an Independent Protection Layer (IPL)

A company's risk analysis process usually begins with a qualitative analysis of the incident scenarios and, according to the classified risk level, is completed with semi-quantitative analysis, usually using the LOPA methodology (Layers of Protection Analysis). The objective is to ensure the maximum possible accuracy in risk assessment, as well as better define independent protection layers (IPL) for mitigation. Among traditional IPLs for risk mitigation are pressure relief devices (PRD), mostly represented by PSVs. For these devices, their mitigation capacity is directly dependent on their probability of failure on demand (PFD), for which is normally adopted the value of 1E-02, as some of the area's literature suggests. However, every organization is faced with PSVs installed in systems with quite different characteristics in terms of operating conditions (pressure class and temperature) or types of fluids (clean or obstructive). Faced with this, the question arises. How can we use a generic value for probability failure on demand for relief devices that have different failure modes?

Braskem then started technical studies, in order to identify values more appropriate for the characteristics of each system. The standard API 581, in Chapter 7, describes a methodology for calculating PFD for PRD where it considers some factors, such as: inspection interval, categories of service severity, type of relief device, alignment of relief, environmental factor, effectiveness of inspection and tests programs, test result, pressure set point and maximum system feasible pressure.. With this, the Process Safety team understood that this methodology applied to the company's systems and should be the methodology used to define the PFD of each PRD. After defining the use of the methodology, an Excel spreadsheet was developed to allow the multidisciplinary team participating in the LOPA to quickly calculate a PFD value of each PRD to be used in the studies without affecting the time of analysis.

Using the concepts of management of change, Braskem Process Safety specialists understood the need to train participants in LOPA studies. In order to implement this strategy and new PSVs approaches to LOPAs, some presentations were performed to professionals from process engineering, production and maintenance. Those presentations aimed to clarify technical approach and possible misunderstands. With the implementation of this methodology, the PFD of each PRD is better suited to the operating conditions, guaranteeing a more accurate risk value for each scenario. With this, the scenarios are being reviewed within the five-year cycle of risk analysis for the correct characterization of risk. Some important aspects have already been identified. For example: Reduction in the interval between PSVs tests, where possible, can be performed for risk mitigation, which previously was only possible with the inclusion of a new IPL, another PRD or a new one Safety Instrumented Function (SIF); evaluation of campaign increases for systems or units so that the risk level of the scenarios stays within acceptable criteria, etc.

The Learning from this new approach has been continuous and the perception of a more precise risk evaluation is solid. However, some gaps and possible uncertainties regarding to PSVs adoption are still facing in industry. It is important to keep alert to be precise as much as possible deeps on their roles as IPLs, in order to grant robust risk analysis and preserve Process Safety Management in a high level of priority and technical consistency.

Processes in Cyclic Operation: Lessons Learned from a Case Study

8TH CCPS LATIN AMERICAN CONFERENCE ON PROCESS SAFETY

Conference: CCPS Latin American Conference on Process Safety

Year: 2018

Proceeding: 8th CCPS Latin American Conference on Process Safety

Group: General Program

Session: Mechanical Integrity

Time: Tuesday, September 11, 2018 - 12:30 am-1:00am

Authors:

Rodriguez, PE , Pluspetrol Peru Corporation

There are plants that, due to operational and design needs, work in cycles of extreme pressure, flow and temperature variation. When selecting standards, specifications and / or design criteria, these can be really deficient when referring to the installation of its component elements such as flanges, gaskets / gaskets; that is, the system is as robust as the weakest element that composes it. Likewise, if you do not identify these elements within the cyclical processes, the system that manages the Maintenance can be weakened and become vulnerable due to the failure to perform a correct needs assessment. Sometimes engineering designs and inspection plans (RBI), do not consider the internal elements of process equipment as critical elements, and during the planning of interventions in plant shutdowns because they simply are not inspected.

The incident that groups the weaknesses and deviations mentioned above, is generated by the breakage of the support ring of a distributor that is mounted between flanges of 20â € ?? x 600 # that is part of a container that houses a dehydrator (molecular sieve) in a cryogenic process of natural gas treatment. This generates a sudden leak of wet gas at more than 1200 psig.

In the event there was a projection of metallic particles around and an explosive cloud formation that spread over a large part of the installation and fortunately I can not find a source of ignition, so there was no further damage to the facilities or p Human losses to regret.

The present work describes the operation of part of the cyclic process in the dehydration of natural gas, the configuration of the container and accessories of the dehydrator container, the analysis of causes of the event and the lessons learned to be considered in the operation, maintenance and process security management.

Indicadores de desempeño (KPI): El Reto de Medir y Mantener la Integridad del SIS

Romel Rodriguez
Andreina Cabeza
CSF, Consultoría en Seguridad Funcional
rodriguezrx@csf.com.ve / cabezaa@csf.com.ve

Agenda

- Introducción
- Ciclo de Vida del SIS
- Integridad Mecánica del SIS
- ¿Porqué Medir el Desempeño del SIS?
- ¿Cómo Medir el Desempeño del SIS?
- Gestión de los Indicadores de O&M
- Conclusiones

8th LACPS · Universidad Católica Argentina · September 11-13 2018

Introducción

¿Podemos asegurar que la reducción de riesgo estimada para el SIS, durante el diseño, es la misma durante su vida útil en la etapa de Operación?

8th LACPS · Universidad Católica Argentina · September 11-13 2018

Ciclo de Vida del SIS

¿Cuanta seguridad necesitamos?

¿Cómo obtenemos la seguridad que necesitamos?

¿Cómo mantenemos la seguridad que necesitamos?

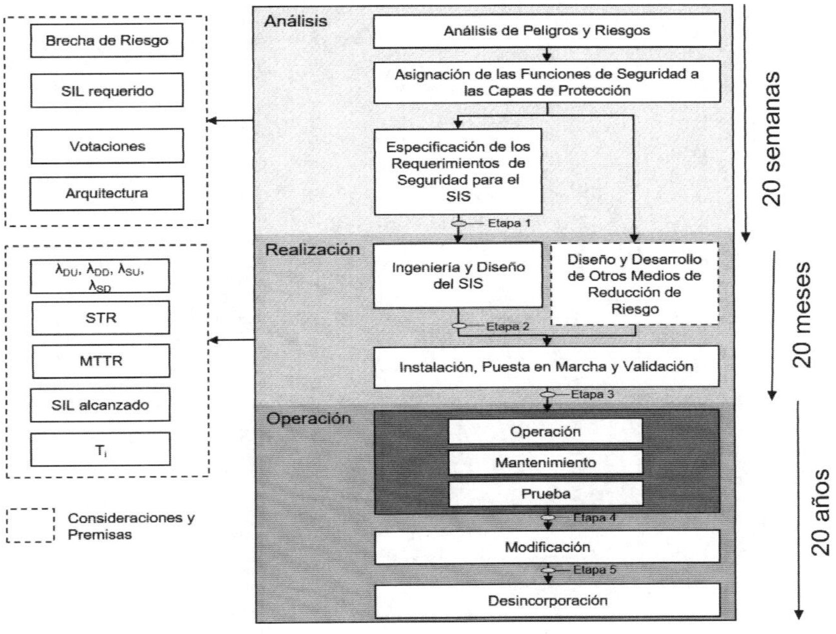

8th LACPS · Universidad Católica Argentina · September 11-13 2018

Integridad Mecánica del SIS

- Cumplir con regulaciones y normas
- Garantías
- Documentar la condición actual del SIS
- Detectar y corregir fallas
- Verificar el Programa de Gestión de IM
- Monitorear mecanismos de degradación

8th LACPS · Universidad Católica Argentina · September 11-13 2018

Integridad Mecánica del SIS

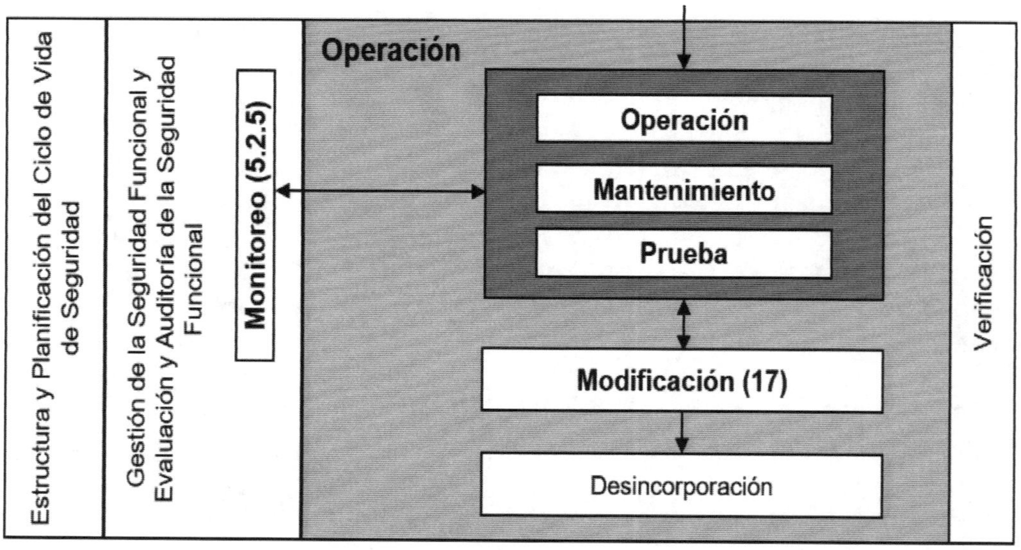

8th LACPS · Universidad Católica Argentina · September 11-13 2018

¿Por Qué Medir el Desempeño del SIS?

- Mecanismos de Degradación
  - Operacionales
    - Procesos Inestables
    - Practicas Operativas Inadecuadas
    - Modificaciones del Proceso
    - Condiciones Operacionales/Ambientales Extremas
  - De Mantenimiento
    - Modificaciones del SIS
    - Incumplimiento del Programa de Pruebas

8th LACPS · Universidad Católica Argentina · September 11-13 2018

¿Cómo medir el desempeño del SIS?

- **IEC dice que hacer, pero no cómo hacerlo.**
- Indicadores de Desempeño (KPI):
  - API RP 754-2016
  - TR ISA 84.00.03
  - TR ISA 84.00.04

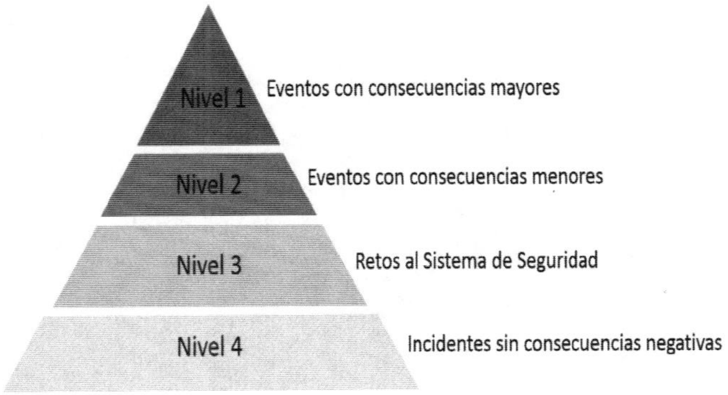

8th LACPS · Universidad Católica Argentina · September 11-13 2018

Gestión de los Indicadores de Operación y Mantenimiento

Establecer Objetivos

- Asegurar que se mantiene el SIL requerido para cada una de las SIF.
- Gestionar la fase de Operación y Mantenimiento.

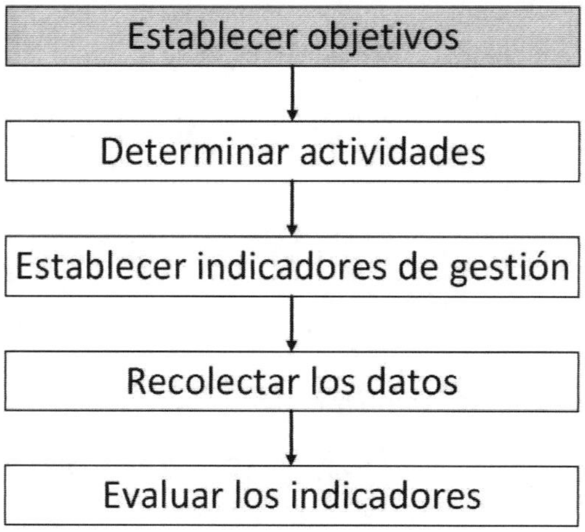

Gestión de los Indicadores de Operación y Mantenimiento

Determinar Actividades

- Actualización:
  - Tasas de Fallas (λ)
  - Tiempo de Inspección
- Gestión:
  - Planificación
  - Organización
  - Recursos
  - Competencias

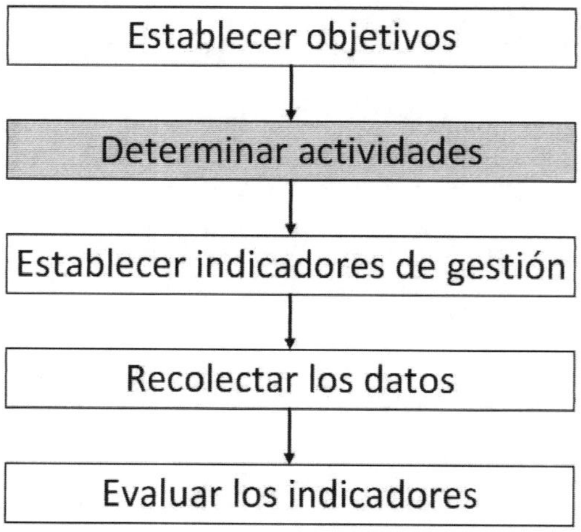

CCPS An AIChE Technology Alliance Center for Chemical Process Safety

arpel

Gestión de los Indicadores de Operación y Mantenimiento

Establecer Indicadores de Gestión (KPI):

- Eventos y Actividades:
  - Inspecciones
  - Disparos de la SIF
  - Ensayos periódicos
- KPI:
  - KPI Leading de Gestión
  - KPI Leading de Integridad
  - KPI Lagging

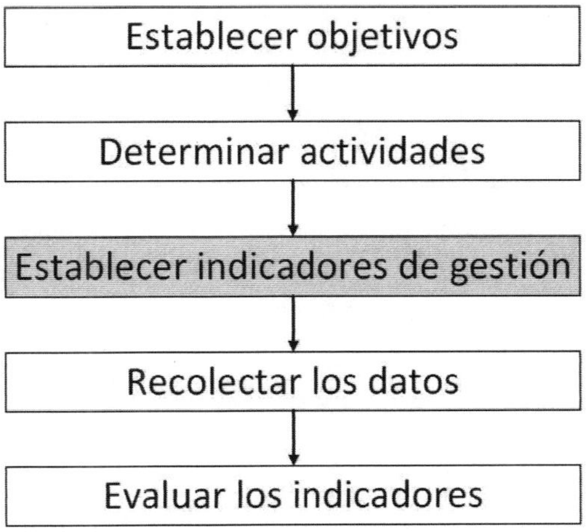

CCPS An AIChE Technology Alliance Center for Chemical Process Safety

arpel

Gestión de los Indicadores de Operación y Mantenimiento

Establecer Indicadores de Gestión (KPI):

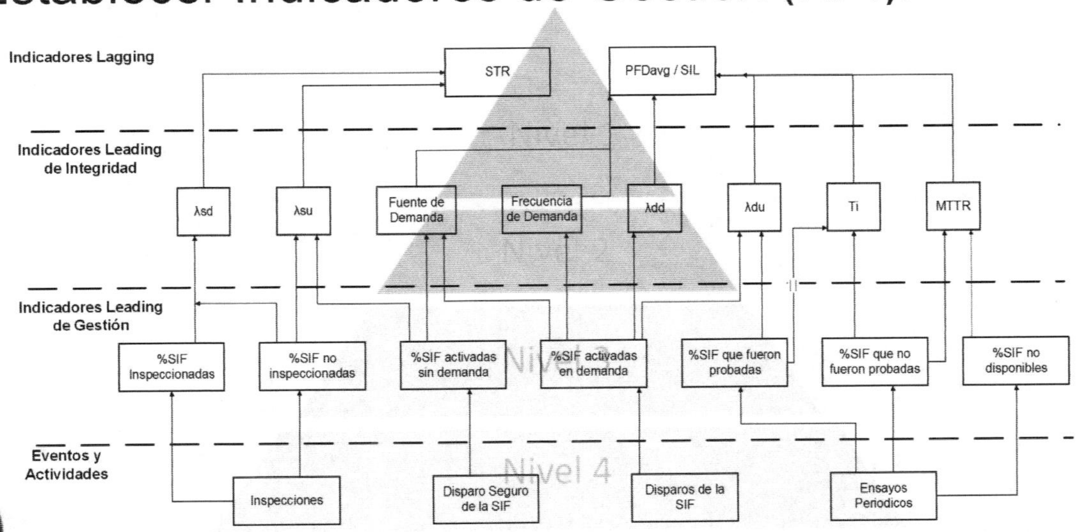

8th LACPS · Universidad Católica Argentina · September 11-13 2018

Gestión de los Indicadores de Operación y Mantenimiento

Recolectar los Datos

- ISO 14224
- IEC 60300 3-2-2004
- PERD
- OREDA

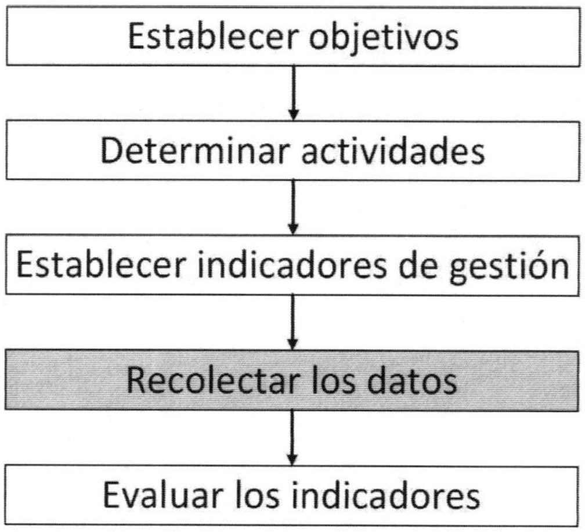

Gestión de los Indicadores de Operación y Mantenimiento

Evaluar los Indicadores

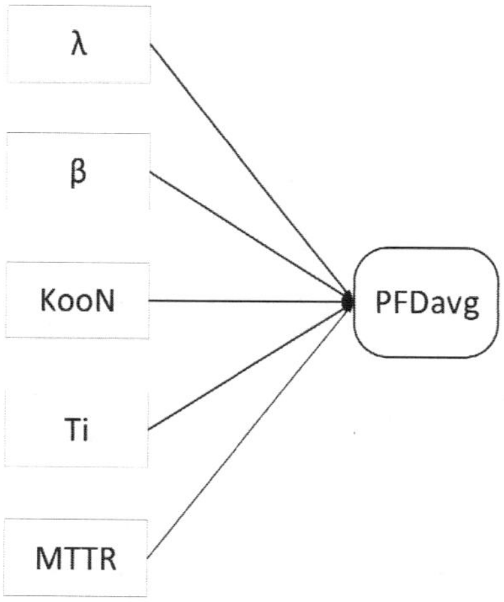

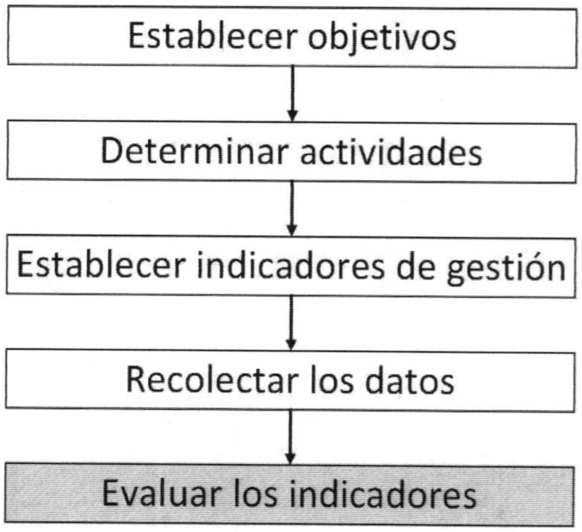

8th LACPS · Universidad Católica Argentina · September 11-13 2018

Conclusiones

- Los **mecanismos de degradación** (interacción con el proceso, ambiente y personal de O&M) **impactan día a día la Integridad de Seguridad del SIS** y afecta la reducción de riesgo requerida.
- **Definir claramente las políticas** de la organización respecto a los parámetros que afectan la Integridad de Seguridad del SIS **permite mantener consistencia en los resultados esperados.**

Conclusiones

- **La escogencia de los parámetros que afectan la Integridad** del SIS en O&M, **se ve mejorada** por:
  - **Sensibilizar al personal de diseño** sobre el efecto de los mismos.
  - **Involucrar al personal de O&M**, para asegurar que los sean representación fidedigna de la realidad operacional.
- **La entrega del proyecto** del SIS a O&M **debe ir más allá de la entrega del activo físico**, suministrando los parámetros de desempeño establecidos, para que se pueda determinar la desviación y tomar las acciones correspondientes.

8th LACPS · Universidad Católica Argentina · September 11-13 2018

Conclusiones

- **Definir un programa de IM del SIS eficiente**, permite crear un marco adecuado para **la medición y mantenimiento de la Integridad** del SIS.
- **Definir los indicadores de desempeño** más adecuados para la organización, permite la **concentración de recursos** en las actividades medulares del mantenimiento de la Integridad de Seguridad del SIS.
- **Gestionar y evaluar los KPI** permite realizar la **mejora continua** necesaria para mantener la Integridad Seguridad de integridad del SIS.

CSF

rodriguezrx@csf.com.ve / cabezaa@csf.com.ve

www.csf.com.ve

@csfven

@csf_seguridad_funcional

CSF Consultoría en Seguridad Funcional

CSF Consultoría en Seguridad Funcional

8th LACPS · Universidad Católica Argentina · September 11-13 2018

Integridad MecÃ¡Nica â€“ Las Herramientas Manuales De Acero Pueden Generar La igniciÃ³n De Una Atmosfera Explosiva â€“ Â¿Mito o Realidad? -Veamos Los Ensayos

Conference: CCPS Latin American Conference on Process Safety

Year: 2018

Proceeding: 8th CCPS Latin American Conference on Process Safety

Group: General Program

Session: Mechanical Integrity

Time: Tuesday, September 11, 2018 - 1:30am-2:00am

Authors:

Minguez, N. Sr., Proyelco
Erthal, L. Sr., Petrobras

ntegridad mecÃ¡nica â€“ Las herramientas manuales de acero pueden generar la igniciÃ³n de una Atmosfera Explosiva â€“ Â¿Mito o realidad? -veamos los ensayos

SegÃºn expertos, el roce provocado por una herramienta y una pieza, siendo ambas de acero al carbono, puede generar una chispa que alcance temperaturas de 1550 a 1850 Â°C. AsÃ siendo recomiendan que en Ãreas Clasificadas se utilicen, en esos casos (retirada de bridas, etc.) apenas Herramientas anti-chispas en materiales como cobre, bronce, Cobre-Berilio y otras aleaciones que cuestan hasta diez veces el valor de una herramienta convencional.

Tesis de doctorado: *Estudio y evaluaciÃ³n del potencial de energÃa de las fuentes de riesgo de las herramientas manuales en ambientes de Ãreas Clasificadas en el segmento de PetrÃ³leo y Gas.*

Esta tesis analiza los ensayos prÃ¡cticos realizados para demostrar que herramientas de mano de acero al carbono, utilizados en las actividades rutinarias de la industria del petróleo y gas en el interior de las zonas peligrosas no son capaces de producir suficiente energía para encender los gases y vapores presentes. Estos resultados corroboran con el conocimiento tácito de los ingenieros de bomberos de América del Norte adquirida a partir de los años 30 y las pruebas de laboratorio en la década de los años 50, los cuales fueron registrados en la norma API RP 2214. También añade la información que estas herramientas no son capaces de generar energía para encender el gas de hidrógeno. Siendo que el hidrógeno tiene una de la energía mínima de ignición más baja (MIE) conocida.

Una evaluación mecánica de la vibración por metros (acelerómetros) permitió establecer con precisión el tiempo de impacto transcurrido entre la salida de la cabeza del martillo al caer y una placa de metal. Las placas fueron de materiales con diferentes durezas, tal como aluminio, acero al carbono y acero inoxidable 304.

Los resultados del ensayo mostraron que las energÃas presentes en los impactos entre herramientas de mano de acero al carbono y placas de acero al carbono no son capaces de generar la igniciÃ³n de una atmÃ³sfera de gas hidrÃ³geno. Asimismo, los resultados son vÃ¡lidos para placas de acero inoxidable 304.

Co-autor: **Ing. Leandro Erthal** â€“ leandroerthal@petrobras.com.br

Co-autor: **Ing. Nicolas Minguez - AIChE Senior Member NÂº 9902402767**â€“ cenbasdobrasil@msn.com

CCPS An AIChE Technology Alliance
Center for Chemical Process Safety

arpel

AMS y PSM: Un “nuevo” desafío para las áreas de Mantenimiento y Confiabilidad.

Felipe A. Henao
Pluspetrol
fhenao@pluspetrol.net

8th LACPS · Universidad Católica Argentina · September 11-13 2018

CCPS An AIChE Technology Alliance
Center for Chemical Process Safety

arpel

Agenda

- Evolución de los Sistemas de Gestión
- Contexto e Introducción a la Normativa
- Nivel de Relaciónamiento ASM – PSM
- Conclusiones
- Recomendaciones

8th LACPS · Universidad Católica Argentina · September 11-13 2018

Agenda

- Evolución de los Sistemas de Gestión
- Contexto e Introducción a la Normativa
- Nivel de Relaciónamiento AMS – PSM
- Conclusiones
- Recomendaciones

8th LACPS · Universidad Católica Argentina · September 11-13 2018

Evolución de los Sistemas de Gestión

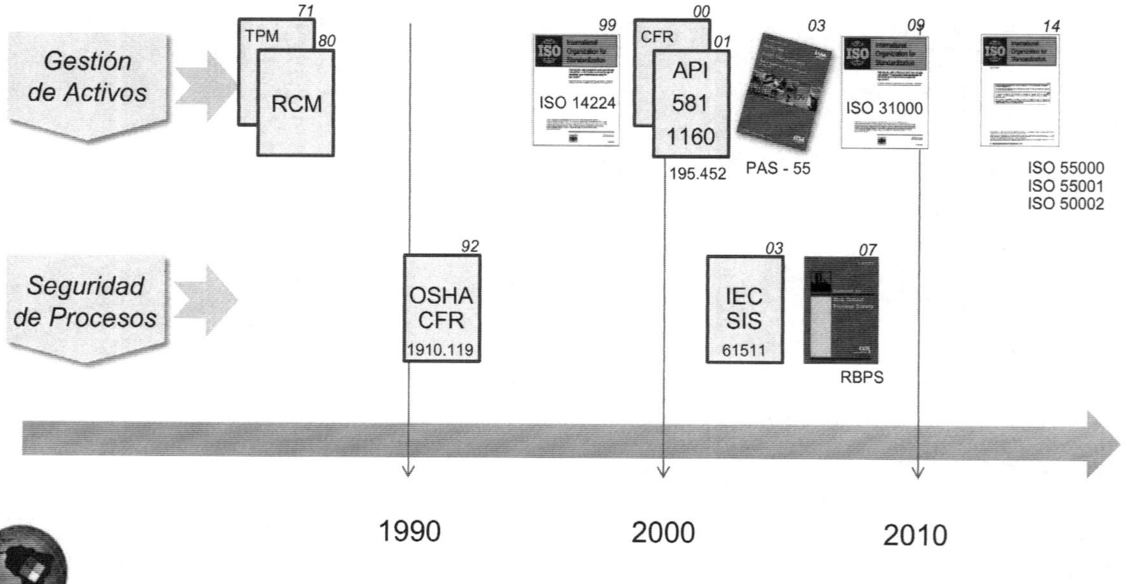

8th LACPS · Universidad Católica Argentina · September 11-13 2018

CCPS
An AIChE Technology Alliance
Center for Chemical Process Safety

Aarpel

Agenda

- Evolución de los Sistemas de Gestión
- Contexto e Introducción a la Normativa
- Nivel de Relaciónamiento AMS – PSM
- Conclusiones
- Recomendaciones

8th LACPS · Universidad Católica Argentina · September 11-13 2018

CCPS
An AIChE Technology Alliance
Center for Chemical Process Safety

Aarpel

Contexto e Introducción a la Normativa

Gestión de Activos: **AMS**

- **PAS 55:** Especificación de los requerimientos del Estándar Británico para la gerencia optima de los activos físicos.

- **ISO 55000:** Visión global, conceptos y terminología en AM.
- **ISO 55001:** Requerimientos para las buenas prácticas de AM.
- **ISO 55002:** Proporciona una guía para la interpretación e implementación de AMS.

8th LACPS · Universidad Católica Argentina · September 11-13 2018

Contexto e Introducción a la Normativa

Gestión de Seguridad de Procesos: **PSM**

- OSHA. "Process Safety Management of Highly Hazardous Chemicals (**29 CFR 1910.119**), U.S. Ocupational Safety and Healt Administration, USA, 1992.
- "Guideliness for Risk Based Process Safety, AIChE Center for Chemical Process Safety, Wiley, New York, 2007.

8th LACPS · Universidad Católica Argentina · September 11-13 2018

PSM (CCPS) – Marco de Gestión

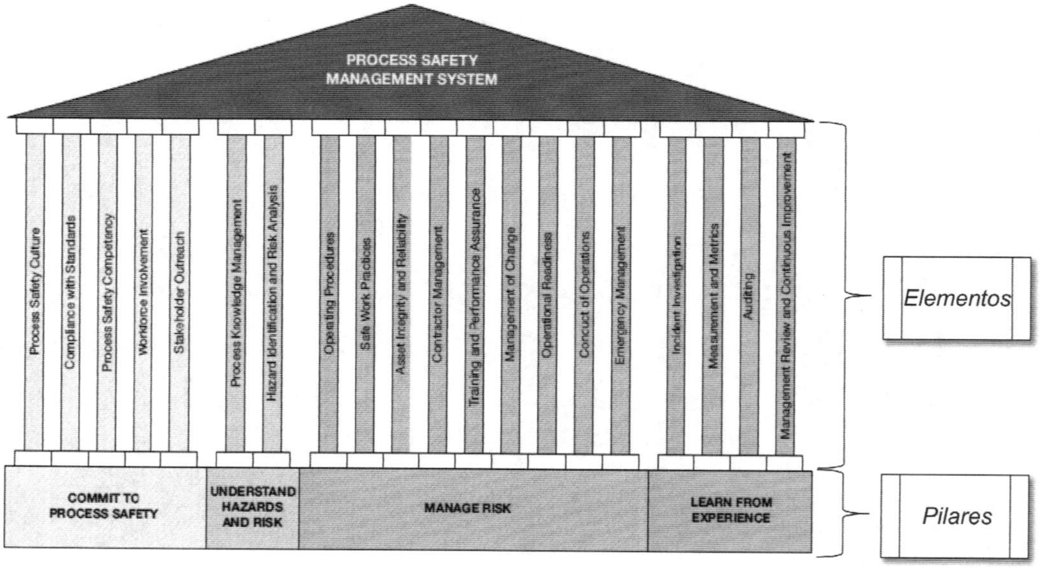

8th LACPS · Universidad Católica Argentina · September 11-13 2018

AMS (ISO 55001) – Marco de Gestión

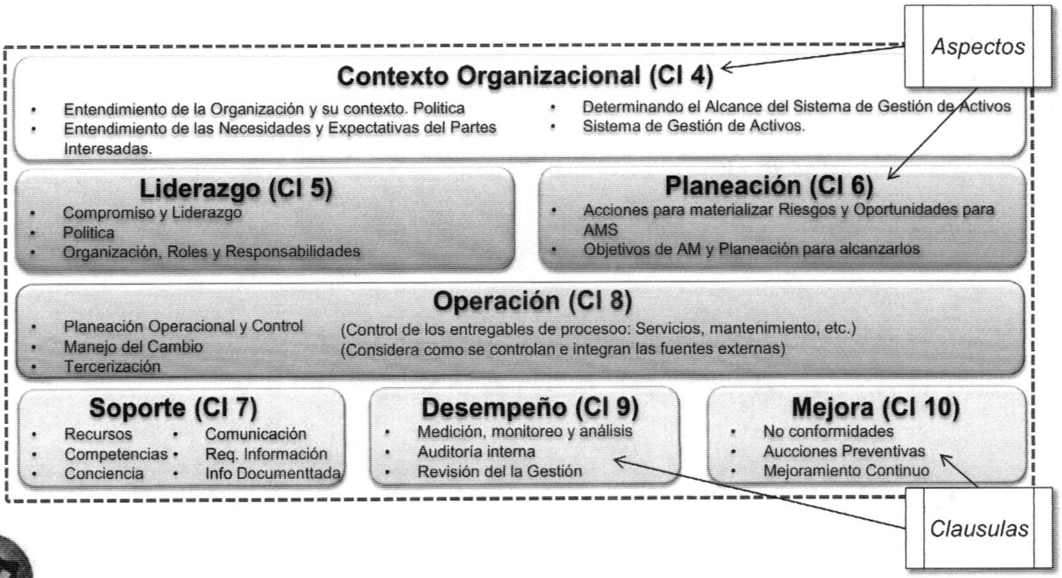

Agenda

- Evolución de los Sistemas de Gestión
- Conexto e Introducción a la Normativa
- Nivel de Relaciónamiento AMS – PSM
- Conclusiones
- Recomendaciones

8th LACPS · Universidad Católica Argentina · September 11-13 2018

¿Que paso en las áreas de Mantenimiento?

8th LACPS · Universidad Católica Argentina · September 11-13 2018

Entonces: ¿AMS ó PSM?

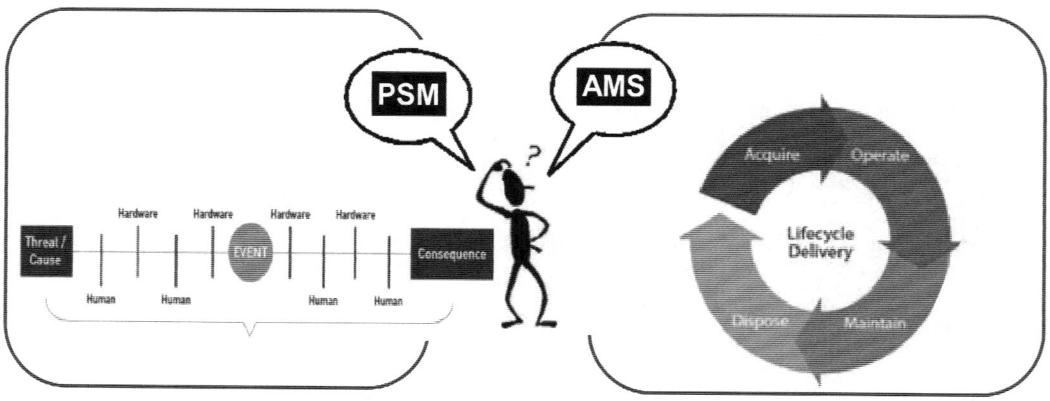

8th LACPS · Universidad Católica Argentina · September 11-13 2018

Objetivos y Entregables de los Sistemas

- **Objetivo:** Evitar / mitigar accidentes Mayores.

- **Apalancador:** Sistema de Gestión PSM. Procesos Organizacionales.

- **Objetivo:** Rentabilidad sobre los Activos.

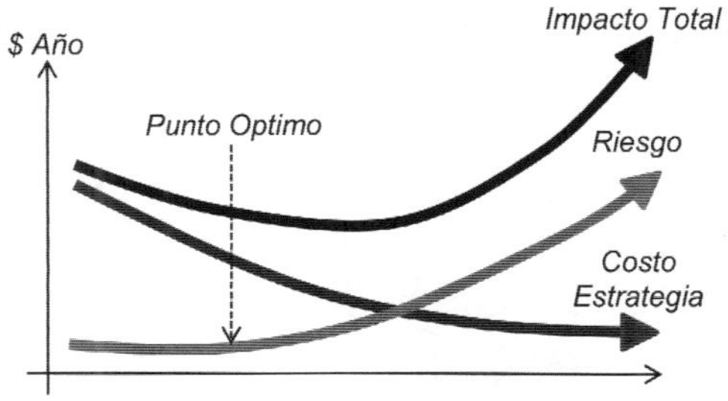

- **Apalancador:** SAMP y AMP (Planes de Gestión Estratégico y Táctico.

8th LACPS · Universidad Católica Argentina · September 11-13 2018

Nivel de relacionamiento entre AMS y PSM

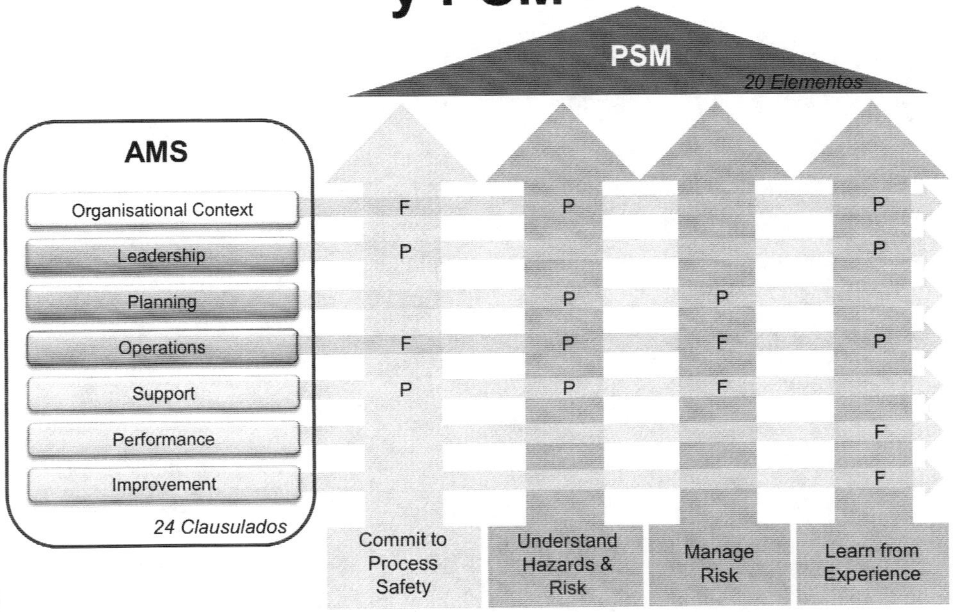

8th LACPS · Universidad Católica Argentina · September 11-13 2018

Visión Complementaria

- Supongase una sustancia peligrosa encontrada en el Yacimiento A.
- Se construyen facilidades para almacenamiento y exportación.
- ¿Como gestionar el activo y los peligros asociados?

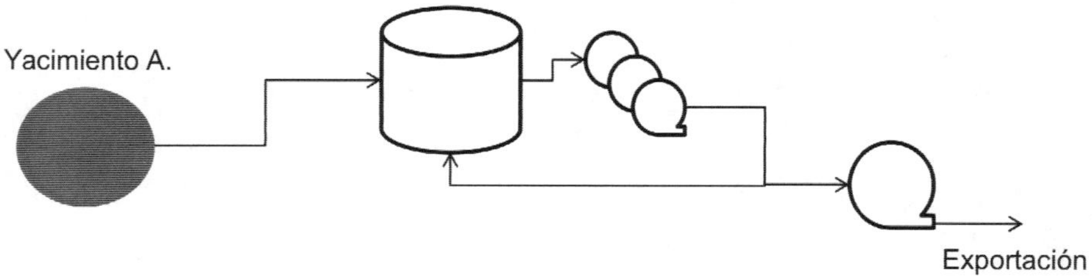

8th LACPS · Universidad Católica Argentina · September 11-13 2018

Visión Complementaria

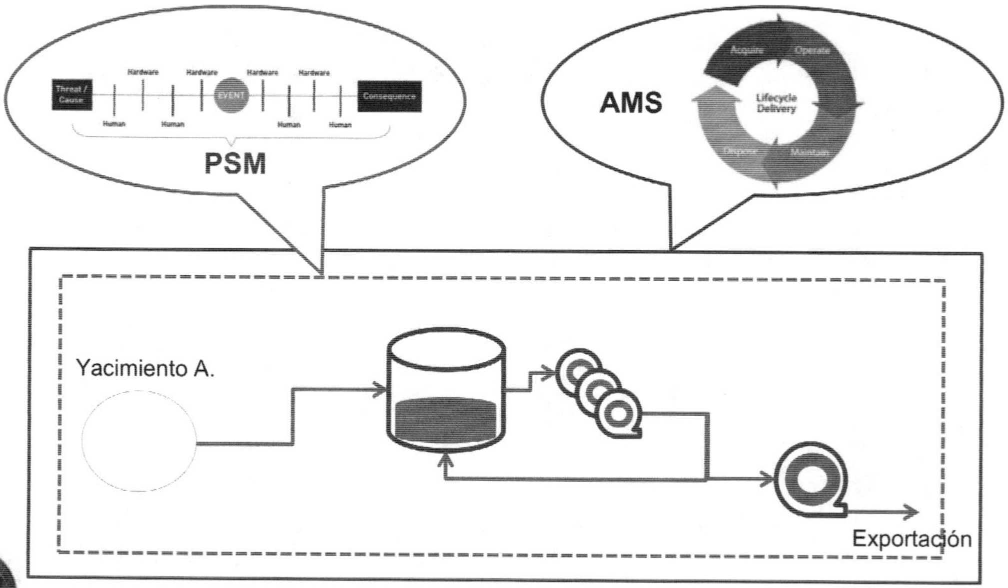

8th LACPS · Universidad Católica Argentina · September 11-13 2018

Algunos Ejemplos…

- Gestión de Riesgos:

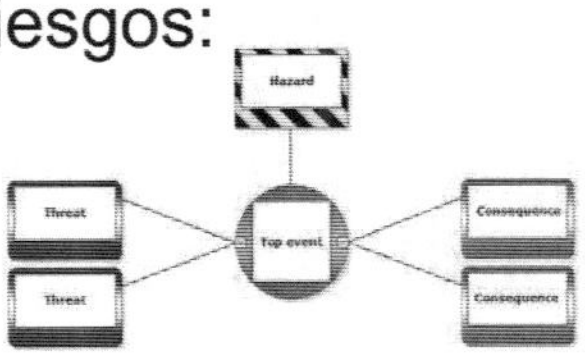

BOW TIE

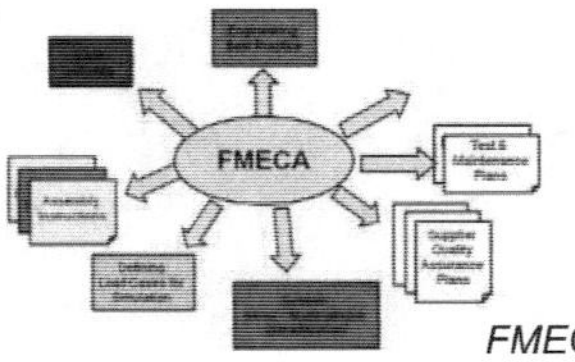

FMECA

- Equipos Críticos:

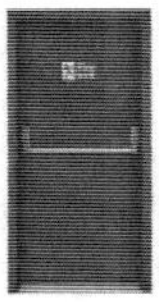

SCE´s

Criticality Assesment

- Gestión de Fallos / Incidentes:

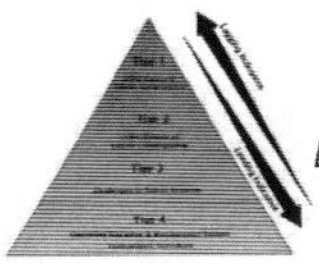

LOPC´s

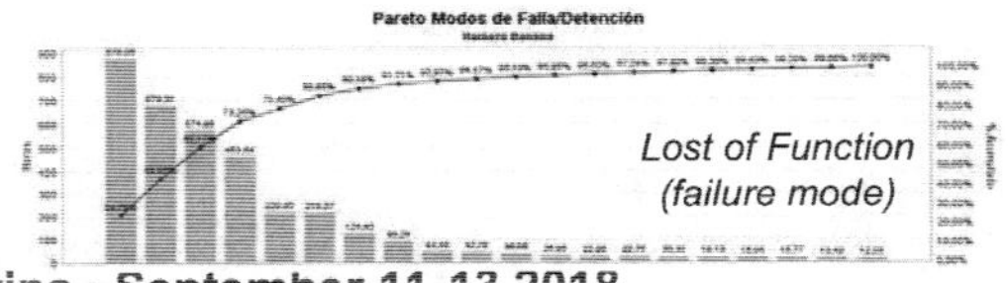

Lost of Function (failure mode)

Agenda

- Evolución de los Sistemas de Gestión
- Contexto e Introducción a la Normativa
- Nivel de Relaciónamiento AMS – PSM
- **Conclusiones**
- Recomendaciones

CCPS An AIChE Technology Alliance
Center for Chemical Process Safety

arpel

Conclusiones

- Los SG permiten alcanzar objetivos a través procesos sostenibles. Con lineamientos claros y bien comunicados, podrán convivir e incluso compartir sus metas.
- Existen al menos 11 requerimientos coincidentes entre elementos de PSM y clausulados de AMS.
- PSM y AMS ofrecen visiones solidas y estructuradas que se complementan en su aplicación.

CCPS An AIChE Technology Alliance
Center for Chemical Process Safety

arpel

Eleméntos Típicos de un Sistema de Gestión

- Propósito y Alcance
- Roles y Responsabilidades
- Tareas y Procedimientos
- Resultados y productos
- Entrenamiento y competencias
- Recursos y herramientas necesarias
- Revisión gerencial y auditoría
- Mejoramiento continuo

Agenda

- Evolución de los Sistemas de Gestión
- Contexto e Introducción a la Normativa
- Nivel de Relaciónamiento AMS – PSM
- Conclusiones
- Recomendaciones

Recomendaciones

- Ser complementario, no mercenario.
- Ajustar no es un pecado: Customizar es necesario.
- Defina metas y objetivos. Establezca los criterios de éxito y fracaso.
- El equipo de trabajo es el primer y mayor crítico, debe estar convencido.
- No corte caminos, construya puentes!

8th LACPS · Universidad Católica Argentina · September 11-13 2018

Sobre todo…

“Aquel que trabaja es susceptible a cometer errores; no se lamente, capitalice los mismos, estando atento a los desvíos en los entregables, garantice que existan herramientas y procesos para corregirlos a tiempo.”

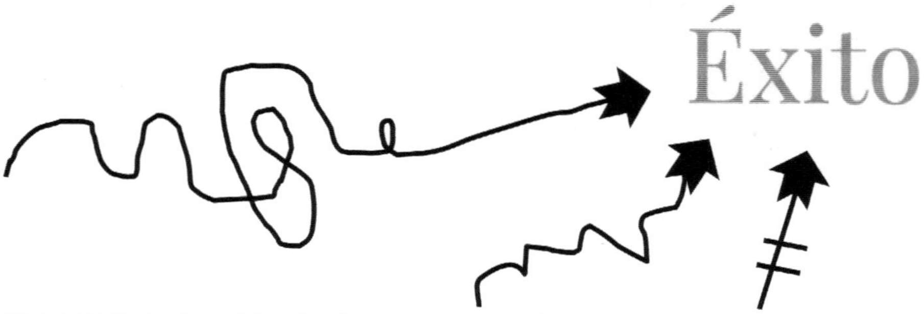

8th LACPS · Universidad Católica Argentina · September 11-13 2018

Preguntas y Agradecimientos

fhenao@pluspetrol.net

8th LACPS · Universidad Católica Argentina · September 11-13 2018

Brittle Scenarios Process Hazards Analysis (PHA) Using Method Based on API 579 (Recommended Practice for Fitness-for-Service)

8TH CCPS LATIN AMERICAN CONFERENCE ON PROCESS SAFETY

Conference: CCPS Latin American Conference on Process Safety

Year: 2018

Proceeding: 8th CCPS Latin American Conference on Process Safety

Group: General Program

Session: Mechanical Integrity

Time: Tuesday, September 11, 2018 - 2:30am-3:00am

Authors:

Faggion, P., Braskem
Greggianin, L. C., Braskem
Benincá, M., Braskem
Pohlmann, A., Braskem

In a Process Safety Management system, one of the core elements it is the process hazard analysis that spreads into many others elements, once the results of the risk analysis address recommendations to mitigate risk scenarios, feed mechanical integrity program through the prioritization of critical equipments, procedures revisions, emergency response plans and training programs for contractors and employees

The process hazards analysis are the first step to process safety management. A strong and robust risk scenarios identification is extremely important to identified the most possible scenarios and then to proceed with risk management.

In process hazards analysis all possible risk scenarios about process deviations are identified. One of the deviations observed in HAZOP analysis, for instance, is low temperature. One kind of scenario of low temperature is brittle fracture scenarios. Brittle fracture scenarios are caused by exposure to low temperatures where an unintentional or uncontrolled phase change for a hydrocarbon from a liquid state to a vapor occurs, resulting in a very rapid chilling (refrigeration) of the liquid containing local equipment. For brittle fracture occurs, three elements must be present simultaneously: a) a susceptible steel to low temperature b) a stress riser, as a crack or a notch c) applied stress above a minimum stress level.

The olefin and hydrocarbon processing industries in general have already experienced a number of brittle fracture failures caused by exposure to low temperature due auto-refrigeration.

When it is identified, a brittle fracture in a qualitative risk analysis as HAZOP the first step it is to analyze the pair pressure-temperature allowed in material specification. However this approach is very conservative.

This work was developed in the Braskem Basic Petrochemical Unit of South Brazil (BPU-RS). During the five year process hazards analysis review plan they were found scenarios related to brittle fracture. Due the scenarios complexity, it was necessary to develop a more detailed methodology to evaluate these scenarios. It was developed an innovative method according fitness for service for low temperature conditions using the concepts of API 579, considering the installed process versus process conditions risk scenarios. In the literature, there are papers about API 579 use in brittle scenarios evaluation. The use of this technique it is to evaluate existing carbon steel equipments. The method reduces considerably the necessity of physical substitutions and investments keeping risks acceptable in Braskem matrix.

This work aims to present a brittle fracture scenario during start-up procedure, identified in ethylene compressor discharge pipeline in Olefins unit

The methodology approach involves the analysis methods:

1. PHA- Process hazard analysis- It is applied HAZOP method to identify the risk scenario.
2. Mechanical evaluation analysis using API 579 methodology. The equipment is analyzed for brittle fracture potential using API 579. The result of this evaluation is to generate a curve that reflects a equipmentâ€™s MAT (material) for all pressure conditions.
3. The purpose of this analysis is to generate a CET (Critical Exposure Temperature) for all equipment subject to exposure to brittle fracture. The CET is represented by a curve of process temperature conditions for pressures below the MAWP (Maximum Allowable Working Pressure) of the equipment.

The scenario was identified in the five year process hazard analysis first cycle. If it would be applied the pair pressure temperature material specification it would be necessary to change the pipeline material. In discharge pipeline the temperature would be around -60Â°C during start-ups. The pair pressure-temperature specification material is -29Â°C for the pressure observed.

It was plotted in a diagram the pipeline and its accessories mechanical evaluation according API 579 and the process conditions as the method described above.

The result of this study identified only the necessity to change the cases pipeline. The investment was lower compared to change all discharge pipeline if a simple pair pressure temperature material specification would be considered.

Although the scenario object of this study was ethylene discharge compressor pipeline, the developed method is applied for scenarios involving hydrocarbons from 1 to 4 carbons with brittle scenarios potential and carbon steel existing equipments and or pipelines. This approach is applied for existing equipments or pipelines that would be exposure to low temperature due auto-refrigeration. The scenarios would be identified in process hazards analysis.

Exponent®
Engineering and Scientific Consulting

8ª CONFERENCIA LATINOAMERICANA DE SEGURIDAD DE PROCESOS DEL CCPS

El Rol de la Gestión del Cambio (MOC) en el Análisis de la Causa Raíz de Incidentes

Carmen H. Osorio-Amado, Dan Getsinger, and Trey Morrison

Exponent®
Engineering and Scientific Consulting

8ª CONFERENCIA LATINOAMERICANA DE SEGURIDAD DE PROCESOS DEL CCPS

Quienes somos?

Carmen H. Osorio-Amado, Ph.D.
Dan Getsinger, Ph.D.
Trey Morrison, Ph.D., P.E., CFEI

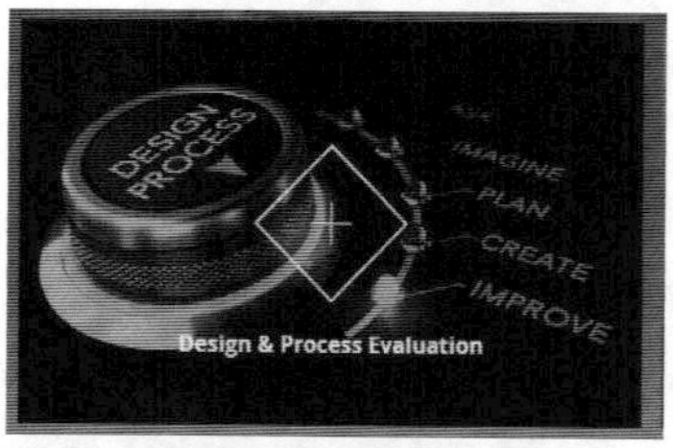

Exponent® es una firma que reúne mas de 90 disciplinas con el fin de resolver problemas complejos de ingeniería, ciencia y de regulación que enfrentan nuestros clientes.

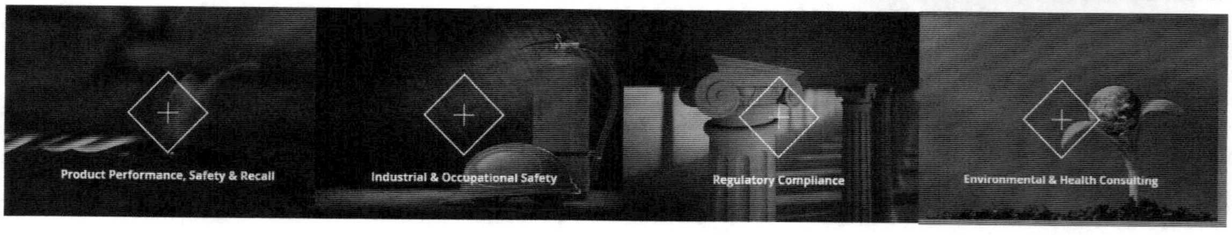

Contenido

- Introducción
- Motivación
- Materiales de referencia
- Casos de estudios
- Lecciones aprendidas
- Conclusiones

Exponent®
Engineering and Scientific Consulting

8ª CONFERENCIA LATINOAMERICANA DE SEGURIDAD DE PROCESOS DEL CCPS

Que es la Gestión del Cambio (MOC)?

Proceso de evaluación de cambios y control de las modificaciones

Factores a considerar en un MOC

Fuente: uba.org

- Reconocimiento del cambio
- Tipo de cambio
- Evaluación de riesgos
- Experiencia del personal
- Proceso de aprobación
- Implementación y seguimiento de las medidas de controles de riesgo
- Comunicación a la partes afectadas

Materiales de Referencia

Exponent®
Engineering and Scientific Consulting
8ª CONFERENCIA LATINOAMERICANA DE SEGURIDAD DE PROCESOS DEL CCPS

¿Qué tan útil es implementar un programa de MOC?

- Muchos de los accidentes **catastróficos** se deben a fallas de implementación de los elementos críticos del programa de gestión de seguridad de procesos (PSM).
- 9.1% están relacionados a fallas en la implementación del MOC. (Piong. et. al, 2017)
- La falta de un programa eficiente de MOC, no solo puede resultar en un accidente, sino también **afecta la habilidad de identificar la causa raíz de un incidente.**

Exponent®
Engineering and Scientific Consulting

8ª CONFERENCIA LATINOAMERICANA DE SEGURIDAD DE PROCESOS DEL CCPS

Casos de Estudio

Nota: Los casos presentados están basados en incidentes industriales reales; sin embargo, algunos detalles son modificados para proteger la confidencialidad de las partes envueltas.

Exponent®
Engineering and Scientific Consulting

8ª CONFERENCIA LATINOAMERICANA DE SEGURIDAD DE PROCESOS DEL CCPS

Explosión en una Cámara de Combustión

Nota: Los casos presentados están basados en incidentes industriales reales; sin embargo, algunos detalles son modificados para proteger la confidencialidad de las partes envueltas.

Explosión en una cámara de combustión

- El accidente ocurrió cuando un técnico de mantenimiento intentaba observar la llama en un horno a gas durante el reinicio del equipo.
- El técnico resultó gravemente herido, además de daños graves en la cámara y equipo aledaño.

¿Qué pasó?

Fotos para propósitos de ilustración únicamente. Fuente: danheat.dk

Exponent®
Engineering and Scientific Consulting
8ª CONFERENCIA LATINOAMERICANA DE SEGURIDAD DE PROCESOS DEL CCPS

Explosión en una cámara de combustión

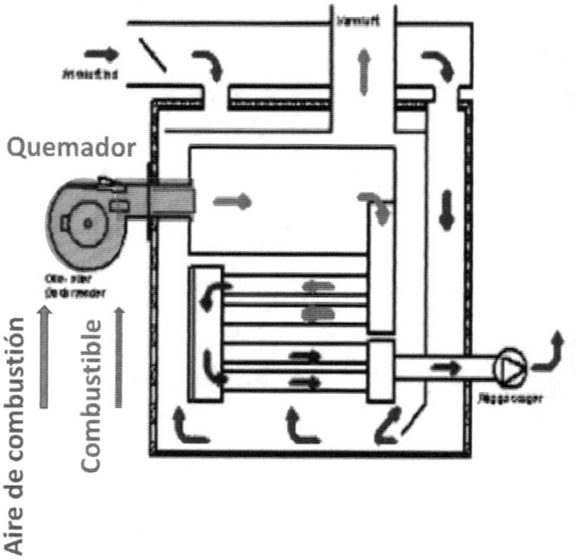

Fotos para propósitos de ilustración únicamente. Fuente: danheat.dk

Exponent® Engineering and Scientific Consulting

8ª CONFERENCIA LATINOAMERICANA DE SEGURIDAD DE PROCESOS DEL CCPS

Sistemas de Protección en Proceso de Reinicio

- **Prueba de llama**
- **Prueba de ajuste de la válvula de cierre de seguridad de gas**
- **Prueba de aire de combustión y presión estable del gas**
- **Purga de re-inicio adecuada de la cámara de combustión**

¿Fueron modificados estos sistemas?

Fotos para propósitos de ilustración únicamente. Fuente: danheat.dk

Exponent® Engineering and Scientific Consulting

8ª CONFERENCIA LATINOAMERICANA DE SEGURIDAD DE PROCESOS DEL CCPS

Sistemas de Protección en Proceso de Reinicio

Prueba de llama

- Antes del reinicio, la unidad se detuvo varias veces, <u>probablemente</u> debido a una falla en la prueba del detector de llama.
- El sensor de llama fue entonces reemplazado por el técnico.

Los reemplazos en especie no son considerados cambios luego no requieren un MOC

Fotos para propósitos de ilustración únicamente. Fuente: danheat.dk

Sistemas de Protección en Proceso de Reinicio

Prueba de ajuste de la válvula de cierre de seguridad de gas

- El técnico abrió la válvula de seguridad de gas para comprobar su flujo y expulsar los restos de la línea de gas

> Los dispositivos de control de llama, de limitación, los elementos de ajuste, así como otros dispositivos de seguridad solo pueden manipularlos el fabricante o un encargado del mismo.

Ausencia de MOC

Fotos para propósitos de ilustración únicamente. Fuente: danheat.dk

Exponent® Engineering and Scientific Consulting
8ª CONFERENCIA LATINOAMERICANA DE SEGURIDAD DE PROCESOS DEL CCPS

Sistemas de Protección en Proceso de Reinicio

Prueba de aire de combustión y presión estable del gas

- Cambios no documentados en el tipo de combustible utilizado (GN y GLP).
- No se encontrados registros de reajuste.

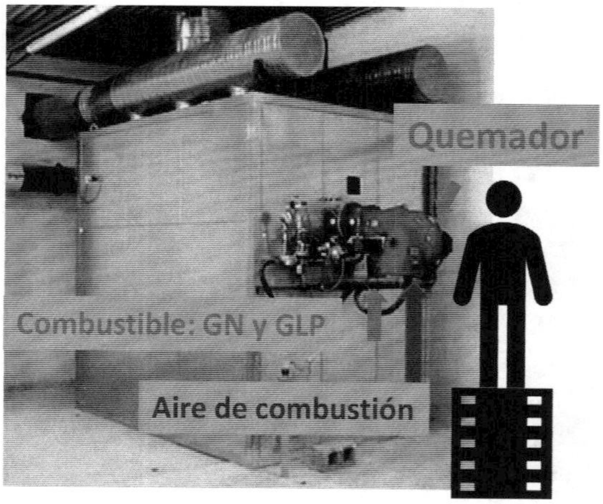

Ausencia de MOC

Fotos para propósitos de ilustración únicamente. Fuente: danheat.dk

Sistemas de Protección en Proceso de Reinicio

Purga/Ventilación adecuada de re-inicio

- Diseño original apenas cubría el requisito mínimo de purga en cámaras de combustión

> **NFPA ® 86: Standard for Ovens and Furnaces**
> 8.5.1.2* A timed pre-ignition purge shall be provided.
> (A) At least four system volumes of fresh air on inert gas shall be introduced during the purging cycle.

- La función de purga había sido modificada en el pasado y el flujo reducido a la mitad

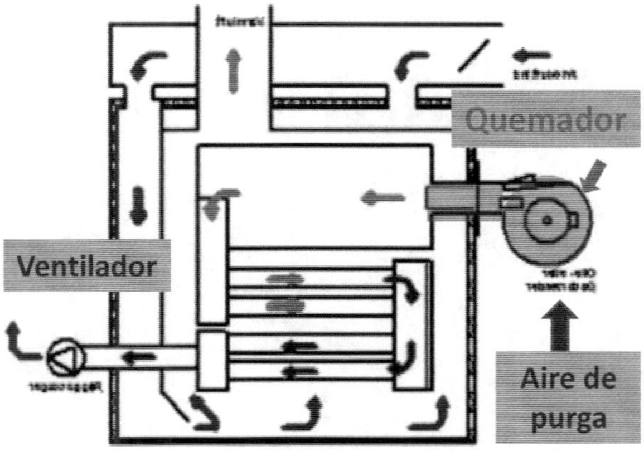

Combustion chamber vol: 5m3 ;
Design purge flow rate: 40 m3/min for 0.5min

Ausencia de Gerencia del Cambio (MOC)

Fotos para propósitos de ilustración únicamente. Fuente: danheat.dk

Exponent® Engineering and Scientific Consulting
8ª CONFERENCIA LATINOAMERICANA DE SEGURIDAD DE PROCESOS DEL CCPS

Explosión en una cámara de combustión

Causa directa de la explosión:

- Encendido de gases acumulados dentro de una cámara de combustión la cual no fue completamente purgada ante de encender el quemador

Causas raíz de la explosión:

- Falta de entendimiento de los sistemas de seguridad existentes en la cámara de combustión
- Cambios no gerenciados en los sistemas de protección

Reconozca cuando un MOC es necesario

Falla de un Tanque debido a Cambios en las Condiciones de Flujo

Nota: Los casos presentados están basados en incidentes industriales reales; sin embargo, algunos detalles son modificados para proteger la confidencialidad de las partes envueltas.

Exponent®
Engineering and Scientific Consulting
8ª CONFERENCIA LATINOAMERICANA DE SEGURIDAD DE PROCESOS DEL CCPS

Falla en un tanque debido a cambios de flujo

Consideraciones del diseño original del tanque:

T. de almacenamiento

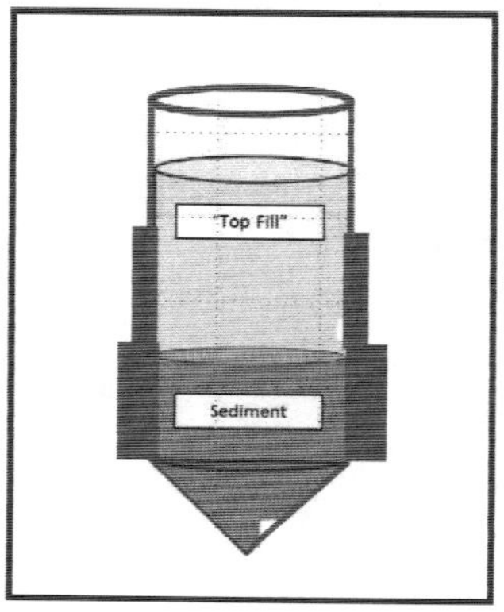

Carga estática

- Líquido viscoso con sedimentos
- Áreas de mayor tensión se encuentran en la parte inferior
- Espesor de la pared de metal disminuye a medida que aumenta la altura del tanque.
- La pared más delgada en la parte superior del tanque ayuda a reducir el peso soportado por la pared inferior

Falla en un tanque debido a cambios de flujo

Gestión de Cambio #1:

El fabricante del tanque participó en la evaluación de riesgos

T. de almacenamiento **T. de llenado superior**

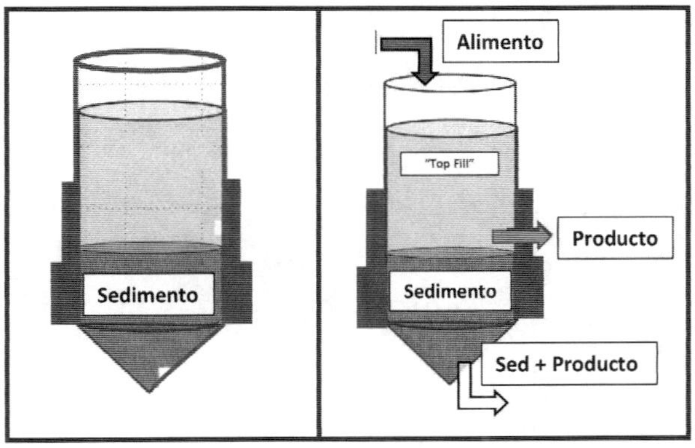

Tensión estática **Tensión de flujo continuo**

El MOC fue aprobada ya que las áreas de mayor tensión aun siguen localizadas en la parte inferior en donde la pared puede soportar tal tensión.

Tanque funcionó sin problemas durante varios años

Exponent®
Engineering and Scientific Consulting
8ª CONFERENCIA LATINOAMERICANA DE SEGURIDAD DE PROCESOS DEL CCPS

Falla en un tanque debido a cambios de flujo

Gestión de Cambio #2: Aumento de rendimiento

El MOC fue aprobado por personal nuevo en la planta

El fabricante del tanque no participó en la evaluación de riesgos

T. de llenado superior **T. de llenado inferior**

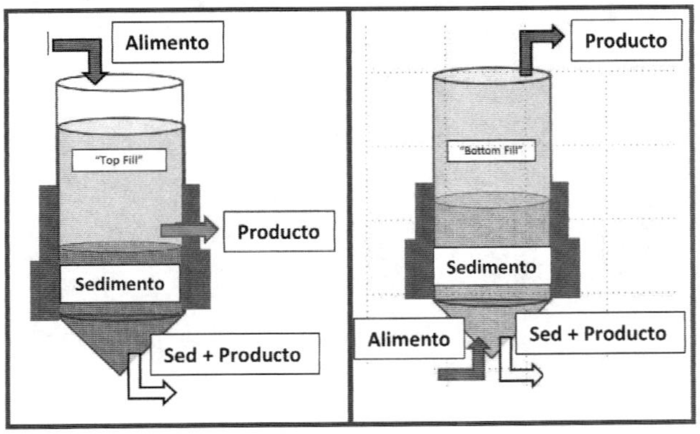

Tensión de flujo continuo **Tensión de flujo reverso**

El tanque funcionó con esta nueva configuración aprox. un año hasta que falló en la parte superior del tanque (transición de dos paredes de diferente espesor).

Falla en un tanque debido a cambios de flujo

Gestión de Cambio #2: Aumento de rendimiento

El MOC fue aprobado por personal nuevo en la planta

El fabricante del tanque no participó en la evaluación de riesgos

T. de llenado inferior

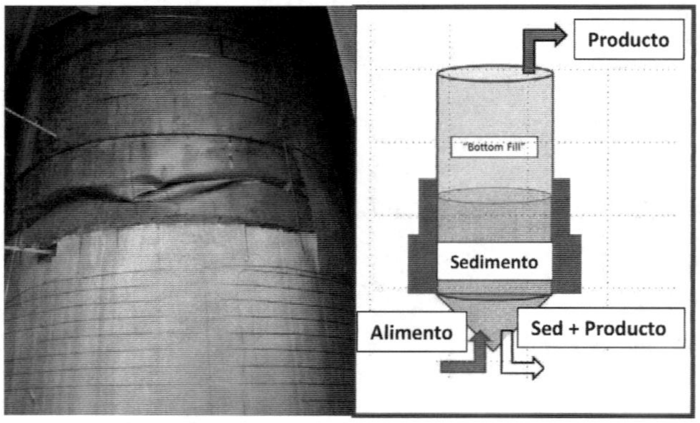

Tensión de flujo reverso

El tanque funcionó con esta nueva configuración aprox. un año hasta que falló en la parte superior del tanque (transición de dos paredes de diferente espesor).

Exponent®
Engineering and Scientific Consulting
8ª CONFERENCIA LATINOAMERICANA DE SEGURIDAD DE PROCESOS DEL CCPS

Falla en un tanque debido a cambios de flujo

Causa raíz del incidente

Carga excesiva de tensión en la pared interna del tanque

T. de llenado inferior

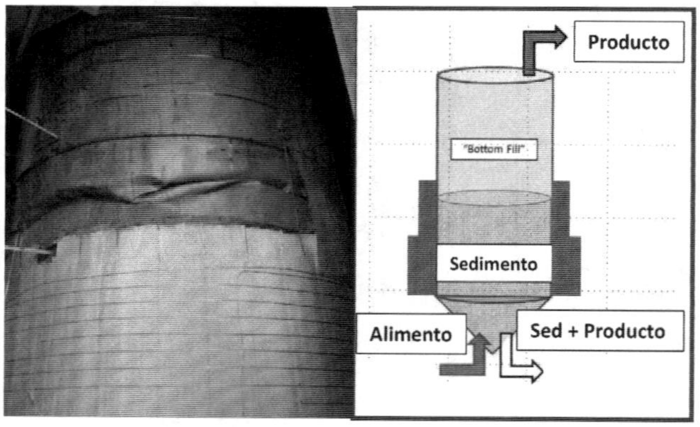

Tensión de flujo reverso

El equipo evaluador ignoró el efecto del incremento de la tasa de flujo másico en la parte superior del tanque, donde se encuentra la pared mas delgada.

Lecciones aprendidas

- Buscar y traer conocimiento (i.e. expertos, entrenamiento)
- Rotación del personal puede ser un desafío en términos de MOC
- Equipos evaluadores del MOC deben incluir personal con diferentes disciplinas en diseño y operación.
- Revisión de documentación para aprender de las lecciones (positivas y negativas).

"Hay un dicho que dice que las organizaciones no tienen memoria, solo las personas tiene memoria" T. Kletz

8ª CONFERENCIA LATINOAMERICANA DE SEGURIDAD DE PROCESOS DEL CCPS

Conclusiones y Lecciones aprendidas

Conclusiones y Lecciones aprendidas

- Es más probable que ocurran incidentes cuando se realizan cambios sin implementar alguna forma de evaluación.
- Identifique que es un cambio y conozca bien cuando los MOC son necesarios
- Optimice la evaluación de riesgos involucrando en el MOC a expertos de diferentes áreas y disciplinas (i.e. operador, fabricante, ingenieros).
- Esfuércese en cerrar brechas del conocimiento

Las pautas están disponibles en la industria, pero sin la aplicación de estas, es poco probable que los incidentes se reduzcan en frecuencia o intensidad.

Exponent®
Engineering and Scientific Consulting

8ª CONFERENCIA LATINOAMERICANA DE SEGURIDAD DE PROCESOS DEL CCPS

MOC como mapa para entender el incidente y aprender de las lecciones

- Los registros del MOC ofrecen dar seguimiento a la evolución de un proceso e identificar las condiciones que **llevaron a un incidente**.
- La documentación del MOC revela el estado del arte del proceso, un mapa de ruta de los cambios pasados y una idea de los tipos de **fallas que pueden ocurrir**.
- la falta de historias de cambio representa un factor limitante para la identificación de la causa raíz del incidente y, por lo tanto, la **pérdida de posibles lecciones aprendidas**.
- Ver manuscrito para conocer otros casos de estudio

Carmen H. Osorio-Amado, Ph.D.
cosorio@exponent.com

Exponent®
Engineering and Scientific Consulting

8ª CONFERENCIA LATINOAMERICANA DE SEGURIDAD DE PROCESOS DEL CCPS

Carmen H. Osorio-Amado, Ph.D.
cosorio@exponent.com

Manejo del Cambio (MoC) Una nueva oportunidad en Equión Energía

Jaime Rodriguez- Stefano Pagani
Equion Energía Ltd
Gerencia de Producción y Desarrollo – Gerencia de Campo
Jaimea.rodriguez@equion-energia.com
Stefano.pagani@equion-energia.com

Agenda

- Contexto y propósito
- Definición de la oportunidad
- Identificación de causa raíz
- Solución propuesta
- Control y seguimiento
- Sostenilidad
- Conclusiones

8th LACPS · Universidad Católica Argentina · September 11-13 2018

Contexto

- **EQUIÓN ENERGÍA LIMITED**
  - Filial de Ecopetrol (51%) y Repsol (49%).
  - 30 años de experiencia en E&P en Colombia.
  - Yacimientos de alta complejidad.
  - Gas para ventas, crudo liviano, GLP y NGL (diluyente).
  - En la actualidad: Campo Piedemonte (44k bopd, 540 MMscfd, 12k bwpd)

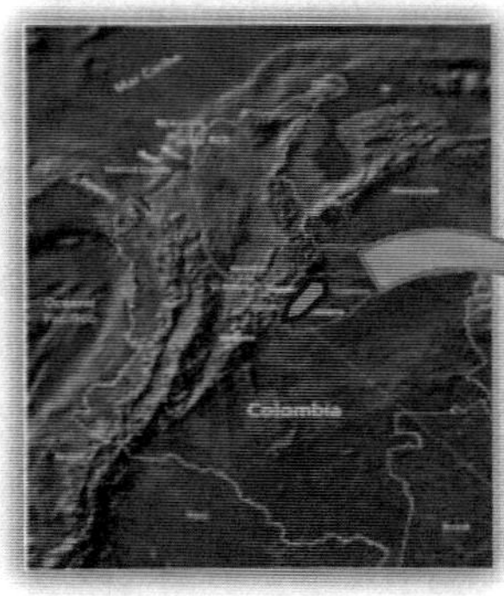

8th LACPS · Universidad Católica Argentina · September 11-13 2018

Evolución MoC Operacional

FASE 0 < 2011
- Sistema en físico (papel antes de 2008).
- Reporte manual.
- Se consideraban MoC únicamente los cambios "significativos".
- Aseguramiento técnico fuerte.

FASE 1 2011 - 2014
- Revisión Práctica Corporativa MoC.
- Migración a herramienta digital MoC.
- Cambio cultural: identificar los cambios que requieren MoC.
- Rigurosidad: documentación de cambios.

FASE 2 2014 - 2017
- Definición de puntos de inspección: manejo de riesgos.
- Metodología de Gerenciamiento de Proyectos: planeación y control.
- Estructuración de contratos de soporte de ingeniería y mtto.
- Flexibilidad y agilidad (streamline + lean).

FASE 3 2017 - 2018
- Priorización basada en riesgos.
- Disciplina de capital y costos.
- Capitalizar el aprendizaje (Práctica Corporativa de MoC).
- Definir KPI de mejoramiento continuo.

8th LACPS · Universidad Católica Argentina · September 11-13 2018

Propósito

Proyecto de mejoramiento continuo

- Garantizar el manejo de riesgos
- Mejorar eficiencia en tiempo y costos, sin perder la efectividad y agilidad para implementar los cambios

Categoría Valores de Equion

- Excelencia e Innovación
- Mejoramiento de la eficiencia

Definición de la oportunidad

- Efectividad en reducción efectiva de riesgo
  - Cual es el riesgo si no se implementa?
- Disminución de sobrecostos e impacto en el presupuesto de Opex
  - EVM, sinergias y control frecuente de costos
- Demoras en la implementación de los cambios que afectan su promesa de valor
  - Priorización, planeación por etapas, alineación con plan de O&M

8th LACPS · Universidad Católica Argentina · September 11-13 2018

Identificación Causa Raiz

- Gestión enfocada en identificación y control de riesgos
  - Actualización de la practica, KPI´s
  - Puntos de control y re-evaluación (gate keeper)
- Acuerdo de Nivel de Servicio ANS
  - Involucramiento de otras areas de la compañia Ingenieria Proyectos, PSCM, QA/QC, Alistamiento
  - EDP
- Práctica de MoC desalineada con el proceso real
- Oportunidades en manejo integral de planeacion, ejecución y costos.

Solución propuesta

- Mejoras en la gestión de riesgo
  - Actualización Práctica de MoC

KPI´s que reflejen la esencia de los MoC mitigando el riesgo

- Número de MoC´s sin evaluación de riesgos en la etapa Pre-MoC y acciones registradas en impact de acuerdo a lo establecido en la evaluación de riesgos.
- Número de MoC´s temporales en "overdue".
- Número de MoC´s hasta la etapa "Cierre del Cambio" sin acciones abiertas.
- # Número de incidentes asociados a MoC.

- Mejoras en la gestión de riesgo
  - AR en etapa de factibilidad – Pre-MoC

FRM-265-3 IMPACT - SOLICITUD DE CAMBIO PARA MoC OPERACIONAL

1. Diligencie la pestaña de Pre-MoC: Para validar viabilidad del MoC, definir las razones y bases técnicas que justifican el cambio, beneficios de la implementación y aprobaciones.
2. Evalue los riesgos de la NO implementación de este MoC
3. Diligencie la lista de chequeo para identificación de los temas de HSE
4. Diligencie la Lista de Chequeo para identificación documentos afectados por el cambio

Al ser diligenciado, aprobado y firmado este formato se puede incluirse en IMPACT

FRM-265-3 Evaluación de Riesgos para Manejos del Cambio

Fecha:	
Cambio objeto del análisis	
Grupo de Evaluación :	

Area o aspecto que puede ser afectado por el cambio	Descripción del Riesgo *Evento, Causa, Consecuencia*	PLANTA CPF	Pro	Risk	Acciones para Prevenir o Mitigar Afectación	Riesgo con plan de reducción Sev	Pro	Risk	Responsable y fecha de la acción a registrar en Impact	Fecha de Cierre de Accion
1. HSE	*Incidentes sobre las personas por manejoinadecuado de muestras de crudo y ejecucion de rutinas con equipos sin separacion segura (según estandares)*	F	M	M	1. Limitar el ingreso de personal ageno al laboratorio. 2. Disminuir el inventario de muestras de crudo dentro del laboratorio.	F	M	M		
3. Entrega de resultados	*Impacto en las entregas en Hidrocasanare por reduccion de la frecuencia en rutinas para RVP.*	F	M	M		F	M	M		

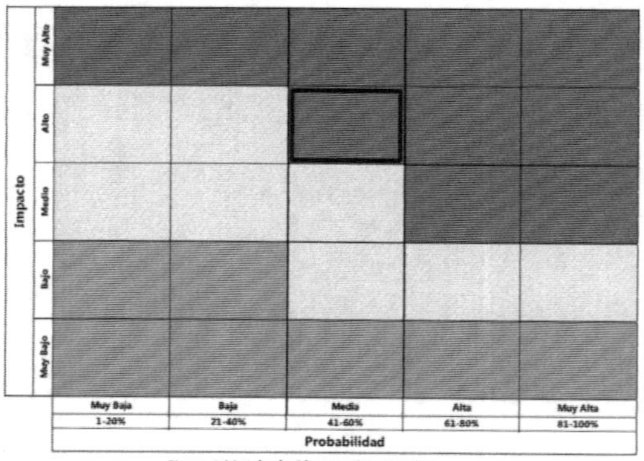

Figura 8 Matriz de Riesgos Corporativa

- # Priorización por riesgo

MOC 1

1 MOC 5
2 MOC 3
3 MOC 2
4 MOC 1
5 MOC 4

- # Integración EDP-MoC

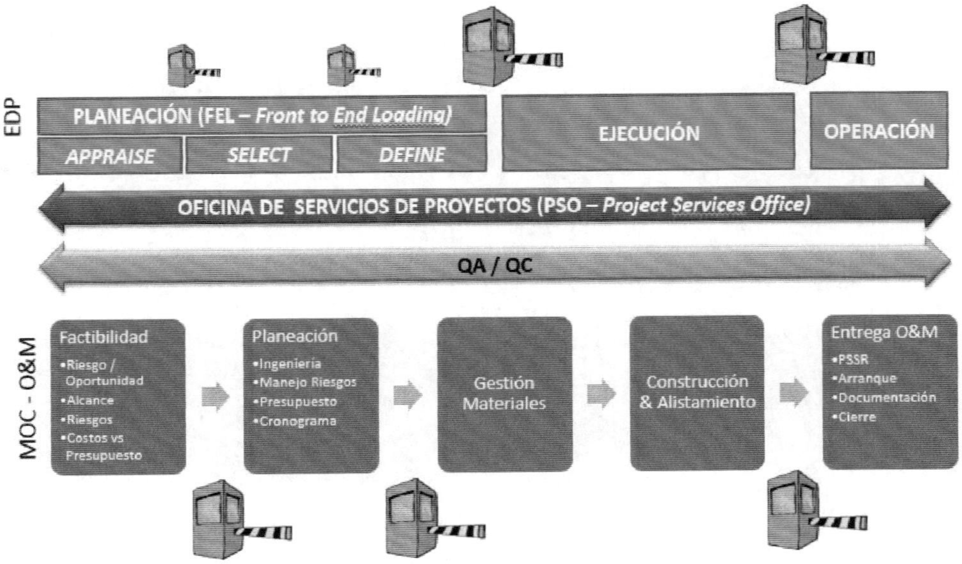

8th LACPS · Universidad Católica Argentina · September 11-13 2018

- Diagrama de Flujo - Acuerdo Nivel de Servicio

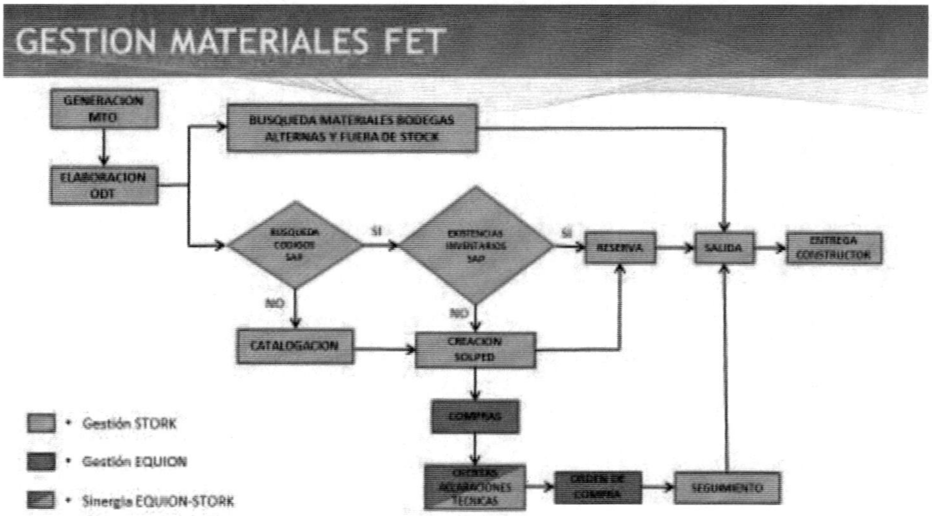

Control y Seguimiento

- Control de planeacion

Fecha de actualización : 3-Aug-2018
Actualizado por: Analista de Costos
Objetivo: Seguimiento MoC

equion

Seguimiento MoCs Piedemonte

Proyecto ID	Descripción	Contratista	Prioridad		Ingeniería Inici	Ingeniería	Ingeniería Fin	Materiales Inici	Materiales	Materiales Fin	Construcción Inici	Construcción Implementación	Construcción Fin	Cierre Inici	Cierre Pend. tipo B	Cierre Fin	Estado Actual
25558	Item 6: operación temporal de la SDV-3100 unicamente con señal de cierre manual desde HMI-	Equion	Alta	Plan	19-Apr	100%	15-May	26-Apr	100%		30-Apr	100%	4-May		0%		Acciones post implementación
				Real	19-Apr	100%	15-May	26-Apr	100%		23-Apr	100%	3-May		0%		
25558	Item 7: señal de parada de los motores eléctricos de las bombas Manser por C&E de la planta.	Stork FET	Alta	Plan	19-Apr	100%	15-May	26-Apr	100%		30-Apr	100%	4-May		100%		Acciones post implementación
				Real	19-Apr	100%	15-May	26-Apr	100%		23-Apr	100%	3-May		100%		
25694	Modificaciones al sistema de control y protección del oleoducto Floreña-Araguaney: filosofía y	Stork FET	Alta	Plan	5-May	100%	12-Jun		0%			0%			0%		Revisión/ Ingeniería
				Real	5-May	61%	31-Jul		0%			0%			0%		
27806	4. Instalar sistema de toma muestra automático de crudo producto transferido hacia araguaney	Stork FET	Media	Plan	7-Jun	95%	19-Jun	8-Jun	18%	22-Nov		0%			0%	TBD	Revisión/ Ingeniería
				Real	7-Jun	71%	31-Jul	8-Jun	18%	TBD		0%			0%	TBD	
27856	Modificación de las lógicas de parada de la unidad K-38201C para evitar disparo de PSV	Stork FET	Alta	Plan	6-Dec	100%	28-Feb	22-Mar	100%	18-Apr	29-Jun	100%	31-Aug	20-Jun	100%	18-Jul	Cerrado
				Real	6-Dec	100%	28-Feb	22-Mar	100%	18-Apr	12-Jun	100%	13-Jul	20-Jun	100%	18-Jul	
28005	CAMBIO DE CONTROLADORES DE NIVEL EN LAS UNIDADES DE FASE 1-2 POR UN SISTEMA ON-	Stork FET	Alta	Plan	1-Dec	100%	30-Mar	10-Jan	99%	18-Jun	3-Jul	57%	15-Aug		0%	TBD	Cerrado
				Real	1-Dec	100%	30-Mar	10-Jan	97%	26-Jul	3-Jul	57%	15-Aug		0%	TBD	
28072	Item 3: Aislamiento de los sistemas de Control e instrumentación fuera de servicio	Stork FET	Media	Plan	20-Feb	100%	15-Mar	27-Jul	100%	11-Oct	10-Jul	100%	30-Sep		100%	TBD	Cerrado
				Real	20-Feb	100%	15-Mar	27-Jul	100%	11-Oct	10-Jul	100%	30-Sep		100%	1-Jul	
28072	Item 4: Aislamiento mecanico de los equipos que se encuentran fuera de servicio.	Stork FET	Media	Plan	20-Feb	100%	15-Jul	27-Jul	100%	11-Oct	23-Aug	100%	20-Mar	2-May	100%	22-May	Cerrado
				Real	20-Feb	100%	15-Jul	27-Jul	100%	11-Oct	23-Aug	100%	30-Apr	2-May	100%	22-Jun	
28339	Ítem 2: Modificacion del sistema de gas de arranque de las unidades K-38201A/B por disparo	StorK FET	Alta	Plan	15-Dec	100%	25-Apr	20-Apr	100%	30-Jun		0%			0%	TBD	Compras
				Real	15-Dec	100%	25-Apr	20-Apr	70%	25-Jul		0%			0%	TBD	

- # Seguimiento de costos

Reporte MoC: *Seguimiento Costos*
Actualización : *31-Jul-2018*
Actualizado por: *Analista de Costos*

SUPERINTENDENCIA	PLAN	PROYECCIÓN	FACTURADO	CONSUMIDO	DISPONIBLE	OBSERVACIONES
Superintendencia de Mantenimiento e Integridad	465.000	785.809	594.219	128%	(320.809)	*Valores en USD*
Moc Mantenimiento (EMTOPD)	465.000	51.491	30.618			
Moc Integridad (EINT)	-	734.318	563.601			
Superintendencia de Operaciones	808.000	667.598	431.650	53%	140.402	*Valores en USD*
Moc Operaciones (EOPSPD)	808.000	667.598	431.650			
MoC sin definir quien asume el cargo		205.282				
SubTotal	**1.273.000**	**1.658.690**	**1.025.870**	**130%**	**(180.408)**	

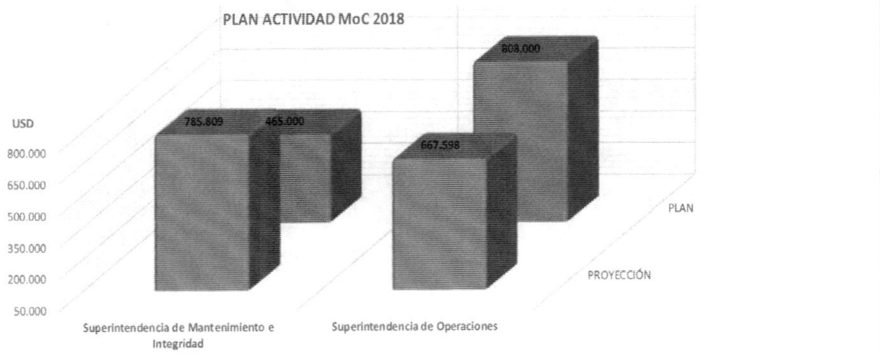

Conclusiones

- **El proceso de maduración de proyectos EDP** desarrollado por Equión, representa una oportunidad para implementar en el proceso de MoC en O&M las mejores prácticas de manejo de riesgos y control de recursos.

- La implementación de este tipo de metodologías en el área de MoC de O&M contribuye a la **generación de valor y eficiencia**, mejorando aspectos como el control de riesgos y ejecución de Opex.

- El enfoque de seguimiento a la gestión de MoC a partir de los riesgos permite obtener **mejoras en la toma de decisiones** para capturar en el corto plazo las oportunidades de reducción de riesgos de seguridad de procesos, HSE, producción, entre otros aspectos.

- **Capitalizar la curva de aprendizaje organizacional** relacionada con la forma como se desarrolla el proceso de MoC en la organización dentro de los códigos, prácticas y estándares de la misma, contribuye con el principio de excelencia operacional para la entrega de resultados.

8ª CONFERENCIA LATINOAMERICANA DE SEGURIDAD DE PROCESOS DEL CCPS

LUPATECH LTD

"THE USE OF LOPA METHOD TO DEMONSTRATE CORRECT INSTALLATION OF PSVs"

Germán A. Luna-Mejías, P.Eng. F.S. Eng
LUPATECH LTD
german@lupatechltd.ca

LUPATECH LTD

8ª CONFERENCIA LATINOAMERICANA DE SEGURIDAD DE PROCESOS DEL CCPS

THE FUNDAMENTALS

REGULATIONS
NO MOC
NO PROBLEM

THE FUNDAMENTALS

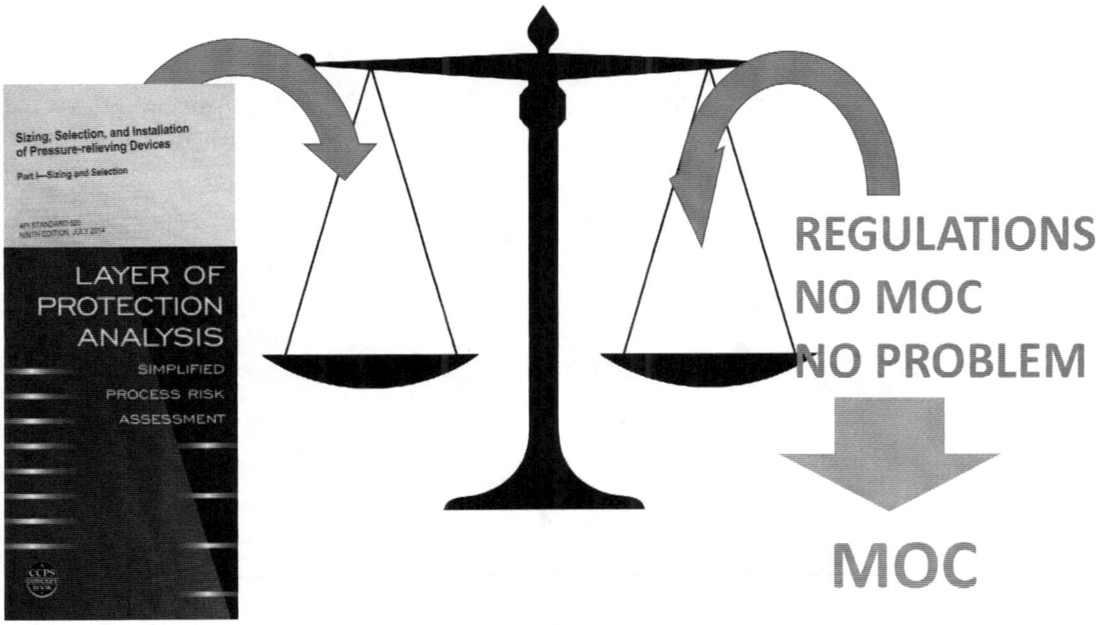

LUPATECH LTD
8ª CONFERENCIA LATINOAMERICANA DE SEGURIDAD DE PROCESOS DEL CCPS

PSV CALCULATIONS

1) Source of Energy
2) MAWP of the system/equipment to protect
3) Worst Case Scenario
4) Pressure Loss between Energy source and Protection Device.
5) Is there any "barrier/restriction" between source of Energy and Protection Device?

TYPICAL PSV BARRIERS OR RESTRICTIONS

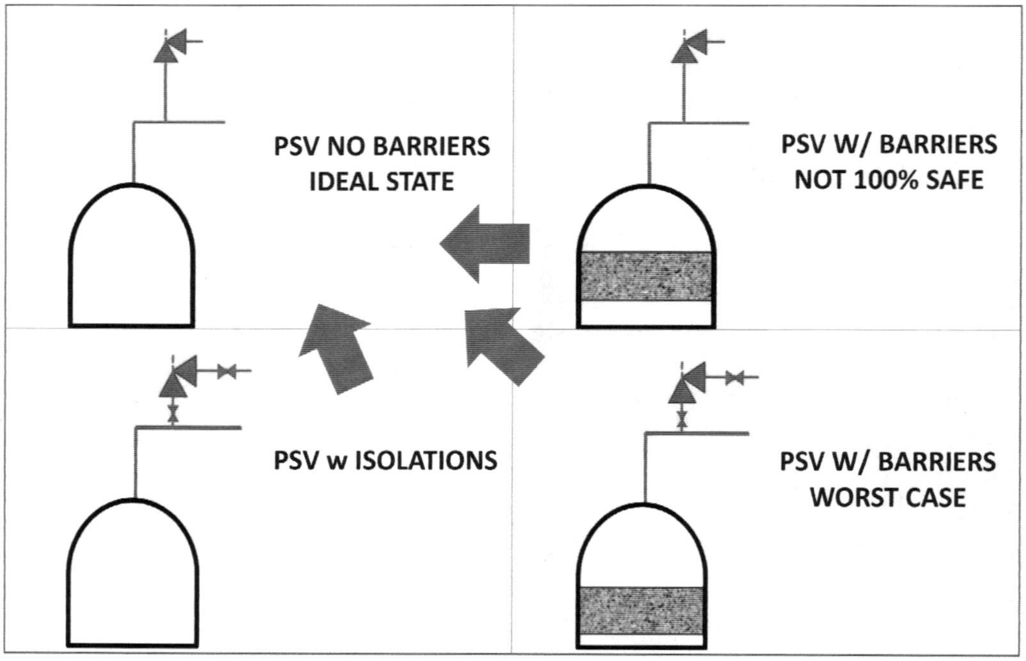

LUPATECH LTD
8ª CONFERENCIA LATINOAMERICANA DE SEGURIDAD DE PROCESOS DEL CCPS

A BLOCKED ROAD

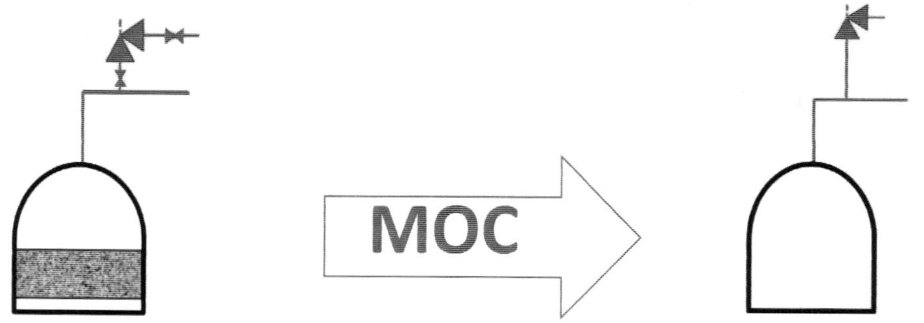

NOT! WORKING MANY YEARS NO PROBLEM

NOT! DEMISTER NEVER PLUGS

NOT! NOBODY WILL CLOSE THAT VALVE

A BLOCKED ROAD to MOC? Not anymore

LUPATECH LTD
8ª CONFERENCIA LATINOAMERICANA DE SEGURIDAD DE PROCESOS DEL CCPS

LOPA helping MOC justification

Probability of failure of a PSV in a clean service: **0.01**

Probability of restriction in the barrier: **0.033** (once in 30 yrs)

Isolation valve inadvertently left closed after T/A: **0.02** (once in 50 yrs)

PFD (PSV): 0.063 vs. 0.010

LOPA helping MOC justification (Money Impact)

Example:

Risk Damage: 60 MM$
Frequency of Initiating Event: 0.1
Tolerable Risk: 0.001
Safeguard: PSV in clean service: 0.01
PSV in clean service (with barriers): 0.063

MI ($)= 0.1 x (0.063 - 0.001) x 40 = 212,000 $/yr

LUPATECH LTD
8ª CONFERENCIA LATINOAMERICANA DE SEGURIDAD DE PROCESOS DEL CCPS

"THE USE OF LOPA METHOD TO DEMONSTRATE CORRECT INSTALLATION OF PSVs"

WWW.LUPATECHLTD.CA

8ª CONFERENCIA LATINOAMERICANA DE SEGURIDAD DE PROCESOS DEL CCPS

PROFERTIL

Gestión de Cambios Transitorios en Profertil S.A.

Sergio Antonio Nabaes

Ma. Lourdes Martinez Alzua

PROFERTIL

8ª CONFERENCIA LATINOAMERICANA DE SEGURIDAD DE PROCESOS DEL CCPS

Nuestras instalaciones

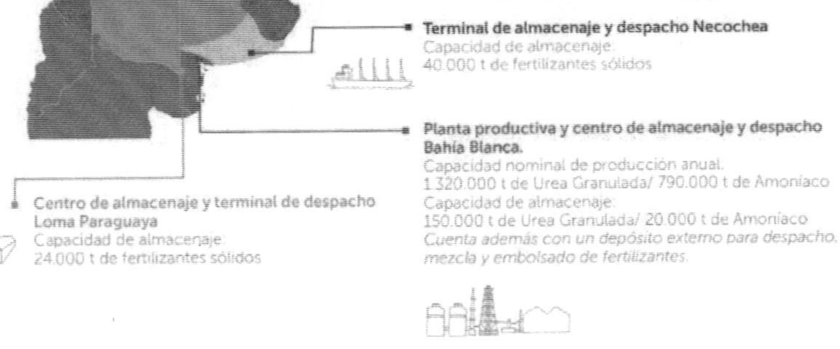

PROFERTIL

Nutrien
Feeding the Future

YPF

PROFERTIL

8ª CONFERENCIA LATINOAMERICANA DE SEGURIDAD DE PROCESOS DEL CCPS

¿Qué es un cambio?

> Es la modificación temporaria o permanente (total o parcial) de cualquier instalación, sistema, proceso de operación, tecnología o productos químicos en Profertil Bahía Blanca.

Profertil ha decidido adoptar de manera voluntaria los lineamientos de la normativa **OSHA 1910.119** como marco de referencia para la implementación de seguridad de procesos en general y de manejo de cambio en particular

PROFERTIL

8ª CONFERENCIA LATINOAMERICANA DE SEGURIDAD DE PROCESOS DEL CCPS

OSHA 1910.119 (l) – Requisitos para el Manejo del Cambio

- ✓ Que se consideren las bases técnicas de cambio
- ✓ Que se considere el impacto sobre la salud y la seguridad
- ✓ Que se considere el impacto sobre los procedimientos operativos
- ✓ Si afecta un procedimiento operativo o práctica, que se actualicen
- ✓ Que se consideren las autorizaciones necesarias(*)

  (*) Autorizaciones técnicas, no de negocio
- ✓ Que se informe del cambio a los operadores o...
- ✓ ...que se los entrene
- ✓ Que se actualice la información de seguridad de proceso (P&IDs, Alivio, Datos Técnicos)
- ✓ Tiempo que dura el cambio

PROFERTIL

8ª CONFERENCIA LATINOAMERICANA DE SEGURIDAD DE PROCESOS DEL CCPS

OSHA 1910.119 (i) – PSSR

Pre Startup Safety Review

Requiere que se haga una revisión de seguridad antes de poner en servicio un sistema nuevo o modificado que considere:

- ✓ Que se construyó de acuerdo a diseño
- ✓ Que los procedimientos de operación, mantenimiento y emergencia existen y son adecuados
- ✓ Que se hizo un análisis de riesgo y....
- ✓ Que las observaciones están resueltas
- ✓ Que las personas involucradas estén informadas y/o entrenadas

PROFERTIL

8ª CONFERENCIA LATINOAMERICANA DE SEGURIDAD DE PROCESOS DEL CCPS

MOC – Problema detectado

Falta de registro y documentación de los cambios transitorios, como reparaciones rápidas o acciones para mitigar temporalmente desvíos.

- → Pérdida de eficiencia del sistema de gestión.
- → Pérdida de credibilidad y confianza en el proceso de Manejo del Cambio.
- → Pueden naturalizarse las modificaciones sin los análisis necesarios.
- → Permanencia de un cambio transitorio sin revertir al diseño original.

PROFERTIL

8ª CONFERENCIA LATINOAMERICANA DE SEGURIDAD DE PROCESOS DEL CCPS

Manejo del Cambio Permanentes y Transitorios

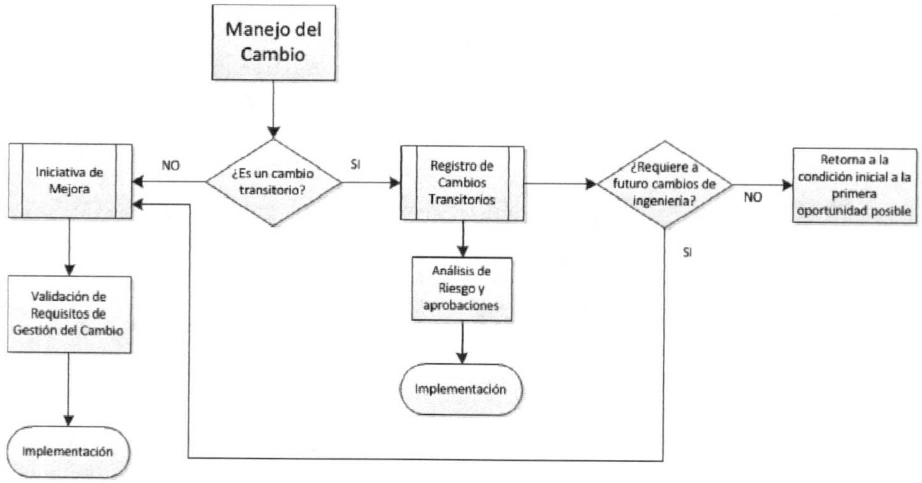

PROFERTIL

8ª CONFERENCIA LATINOAMERICANA DE SEGURIDAD DE PROCESOS DEL CCPS

Manejo del Cambio Permanentes y Transitorios

Un cambio es transitorio:

→ Si se trata de una reparación o acción mitigatoria que no deja al equipo o línea en la misma condición en que estaba antes del desperfecto. *Ejemplo: Cajas soldadas para la contención de fugas, reparaciones con resinas de curado rápido.*

→ Si es un equipo que se coloca para reemplazar transitoriamente a uno dañado. *Ejemplo: Se rompe una bomba y se coloca una de almacén, que cumple con el servicio, hasta que la bomba original sea reparada o llegue una nueva.*

→ Si se conecta al proceso un equipo/línea para algún trabajo particular y no habitual. *Ejemplo: Se coloca una línea para vaciar un equipo, o para trasvasar el contenido a otro recipiente distinto del habitual.*

PROFERTIL

8ª CONFERENCIA LATINOAMERICANA DE SEGURIDAD DE PROCESOS DEL CCPS

Registro de Cambios Transitorios - RCT

Se basa en las normas OSHA 1910.119 (l), API 510 y API 570.

- ✓ Se pueden realizar reparaciones temporales en recipientes a presión/cañerías siempre que el inspector y el ingeniero consideren que la reparación hará que el recipiente/línea sea apto para el servicio continuo hasta que se pueda realizar la reparación permanente.
- ✓ Deben analizarse el riesgo de operar con la modificación temporal y el riesgo de la tarea de reparación.
- ✓ Las reparaciones temporales deben ser reemplazadas por reparaciones permanentes adecuadas en la primera oportunidad que se presente.
- ✓ Las reparaciones temporales deben inspeccionarse periódicamente hasta que sean revertidas.
- ✓ Los cambios temporales deben tener una fecha de reversión especificada.

PROFERTIL

8ª CONFERENCIA LATINOAMERICANA DE SEGURIDAD DE PROCESOS DEL CCPS

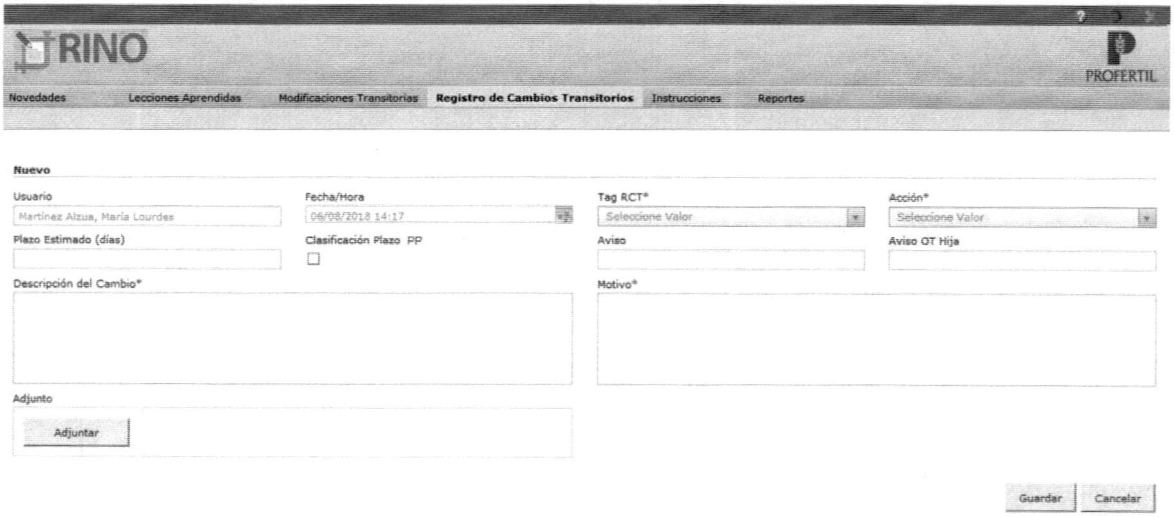

PROFERTIL

8ª CONFERENCIA LATINOAMERICANA DE SEGURIDAD DE PROCESOS DEL CCPS

Análisis de Riesgo

- Análisis de Riesgo General
  - Análisis de Riesgo de la tarea
    - Análisis SPT (Supervisor de Turno)
      - Análisis ERT (Ingeniero de Seguridad de Procesos y Aplicaciones).
        - Análisis Comité (Comité Técnico de Decisión – Jefaturas y Gerencia)

PROFERTIL

8ª CONFERENCIA LATINOAMERICANA DE SEGURIDAD DE PROCESOS DEL CCPS

Análisis de Riesgo General – Gravedad de las consecuencias

Efectos Cuantitativos

- Pérdida de Activos
- Lucro Cesante
- Pérdidas por Calidad
- Calor, Presión y Vulnerabilidad

Efectos Cualitativos

- Afectación al personal
- Afectación al Medio
- Afectación a la comunidad
- Imagen de la empresa

MENOR — SIGNIFICANTE — SEVERA — MAYOR

PROFERTIL

8ª CONFERENCIA LATINOAMERICANA DE SEGURIDAD DE PROCESOS DEL CCPS

Plantilla de Análisis de Riesgo General - Gravedad de las consecuencias

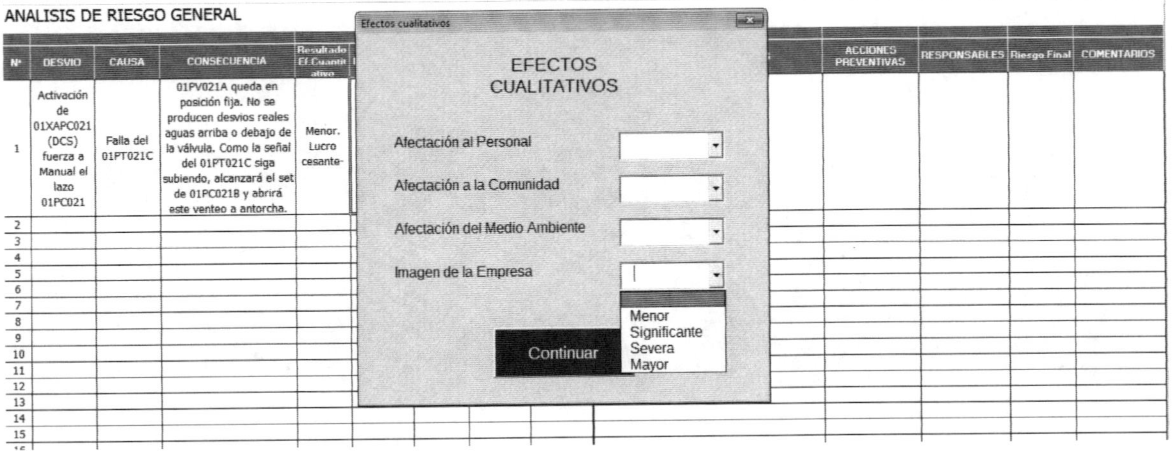

PROFERTIL

8ª CONFERENCIA LATINOAMERICANA DE SEGURIDAD DE PROCESOS DEL CCPS

Ejemplo de Análisis de Riesgo General

ANALISIS DE RIESGO GENERAL

				Estimación del Riesgo									
N°	DESVIO	CAUSA	CONSECUENCIA	Resultado Ef. Cuantitativo	Resultado Ef. Cualitativo	Resultado de efecto	Frecuencia de ocurrencia	Riesgo Inicial	ACCIONES CORRECTIVAS	ACCIONES PREVENTIVAS	RESPONSABLES	Riesgo Final	COMENTARIOS
1	Activación de 01XAPC021 (DCS) fuerza a Manual el lazo 01PC021	Falla del 01PT021C	01PV021A queda en posición fija. No se producen desvios reales aguas arriba o debajo de la válvula. Como la señal del 01PT021C siga subiendo, alcanzará el set de 01PC021B y abrirá este venteo a antorcha.	Menor. Lucro cesante-		Menor	1 E-02 a 1 E-03 - Muy Probable	Aceptable	El Líder operativo deberá pedir que Mto/Instrumentos verfique si la falla es real o no. Operar 01PV021 en modo manal usando como referencias las otras variables operativas, hasta tanto se defina la condicion del instrumento. Si esta en falla, proceder al paro de planta, según instructivo adjunto.Pasa a modo manual 01PC021B, hasta que se haya parado la planta.	Alarmas Prioridad 2 ROC+PAH (01XAPC021ROC)	Líder Operativo	Aceptable	-
2	01XAPC021 queda como alarma de prrioridad 1 y 01PC021 permanece en modo autómatico	Falla de instrumento	Apertura de 01PV021A, sobrepresion en la sección de media presión, incremento subito en la generacion de vapor en 01E05A y 01E05B, sobrepresion en cabezal de vapor. Actuación simultánea de PSV018 (MP) y PSV's de condensadores de carbamato. Emisiones de amoniaco al medio ambiente. Impacto a la comunidad, sanciones legales. Perdida de imagen corporativa.	Severa. Lucro cesante-	Mayor. Afectación a la Comunidad-Afectación del Medio Ambiente-Imagen de la Empresa-	Mayor	1 E-02 a 1 E-03 - Muy Probable	No Aceptable	Parar la planta de urea, bajar la presion de los cabezales de vapor, todo lo posible, abriendo sus venteos (PV0478 , 01PV007), a la atmosfera. Cerrar 01PV048. Cerrar 01PV021A y permitir que suba la presion en el loop de alta presion (para permitir el recierre de las PSV de media presion).	-	-	No Aceptable	Ante la actuacion de las alarmas en Pr1, programar el forzado a modo MANUAL del lazo 01PC021. Al hacerlo, se descarta el escenario del presente item, y se tiene la situación Aceptable del item 1

PROFERTIL

8ª CONFERENCIA LATINOAMERICANA DE SEGURIDAD DE PROCESOS DEL CCPS

Plantilla de Análisis de Riesgo de la Tarea

Análisis de Riesgo de la Tarea

Imprimir

Observaciones				
EN SERVICIO				
Tarea a desarrollar	Descripción del riesgo	Probable consecuencia	Categoría del peligro	Medidas de seguridad a implementar
OTRA				
Tarea a desarrollar	Descripción del riesgo	Probable consecuencia	Categoría del peligro	Medidas de seguridad a implementar
Modificado por Migrado Access el 01-01-2001 00:00:00				

Análisis de Riesgo

- Análisis de Riesgo General
  - Análisis de Riesgo de la tarea
    - ➡ Análisis SPT (Supervisor de Turno)
      - ➡ Análisis ERT (Ingeniero de Seguridad de Procesos y Aplicaciones).
        - ➡ Análisis Comité (Comité Técnico de Decisión – Jefaturas y Gerencia)

PROFERTIL
8ª CONFERENCIA LATINOAMERICANA DE SEGURIDAD DE PROCESOS DEL CCPS

Ejemplos barra de resultados de análisis de riesgo

Información RCT	Historial	● ARG	● ART	● ERT	● STP	
Información RCT	Historial	● ARG	ART	● ERT	STP	COMITE

PROFERTIL

8ª CONFERENCIA LATINOAMERICANA DE SEGURIDAD DE PROCESOS DEL CCPS

Seguimiento

El sistema permite mantener un listado actualizado de las reparaciones temporales en planta.

En cada parada de planta (PP o PNP), se revisará el listado de cambios transitorios vigentes, se reemplazarán por permanentes todos los que sea posible, y se actualizará el listado.

Mensualmente se revisará el listado para verificar el vencimiento de los cambios que tenían un plazo determinado.

Indicadores

Anualmente se reportarán los cambios temporales vigentes al cierre del año, y el tiempo que llevan en servicio.

PROFERTIL

8ª CONFERENCIA LATINOAMERICANA DE SEGURIDAD DE PROCESOS DEL CCPS

Conclusiones

Se agiliza el proceso de registro y evaluación de los cambios rápidos y reparaciones, sin reducir la calidad del análisis.

Se evalúa el riesgo antes de implementar las modificaciones con la intervención de todas las áreas involucradas.

Se mantiene un listado actualizado de las reparaciones temporales en planta que permite hacer seguimiento de las mismas.

Se evita que queden por tiempo indeterminado modificaciones temporales.

PROFERTIL

8ª CONFERENCIA LATINOAMERICANA DE SEGURIDAD DE PROCESOS DEL CCPS

Un correcto manejo de cambios es uno de los factores principales para la operación segura.

PROFERTIL

8ª CONFERENCIA LATINOAMERICANA DE SEGURIDAD DE PROCESOS DEL CCPS

MUCHAS GRACIAS!!!

Sergio Antonio Nabaes
snabaes@profertil.com.ar

Ma. Lourdes Martinez Alzua
mmalzua@profertil.com.ar

8ª CONFERENCIA LATINOAMERICANA DE SEGURIDAD DE PROCESOS DEL CCPS

Gestión de Dispositivos de Alivio en Proyectos

Claudio Federico Gadomski
Shell C.A.P.S.A.
Claudio.Gadomski@Shell.com

8ª CONFERENCIA LATINOAMERICANA DE SEGURIDAD DE PROCESOS DEL CCPS

La planificación en la gestión de proyectos

"Primero, tenga un ideal práctico definido y claro; una meta, un objetivo.

Segundo, tenga los medios necesarios para lograr sus fines; conocimiento, recursos, materiales y métodos.

Tercero, ajuste todos sus medios para ese fin"

Aristóteles

Desafíos y problemas al iniciar la ingeniería de un proyecto brownfield

- Información desactualizada y/o incompleta
- Estrategia de trabajo poco clara
- Alcance y requerimientos mal definidos o incompletos
- Restricciones al nuevo diseño (layout, equipos, etc.)
- Grupo de trabajo con recursos insuficientes
- Interfases con otras instalaciones/sistemas
- Vinculación con otros Proyectos y/o MOCs que se desarrollan simultáneamente
- ...

8ª CONFERENCIA LATINOAMERICANA DE SEGURIDAD DE PROCESOS DEL CCPS

Fallas en el diseño

A pesar de contar con códigos y estándares que establecen las bases para el diseño, tanto de **equipos** como de los **dispositivos** de protección, es habitual encontrar errores

☑ Falta de comprensión para identificar escenarios

☑ Desconocimiento de requisitos mínimos

☑ Inputs para el diseño/verificación incompletos o erróneos

energy API
AMERICAN PETROLEUM INSTITUTE

DESIGN AND ENGINEERING PRACTICE

ASME

8ª CONFERENCIA LATINOAMERICANA DE SEGURIDAD DE PROCESOS DEL CCPS

Planning Checklist

- Cubre las principales actividades que mejorarán la calidad y la previsibilidad de los resultados provistos por el contratista
- Facilita el proceso de revisión y selección de requisitos por parte de las disciplinas.
- Involucra a los ingenieros de procesos, de seguridad de procesos, mecánicos y de materiales.
- Aborda los factores de éxito para proyectos brownfield

1 2 3 4 Crear un interés compartido

8ª CONFERENCIA LATINOAMERICANA DE SEGURIDAD DE PROCESOS DEL CCPS

Planning Checklist

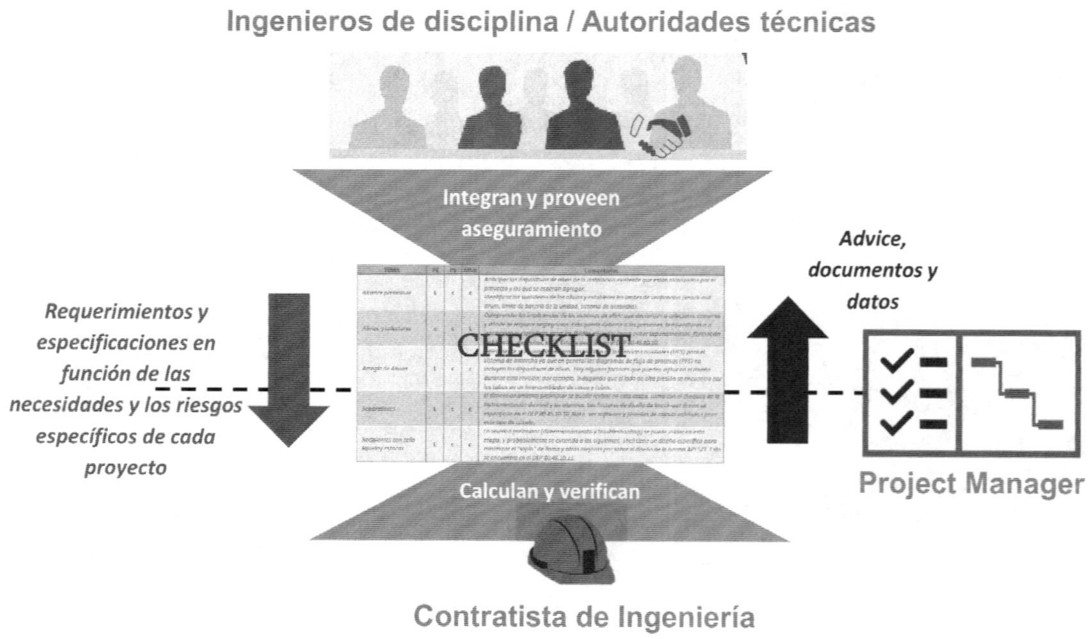

Planning Checklist

TEMA	PE	PS	MMI	Comentarios	¿Aplica?	Acciones / Observaciones
Ítem que soporta requisitos para el diseño	L	c	c	*Comentarios relacionados a este ítem, como las aclaraciones a requisitos de normas, lineamientos, etc.*	• Sí • No • Verificar	*Específico para cada proyecto*

Donde **L** = Líder de disciplina por tema, y **c** = Disicplina que colabora
PE: Ingeniería de Procesos
PS: Seguridad de Procesos
MMI: Inspección (Mecánica, Materiales e Integridad)

TEMA	PE	PS	MMI	Comentarios
Filosofía de Alivios	c	L		*Cubre las premisas y las suposiciones para determinar los escenarios de alivio, incluyendo los créditos a instrumentación, etc. Referirse al DEP 80.45.10.11.*
Determinación de caudales de Alivio	L	c		*Abarca la estimación de los caudales de alivio para los escenarios que aplican (por ejemplo, los kg/s de vapor por caso fuego). Referirse al DEP 80.45.10.11; el cual describe los enfoques para un análisis de estado estacionario o dinámico.*
Cálculos hidráulicos	L	c	c	*Realizar o actualizar los cálculos de caídas de presión a la entrada y en la descarga de las válvulas de alivio (RVs).* *Para evaluar el sistema de antorcha en forma integrada al resto del sitio, Seguridad de Procesos proporcionará una guía sobre los métodos y las suposiciones apropiadas, indicando las limitaciones existentes e indicando el software aprobado para el modelado.* *El departamento de instrumentación (PACO) deberá participar en la definición y revisión de IPFs.*

8ª CONFERENCIA LATINOAMERICANA DE SEGURIDAD DE PROCESOS DEL CCPS

Planning Checklist en la práctica: Mejora en destilación - Coker - Refinería Bs. As.

IDENTIFY > ASSESS > SELECT > DEFINE > EXECUTE > OPERATE

8ª CONFERENCIA
LATINOAMERICANA
DE SEGURIDAD DE
PROCESOS DEL CCPS

¡Muchas gracias!

8ª CONFERENCIA LATINOAMERICANA DE SEGURIDAD DE PROCESOS DEL CCPS

Pan American ENERGY

Gestión Riesgos: Estructura de Análisis y sus Procedimientos

Karina Peñaflor

Ingeniera Quimica, 20 años experiencia en O&G, 11 años de experiencia en Operaciones e Ingeniería de Procesos de Plantas de Gas del sur de Argentina. Líder de Seguridad de Procesos en Pan American Energy desde 2010 a la actualidad para proyectos de Upstream y área Risk Management a nivel corporativo.

Pan American ENERGY

8ª CONFERENCIA LATINOAMERICANA DE SEGURIDAD DE PROCESOS DEL CCPS

La Empresa

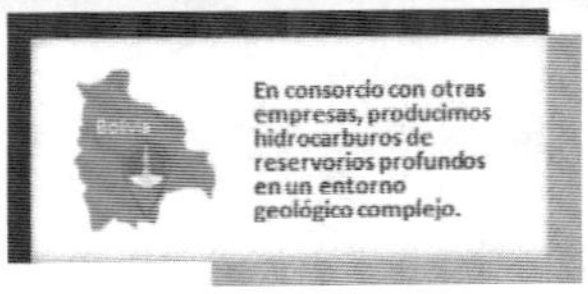

Pan American ENERGY

8ª CONFERENCIA LATINOAMERICANA DE SEGURIDAD DE PROCESOS DEL CCPS

Gestión Riesgos a través del tiempo

Años '90	2000
• Algunos HAZOP • No sistematizado • Empresas ing → facilitadores • Aceptabilidad Riesgo sin MR	• Sistematización PHA • HAZID y HAZOP • Matriz Riesgo • LOPA

PRACTICAS TECNICAS

HAZID → HAZOP → LOPA

Pan American ENERGY

8ª CONFERENCIA LATINOAMERICANA DE SEGURIDAD DE PROCESOS DEL CCPS

Gestión Riesgos a través del tiempo

2016 / 2017 Procesos de revisión

- *Auditorias procesos análisis peligros y riesgos*
- *Revisión de Prácticas Técnicas*
- *Soporte de consultor externo*

↓

Identificación de GAPs y mejoras

Identificación GAPs

- Modos No Continuos de Operación

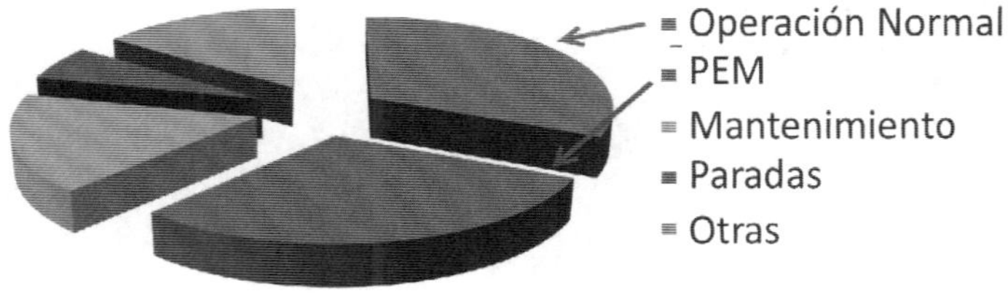

- 70 % accidentes suceden en estos modos
- 5 al 10 % escenarios modo discontinuo se identifican en PHA convencionales de modo continuo

Pan American ENERGY
8ª CONFERENCIA LATINOAMERICANA DE SEGURIDAD DE PROCESOS DEL CCPS

Causas → Consecuencias → Pérdidas

CHERNOBYL, USRR, Explosión Central Nuclear, Abril 1986
Factor: ***MANEJO DEL CAMBIO***

PIPER ALPHA, Plataforma UK Mar del Norte Julio 1988
Factor: ***SISTEMA DE PERMISO DE TRABAJO***

BP TEXAS CITY, USA, Explosión en Unidad de Isomerización, Marzo 2005 .
Factor: ***PRACTICAS OPERATIVAS***

BHOPAL, INDIA, Pérdida de Methyl Isocianato, Dic. 1984
Factor: ***DISEÑO***

Identificación GAPs

- Factores Humanos

80 % pérdidas FH

30 % errores individuales

70% debilidades organizacionales

✓ Diseño y selección materiales
✓ Ingenieras
✓ Compras / Fabricación
✓ Montaje
✓ Procesos PEM / PSSR
✓ Operación normal
✓ Mantenimientos
✓ Paradas / re arranques
✓ Comisionado / Decomisionado

✓ **Procedimientos**

✓ **Análisis PHA**

Pan American ENERGY
8ª CONFERENCIA LATINOAMERICANA DE SEGURIDAD DE PROCESOS DEL CCPS

Identificación GAPs

- Métodos según tamaño y complejidad

Tamaño Proyecto	Ej. Alcance	Ej. Duración	Número Evaluaciones
Mayor	Nuevas instalaciones y expansiones	12-36 meses	4-7
Moderado	Incorporación equipos	6 – 9 meses	2-3
Pequeño	Válvulas, bypass	1-2 meses	1

- **Procesos de Evaluacion de Peligros**

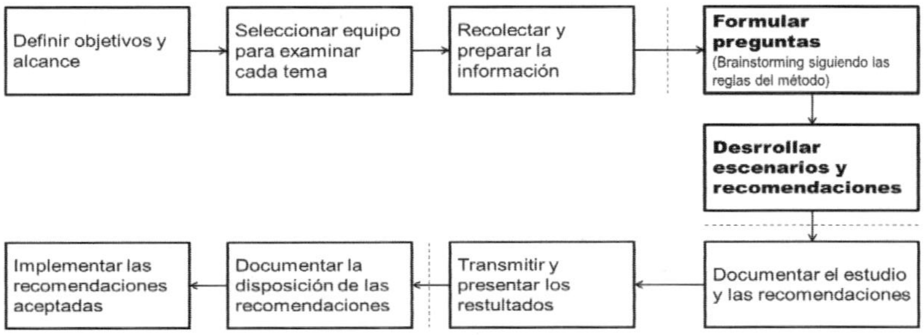

- **Metodos cualitativos vs cuantitativos**

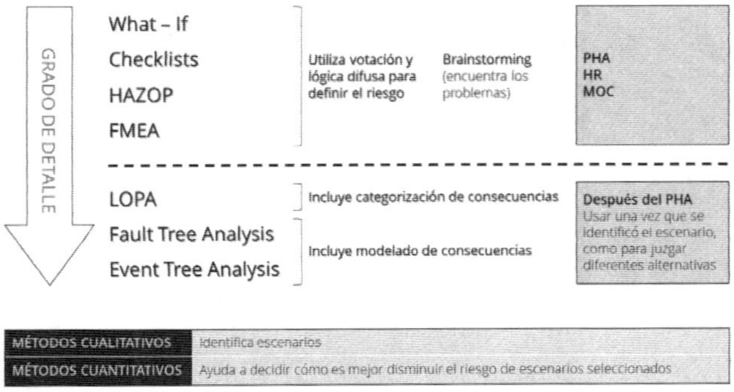

Pan American ENERGY
8ª CONFERENCIA LATINOAMERICANA DE SEGURIDAD DE PROCESOS DEL CCPS

- **Etapas de análisis**

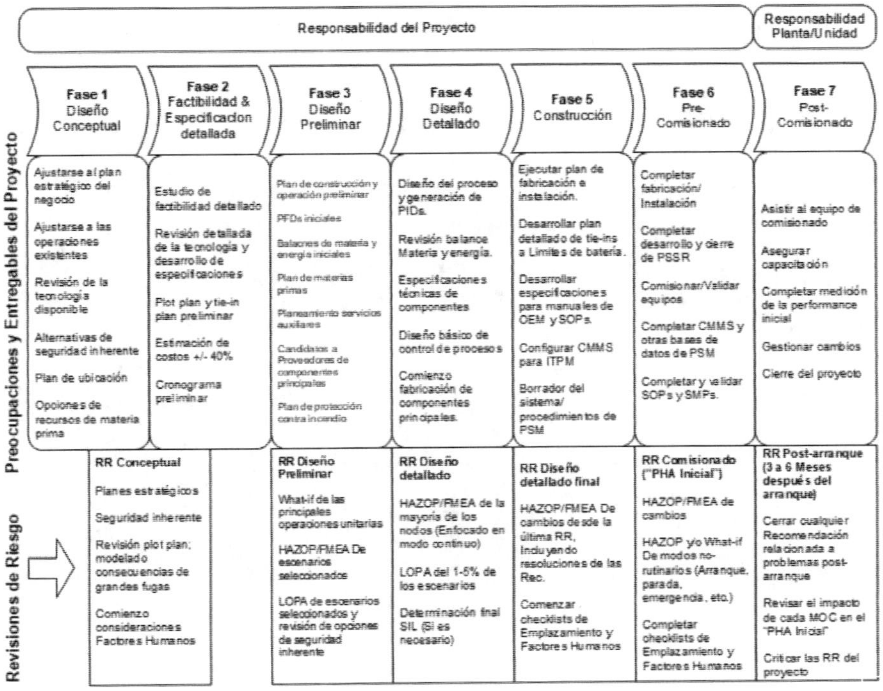

CCPS

Objetivos p/ nuevos procedimientos / estructura

✓Mejorar Calidad Evaluaciones de Peligro y Riesgos

✓Reducir los tiempos, optimizar los recursos y optimizar los procesos

✓Identificar escenarios de Modos No continuos

✓Incorporar análisis Procedimientos

✓Formar facilitadores internos

Pan American ENERGY

8ª CONFERENCIA LATINOAMERICANA DE SEGURIDAD DE PROCESOS DEL CCPS

Guías o Prácticas Técnicas para EP

- **Doc #1 Guía Evaluaciones de Peligros PHA**

Doc # 2 Guía Ciclo de Vida de las Evaluaciones Peligro

Doc # 3 Guía Selección de PHA

Doc # 4 Guía Conducción Reuniones PHA y Documentar Resultados

De requerirse

Doc # 5 Guía Análisis Capas de Protección (LOPA)

Doc # 6 Guía Eventos Iniciadores (IEs) y Capas Protección Independientes (IPLs)

Doc # 7 Guía Revalidación PHAs

Doc # 8 Guía Seguimiento y Cierre Recomendaciones

Pan American ENERGY

8ª CONFERENCIA LATINOAMERICANA DE SEGURIDAD DE PROCESOS DEL CCPS

1 Guía Evaluaciones de Peligros

- Mantener plan de PHA para cada instalación
- Identificar el personal entrenado y calificado para conformar los equipos de PHA
- Realizar y documentar PHAs
- Documentar y comunicar los resultados de PHA
- Asegurar que las recomendaciones de PHA sean tratadas correctamente

Pan American ENERGY

8ª CONFERENCIA LATINOAMERICANA DE SEGURIDAD DE PROCESOS DEL CCPS

2 Guía Ciclo de Vida de Evaluaciones PHA

- Programar los PHA dentro de las diversas fases del proyecto
- Definir el alcance y el contenido y qué resultados espera obtenerse en cada fase
- Definir la información necesaria de seguridad de procesos durante el proyecto y una vez finalizado

3 Guía Selección de PHA

- Describir los métodos aplicables para identificar los peligros y los principales problemas operativos
- Asignar la responsabilidad en la selección del método de PHA
- Proporcionar una guía para poder facilitar la selección del tipo de PHA en base a los objetivos buscados y la fase del proyecto

Pan American ENERGY
8ª CONFERENCIA LATINOAMERICANA DE SEGURIDAD DE PROCESOS DEL CCPS

4 Guía para Conducir sesiones PHA y registrar resultados

- Identificar los recursos necesarios para la sesión de PHA enfocados en la identificación de peligros y los principales problemas operativos
- Evaluar qué consecuencias pudieran tener estos y que salvaguardas efectivos existen
- Proponer recomendaciones para mitigar los peligros y proveer actividades para gestionar el riesgo

5 Guía Análisis de Capas de Protección
6 Guía EIs e IPLs

- Comprender los escenarios de PHA o investigación de accidentes
- Evaluar las salvaguardas para controlar el riesgo bajo un nivel aceptable
- Identificar la necesidad de una SIF y establecer su valor de SIL
- Compendio de valores estándar para utilizar en el estudio de LOPA cuando datos específicos del sitio no estén disponibles.

Pan American ENERGY

8ª CONFERENCIA LATINOAMERICANA DE SEGURIDAD DE PROCESOS DEL CCPS

7 Guía Revalidación PHAs
8 Guía Seguimiento y cierre recomendaciones

- Descripción del proceso de revalidación de PHA
- Identificación de cuando es necesario implementarla y de cómo gestiona
- Gestión de los hallazgos o recomendaciones generadas a través de los elementos del sistema de gestión de seguridad de procesos

Mejoras Identificadas

ACTUAL	MEJORAS
STP HAZID STP HAZOP	• Incorporación Técnicas WHAT IF - CHECK LIST • Reducción Tiempos • Selección PHA por tipo y complejidad proyecto o proceso
STP LOPA	• Menos recursos involucrados • Menor cantidad de escenarios ➔ criterio team • Simplificación análisis
Sin STP	• Guia PHA Ciclo Vida Proyecto • Guía Selección tipo PHA • Guía Revalidación PHA • Guía Seguimiento y Cierre Recomendaciones

Pan American ENERGY
8ª CONFERENCIA LATINOAMERICANA DE SEGURIDAD DE PROCESOS DEL CCPS

Interacción de sectores . Compromisos

- Elaborar Procedimientos Operativos
- Presencia PHA / Experiencia
- Experiencia
- Revalidaciones PHA
- Seguimiento Recomendaciones
- Gestión Modificaciones

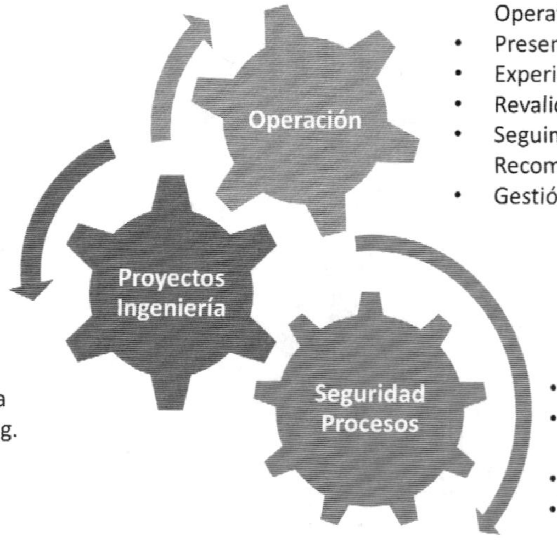

- Gestión Proyectos
- Información PSI
- Conocimiento / Experiencia
- Presencia especialistas e ing. en PHA
- Seguimiento y cierre recomendaciones PHA

- Gestión de Riesgos
- Conocimiento p/ selección tipo y alcance estudio
- Participación PHA
- Guía formación facilitadores internos
- Seguimiento procesos PHA y recomendaciones

Pan American ENERGY

8ª CONFERENCIA LATINOAMERICANA DE SEGURIDAD DE PROCESOS DEL CCPS

Conclusiones

SISTEMA GESTION RIESGOS		
PELIGROS	***RECURSOS***	***SISTEMATIZACION***
• Identificar peligros latentes que escapan a las técnicas actuales • Incorporar otras técnicas	• Enfocarse en la identificación de puntos sensibles • Modos no continuos • Factores Humanos	• Seguimiento a la largo del Ciclo de Vida Proyecto / Instalación • Trazabilidad PHA • Trazabilidad Recomendaciones

Pan American ENERGY

8ª CONFERENCIA LATINOAMERICANA DE SEGURIDAD DE PROCESOS DEL CCPS

Gracias!

?

Regulaciones De Informe De Seguridad Para Instalaciones Con Peligro Mayor En Cuba

8TH CCPS LATIN AMERICAN CONFERENCE ON PROCESS SAFETY

Conference: CCPS Latin American Conference on Process Safety

Year: 2018

Proceeding: 8th CCPS Latin American Conference on Process Safety

Group: General Program

Session: Identification and Risk Management

Time: Wednesday, September 12, 2018 - 2:00am-2:30am

Authors:

Salem Morales, H. Sr., National Centre for Chemical Safety
Ilizastigui, F. Sr., Risquest

El rÃ©gimen regulador de Informe de Seguridad basado en la gestiÃ³n proactiva de los riesgos durante la operaciÃ³n de instalaciones con peligro mayor, fue instaurado en Cuba en el aÃ±o 2013 con la aprobaciÃ³n de un Decreto-Ley con su correspondiente ResoluciÃ³n titulada â€œReglamento sobre la gestiÃ³n de los riesgos a la seguridad de procesos en instalaciones industriales con peligro mayorâ€

El presente trabajo proporciona una explicaciÃ³n general de las regulaciones cubanas de Informe de Seguridad, su desarrollo cronolÃ³gico y estado actual. Se brinda una descripciÃ³n del proceso de implementaciÃ³n de las regulaciones y el estado actual de las mismas, tanto en la industria de perforaciÃ³n costa afuera, como en Instalaciones con Peligro Mayor emplazadas en tierra.

Se resalta la importancia que reviste la planificaciÃ³n del proceso de preparaciÃ³n del Informe de Seguridad por parte de los Titulares de instalaciones y el papel que juegan los Planes de PreparaciÃ³n (PPIS), con vistas a lograr que el producto final (el Informe de Seguridad documentado) sea de fácil acceso, comprensión y uso por parte de los usuarios finales del mismo: el personal de operación y mantenimiento, así como los directivos que responden y rinden cuenta por que se logre una operación segura de la instalación.

Finalmente se analizan las principales dificultades derivadas de la implementación del nuevo marco regulador, tanto para las Intalaciones con Peligro Mayor como para la propia Autoridad Reguladora; conjuntamente con la estrategia que se viene implementando a corto y mediano plazos para asegurar el cumplimiento de lo regulado.

8ª CONFERENCIA LATINOAMERICANA DE SEGURIDAD DE PROCESOS DEL CCPS

YPF

BowTie como herramienta de gestión de riesgo para escenarios significativos en operaciones de Perforación y Workover

Jose Herberth

YPF

8ª CONFERENCIA LATINOAMERICANA DE SEGURIDAD DE PROCESOS DEL CCPS

¿Por que es importante enfocarse en prevenir los accidents graves?

Los grandes Accidentes industriales han sido producto de una combinación de **factores altamente improbables**.

Los accidentes más **graves** y **menos probables** son los que más amenazan la supervivencia de la organización y la continuidad del negocio.

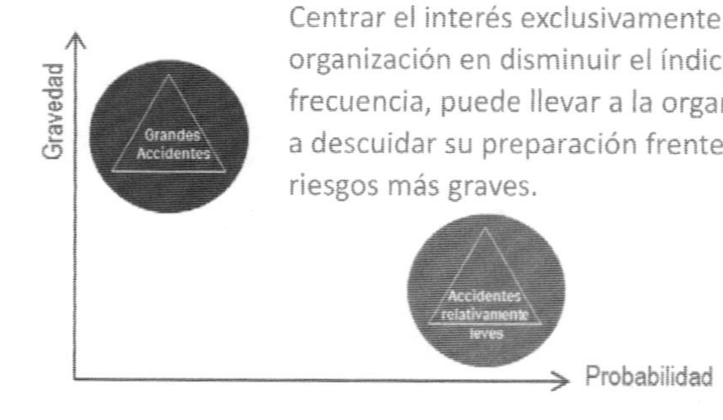

Centrar el interés exclusivamente de la organización en disminuir el índice de frecuencia, puede llevar a la organización a descuidar su preparación frente a los riesgos más graves.

Debido a ello en P&WO estamos adoptando esta metodología Bow Tie para evaluar los escenarios que en base al historial de la industria y a la experiencia en nuestras operaciones consideramos que serían los de mayor impacto a nuestras operaciones"

YPF

8ª CONFERENCIA LATINOAMERICANA DE SEGURIDAD DE PROCESOS DEL CCPS

¿Que es BowTie?

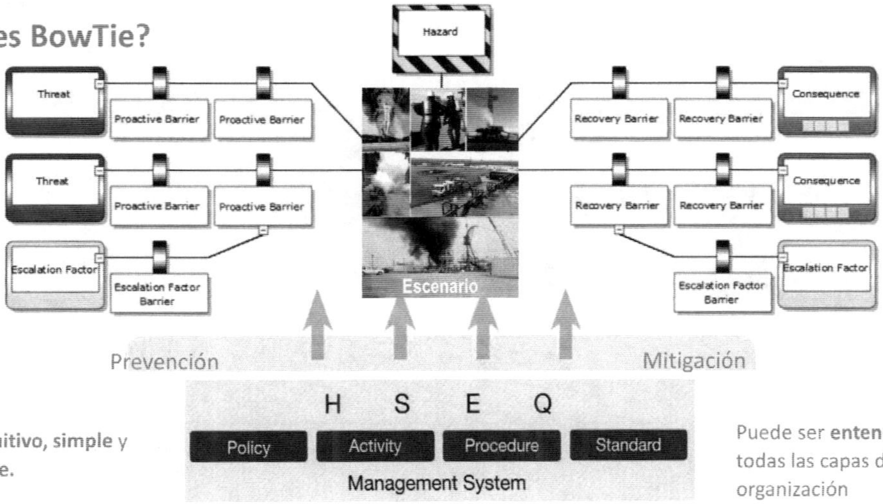

Visual, **intuitivo, simple** y con **enfoque.**

Puede ser **entendido** por todas las capas de la organización

YPF

8ª CONFERENCIA LATINOAMERICANA DE SEGURIDAD DE PROCESOS DEL CCPS

¿Como estamos implementando BowTie en Perforacion y Workover?

En 2017 y con el objetivo de enfocarnos en esos escenarios de **accidentes graves** iniciamos un ejercicio para probar la herramienta:

- Adquirimos un par de licencias BowTieXP
- Capacitamos a los equipos interdisciplinarios en el uso de la herramienta y los introducimos a **Seguridad de Procesos**
- Identificamos 7 escenarios que consideramos críticos para enfocar a la operación. **Surgencia de Pozo**; **Incendio y Explosión**, **Estallido de Líneas de alta presión** en operaciones de fractura, Operaciones en presencia de **H2S, Caida de Torre, Derrame Ambiental en zonas sensibles,**
- Repartimos los 7 escenarios entre los 5 equipos de las diferentes zonas geográficas operativas.
- Distribuimos los ejercicios a todas las zonas geográficas operativas.

BowTie _Escenarios de Mayor Amenaza

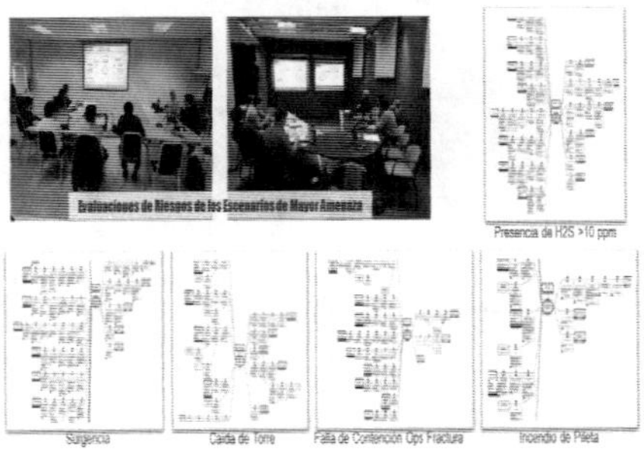

YPF

8ª CONFERENCIA LATINOAMERICANA DE SEGURIDAD DE PROCESOS DEL CCPS

¿Próximo Paso?

- ✓ En planeación un piloto con un Equipo de Torre de una de nuestras Compañías Contratistas.
- ✓ Capacitar al equipo con un entrenamiento avanzado para sacar mayor provecho a la herramienta.
- ✓ Realizar BowTie de Procesos Operativos Perforación y Workover: Cementación, Perfilaje, Fractura.
- ✓ Replicarlo en operaciones de Producción, para un escenario que involucre Tanque de Almacenamiento de Crudo.

YPF

8ª CONFERENCIA LATINOAMERICANA DE SEGURIDAD DE PROCESOS DEL CCPS

¿Conclusiones?

- ✓ Una herramienta simple que ha gustado por ser muy intuitiva y enfocada y estructurada que nos permite enfocarnos en los riesgos mayores.
- ✓ Nos ha permitido introducir a la organización a la seguridad de procesos.
- ✓ Nos permite visualizar las barreras y asignar responsables

<u>**"Es un inicio pequeño, pero cada día nos convencemos más, que agregará mucho valor a nuestras operaciones en lo que a gestión de riesgo de proceso se refiere"**</u>

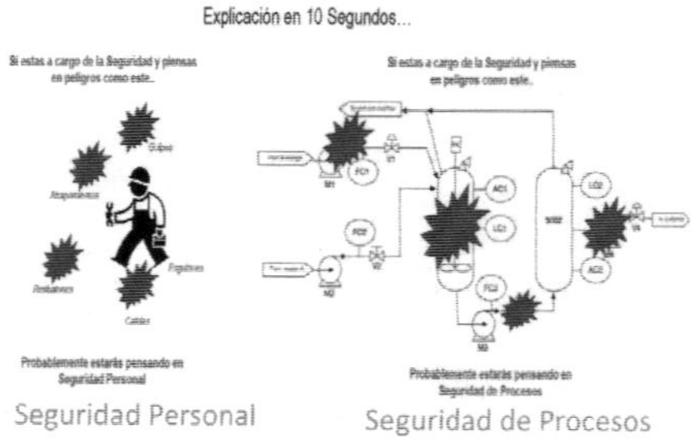

YPF

8ª CONFERENCIA LATINOAMERICANA DE SEGURIDAD DE PROCESOS DEL CCPS

GRACIAS

Managing Process Safety Risks at the Wellsite for Service Companies

8TH CCPS
LATIN AMERICAN
CONFERENCE
ON PROCESS SAFETY

Conference: CCPS Latin American Conference on Process Safety

Year: 2018

Proceeding: 8th CCPS Latin American Conference on Process Safety

Group: General Program

Session: Identification and Risk Management

Time: Wednesday, September 12, 2018 - 2:30am-3:00am

Authors:

Miranda, R., Baker Hughes a GE Company
Sookdeo, T., Baker Hughes a GE Company

Historically our industry has experienced several catastrophic incidents that have acted as a catalyst to drive widespread changes in laws, regulations, and the increasing focus on process safety risk management. The noble goal is to prevent repetition of these catastrophic events. Most of these events were caused by a chain of errors whose start or precursors were not recognized and went unnoticed without the necessary corrective actions needed to prevent a loss of well control or loss of primary containment escalating into catastrophic consequences to personnel, communities, and the environment.

The questions now arise: Are we doing enough to minimize the likelihood of an event or failure in products or services that could lead to loss of well control? What assurances are currently in place to manage the risk of having similar or worse catastrophes? How far can we go operationally to improve process safety and guarantee the integrity of a well? How do we manage performance and better financial results by managing process safety risks? Moreover, how do we learn from what happened to improve/innovate our approach to process safety?

The management of process safety risks at the wellsite requires the collaboration of operators, drilling contractors and service companies, and starts with the identification of the hazards involved in critical activities that can affect well integrity. The controls and barriers required to prevent or mitigate the loss of integrity of the well, and the supporting processes and procedures that certify effectiveness.

For service companies, how can we validate the readiness or preparation of personnel that execute frontline operations? How can we develop the resilience of transitory and rotating crews that execute critical operations? Effectively managing process safety risks requires that each member of the crew can execute their tasks reliably and consistently on the existing job and subsequent job on another wellsite. Since service companies act with a wide range of services and products globally, both onshore and offshore, a methodology that drives optimal performance of the crew and directly assess what crews have learnt, remembered and will actually do at the jobsite is essential. To address this gap, threat-response drills for critical services have been created that drives optimal crew performance and operational readiness while minimizing human errors and reducing non-product time (NPT). These drills follow the decision cycle: Detect-> Diagnose-> Decide-> Do. Detect and diagnose the first signs of a well control threat, decide the immediate actions to be taken and do what is necessary to prevent the situation from escalating into a major disruption or catastrophic event.

This paper presents a systematic approach on how to manage process safety risks at the wellsite for service companies and the need for us to think outside the historical norm. The following key components will be covered:

- Process safety - controls and barrier management
- Managing unplanned changes
- Threat response drills - development and operationalizing.

Estimación Del Volumen Susceptible De Derrame y Tasa De Descarga En Sistemas De Transporte De Hidrocarburos LíQuidos Para Fugas y Roturas

8TH CCPS LATIN AMERICAN CONFERENCE ON PROCESS SAFETY

Conference: CCPS Latin American Conference on Process Safety

Year: 2018

Proceeding: 8th CCPS Latin American Conference on Process Safety

Group: General Program

Session: Identification and Risk Management

Time: Wednesday, September 12, 2018 - 3:00am-3:30am

Authors:

Moncada, D., CENIT
Montoya, M., CENIT
Reyes, D., SERDAN
Florez, J., CENIT

El cálculo del volumen de derrame y la tasa a la cual se descarga este volumen son insumo para el cálculo del riesgo y de las consecuencias que una rotura o fuga en sistemas de transporte de hidrocarburos puede tener sobre las personas, el ambiente, la reputación y/o la afectación económica. Información de gran importancia a la hora de definir los planes de emergencia y priorizar las actividades de mantenimiento e intervenciones de gran magnitud sobre la infraestructura.

Desde CENIT se han trabajado diferentes modelos para la estimación del volumen de derrame, que incluyen los modelos habituales, considerando los siguientes aspectos y limitaciones: 1) con modelos especializados en modelación de flujo a presión, los cuales no son muy acertados al momento de modelar fugas o roturas de tuberías, generando sobrestimaciones. 2) con modelos que simulan la tubería como un tanque con orificio y no tienen en cuenta las perdidas por fricción. Buscando mejorar estas limitaciones se estructuró y desarrolló un modelo que calcula el volumen susceptible de derrame en dos módulos.

El primer módulo incluye el cálculo del volumen dinámico de derrame, es decir, el volumen que es liberado por las bombas antes de apagarse. El cálculo, basado en el método de la honda de presión negativa, tiene en consideración las curvas de bombas, la topografía de la línea, las características de la tubería, las perdidas por fricción en la línea y las características del orificio. Los resultados obtenidos de este primer módulo corresponden a tasas de descarga más aproximadas a la realidad.

El segundo módulo, estima el volumen estático susceptible de derrame (es decir el volumen contenido dentro de la tubería) y su tasa de descarga. El volumen se calcula como el disponible a derramar por vasos comunicantes. La tasa de descarga se estima por medio del método de Featherstone, el cual permite tener en consideración las perdidas por fricción que se presentan entre los puntos altos y el sitio de drenaje o fuga. Este cálculo se realiza iterativamente lo cual permite conocer el perfil de descarga con el tiempo hasta que se vacía la tubería.

Entre las ventajas identificadas con este nuevo desarrollo se tiene: 1) Cambio en las tasas dinámicas de descarga a lo largo de la línea al considerar las curvas de las bombas y las perdidas por fricción, 2) volúmenes de drenaje más acertados al considerar el volumen a drenar por vasos comunicantes y no el lleno de línea, 3) tasas de descarga que tiene en consideración las perdidas por fricción, 4) uso de ecuaciones de descarga por orificio diferentes a Bernoulli, más representativas del fenómeno que sucede en la realidad. El poder obtener cada vez información mas certera en relación al volumen y la tasa de derrame, permite disminuir la sobrestimación de las consecuencias y por ende del nivel de riesgo, permitiendo una mejor asignación de los recursos.

En ese sentido, se presenta un caso de aplicación asociado a la priorización de mantenimiento de válvulas de seccionamiento; el cual, mediante la priorización de alternativas por métodos multicriterio, permitió definir el orden de prioridad de cada par de válvulas para efectuar su mantenimiento.

cenit

TRANSPORTE Y LOGÍSTICA DE HIDROCARBUROS

Perspectiva de la regulación de accidente mayor en Colombia y el rol de la industria en la gestión de riesgos

Maria Isabel Montoya Rodríguez

cenit

Contexto de la gestión de riesgos en Colombia

Hasta hace poco la gestión de riesgos en Colombia se había enmarcado en acciones mas de carácter reactivo que preventivo

- 1989 — Decreto 919, art 8 y 9 (Análisis de vulnerabilidad que contemple probabilidad de ocurrencia de desastres en áreas de influencia)
- 1996 — Ley 320 (Aprueba convenio 174 OIT y recomendación 181, sobre la Prevención de accidentes industriales mayores;)
- 1999 — Decreto 321 (Adopción del Plan Nacional de Contingencias contra derrames de hidrocarburos, derivados y sustancias nocivas)
- 2012 — Ley 1523, art 42, 37 y 39 (se adopta la política nacional de gestión del riesgo de desastres y se establece el Sistema Nacional de Gestión del Riesgo de Desastres)
- 2013 — Inicio adhesión OCDE (cumplimiento comité de sustancias químicas: Instrumento Prevención, preparación y respuesta a accidentes químicos)
- 2016 — CONPES 3868 (política de gestión del riesgo asociado al uso de sustancias químicas)
- 2017 — Decreto 2157 (adopta las directrices generales para la elaboración del plan de gestión de riesgo de desastre de las entidades públicas y privadas)

Regulación actual y perspectiva

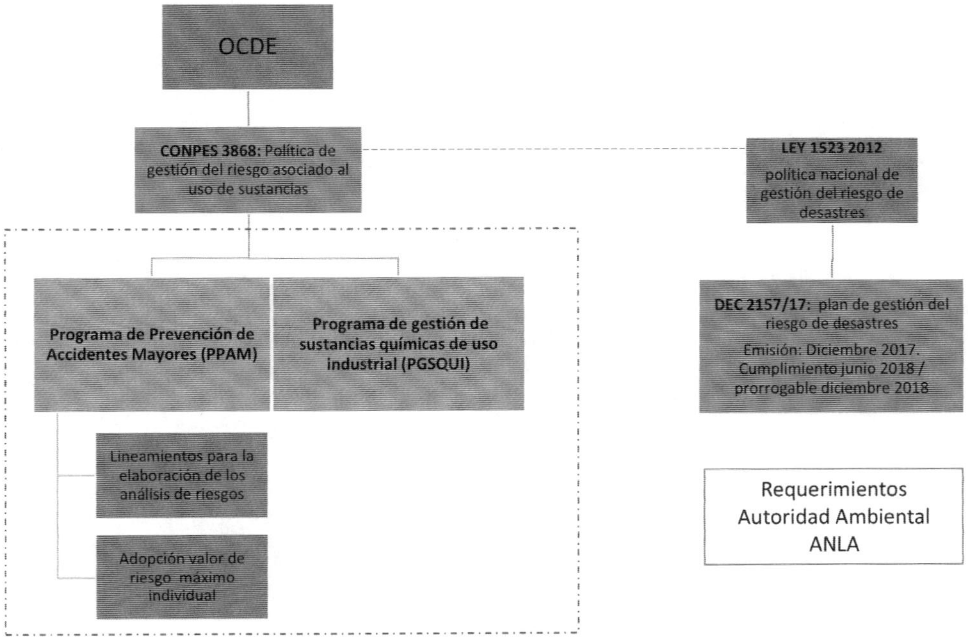

cenit
TRANSPORTE Y LOGÍSTICA DE HIDROCARBUROS
8ª CONFERENCIA LATINOAMERICANA DE SEGURIDAD DE PROCESOS DEL CCPS

Principales temas de interés para la industria

Una elaboración aislada de la regulación sin la debida participación del actor principal "La Industria" puede resultar en exigencias imprácticas y desgastantes, como:

- Tiempo insuficiente para su adopción y el debido cumplimiento
- Inclusión de probabilidades de falla por vandalismo o sabotaje en los análisis
- Solicitudes similares/ duplicidad por parte de diferentes autoridades
- Delegación de funciones a autoridades locales o territoriales que no cuentan con la misma competencia en el tema que la autoridad nacional
- Solicitudes fuera de contexto de los entes territoriales en donde se establecen las industrias, como por ejemplo reubicación de las instalaciones alegando un alto riesgo, entre otros.

Espacios de participación

- Participación en talleres técnicos para la construcción de los lineamientos de los análisis a riesgos para el Programa de Prevención de Accidente Mayor
- Participación en asociaciones como el Consejo de Seguridad de Procesos
- Participación en talleres con la Asociación Nacional de Industriales, ANDI
- Convocatorias de talleres con otras industrias del sector para analizar las propuestas de decretos en consulta
- Revisión y emisión de comentarios a las diferentes versiones de decretos y leyes en consulta
- Emisión de comunicados a las autoridades pertinentes exponiendo las inquietudes, su justificación, consideraciones que deberían tenerse en cuenta y generando propuestas alternativas.

cenit
TRANSPORTE Y LOGÍSTICA DE HIDROCARBUROS
8ª CONFERENCIA LATINOAMERICANA DE SEGURIDAD DE PROCESOS DEL CCPS

Conclusión

- En Colombia, gracias a esta activa participación en los diferentes espacios generados, donde la industria comparte sus buenas prácticas en la temática de gestión de riesgo, se empieza a evidenciar un cambio en la forma de construcción y generación de la regulación de gestión de riesgos asociada a los accidentes mayores, donde se involucra a los diferentes actores en pro de un objetivo común, la seguridad de procesos y la seguridad del territorio.

HERRAMIENTA DE GESTIÓN DE LÍNEAS DE AMENAZA

Natalia Bellesi – Johana Giroldi – Sebastián Mario – Carla Troccoli

Shell CAPSA

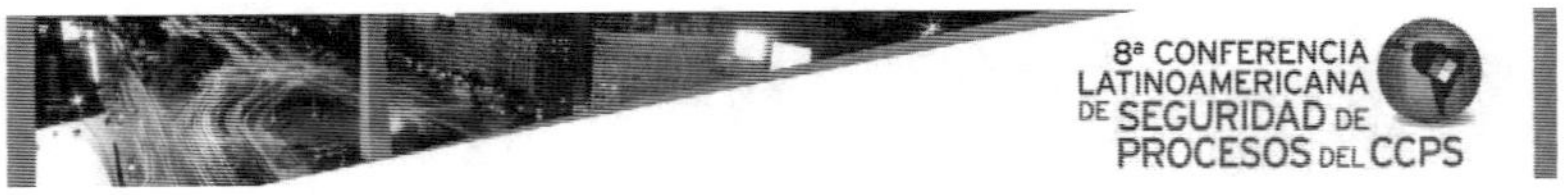

Natalia Bellesi

- Ingeniera Química de la Universidad Nacional de Mar del Plata.
- Puesto actual: Senior de Procesos y Proyectos en Refinería Shell CAPSA
- 14 años de experiencia en la industria del petróleo, ocupando los siguientes puestos: Ingeniera junior de Procesos, Gerente de Seguridad de Procesos, Gerente de Movimientos y Puertos, Senior de Proyectos y Senior de Procesos y Proyectos. Autoridad técnica certificada en Technical Safety y Process Engineering.

Carla Troccoli

- Licenciada en Química de la Universidad de Buenos Aires.
- Puesto actual: Technical Process Safety Advisor en Refinería Shell CAPSA
- 12 años de experiencia en la industria del petróleo, ocupando los siguientes puestos: Ingeniera junior de Procesos de las unidades de Craqueo Térmico, Recuperación de Azufre y Antorcha; Excelencia Operativa trabajando en alarmas, monitoreo proactivo y cambios de turno y Gerente de Seguridad de Procesos.

Sistema de gestión de riesgos

Objetivo

- Integrar el trabajo de las distintas áreas que tienen impacto en seguridad de procesos de forma tal de lograr mantener efectivas nuestras barreras en el campo, disminuyendo así la probabilidad de ocurrencia de incidentes
- Involucrar a todos los niveles de la organización en la gestión de acuerdo a su nivel de responsabilidad.

8ª CONFERENCIA LATINOAMERICANA DE SEGURIDAD DE PROCESOS DEL CCPS

Sistema de gestión de riesgos

Integridad

Compras

Confiabilidad

Salvaguarda

Mantenimiento

MOC

Operaciones

Gestión de ventanas operativas

Respuesta a la emergencia

Permisos de trabajo

8ª CONFERENCIA LATINOAMERICANA DE SEGURIDAD DE PROCESOS DEL CCPS

Sistema de gestión de riesgos

8ª CONFERENCIA LATINOAMERICANA DE SEGURIDAD DE PROCESOS DEL CCPS

Los 7 pasos de gestión

1. Identificación de los peligros y sus efectos
2. Clasificación de los peligros en base a su nivel de impacto y riesgo
3. Análisis LOPA de cada línea de amenaza y evaluación ALARP de nuestros sistemas
4. Análisis de amenazas, y definición de las medidas de control y de recuperación aplicables.
5. Identificación de los equipos críticos que constituyen las barreras y definición de un programa de mantenimiento preventivo de los mismos.
6. Gestión del cambio para equipos críticos en falla
7. Investigación de incidentes y pérdidas de contención, con foco en las barreras que fallaron

Los 7 pasos de gestión

1. Identificación de los peligros y sus efectos

Peligro	Ubicación	Evento No deseado	Consecuencia	Link Desvios	Link LFI	RAM Personas	RAM Activos	RAM Medio Ambiente	RAM Reputación
Fuel Gas	Areas de proceso y cañería	Pérdida de control / contención	Trip de hornos por acción de LEA por arrastre de hidrocarburo líquido: incidente ambiental.	Link	Link	D0	D0	D1	D1
Parafina	Areas de proceso y cañería	Pérdida de Contención	Derrame hacia el Suelo / Agua.	Sin link	Sin link	B0	B0	B2	B2
Aceite	Areas de proceso y cañería	Pérdida de Contención	Derrame hacia el Suelo / Agua.	Sin link	Sin link	D0	D1	D1	D0
Catalizador	Areas de proceso y cañería	Pérdida de Contención	Fuego / Explosión debido a una reaccion descontrolada	Link	Link	B4	C5	C3	C3

- ✓ Fácilmente accesible para toda la refinería
- ✓ Se actualiza trimestralmente
- ✓ Link a nuestros incidentes locales y globales

2. Clasificación de los peligros en base a su nivel de impacto y riesgo

8ª CONFERENCIA LATINOAMERICANA DE SEGURIDAD DE PROCESOS DEL CCPS

Los 7 pasos de gestión

3. Análisis LOPA de cada línea de amenaza y evaluación ALARP de nuestros sistemas.

Est.	N°Reg.	Planta	Equipo	Peligro	Consecuencia	RAM P	RAM A	RAM R	RAM MA	Evento no deseado	Amenaza	Descripción	Estado	IEF	LOPA actual
	1	PTF	P1301	Nafta	Fuego	C4	C4	C4	C3	Pérdida de contención por rotura de sello	Rotura de sello de la bomba por cavitación o altas vibraciones	En este caso se considera que la consecuencia puede ser sólo fuego dado que el producto está a temperatura ambiente, con lo cual la cantidad de materi...	Tolerable	0.0060	6.000e-4
	2	PTF	E1301A	Nafta	VCE/FUEGO	B4	C5	C4	C3	Pérdida de contención por sobrepresurización	Rotura de tubos	El diseño de tubos en E1301 es 52 barg. La presion de diseño lado Shell es 5.5 barg. El equipo no cumpla con la regla de los 2/3. IEF. RP-01. tabl...	Tolerable	0.0180	1.800e-6

- ✓ Estado actual de las líneas de amenaza – Tolerable/No tolerable

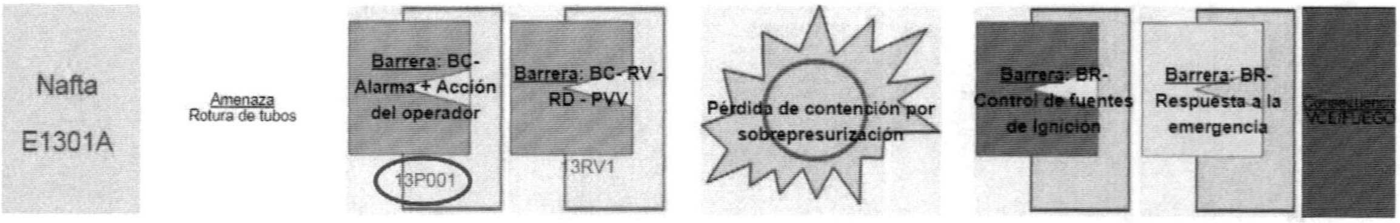

- ✓ Formato visual de bowtie con link a los equipos críticos y estado de barreras
- ✓ Revisión periódica en cada sector del riesgo

8ª CONFERENCIA LATINOAMERICANA DE SEGURIDAD DE PROCESOS DEL CCPS

Los 7 pasos de gestión

4. Análisis de amenazas, y definición de las medidas de control y de recuperación aplicables.

Peligro	Consecuencia	RAM P	RAM A	RAM R	RAM MA	Evento no deseado	Amenaza	Descripción	Estado	IEF	LOPA actual
Nafta	Fuego/Derrame/Explosión	4C	5C	2C	3C	Pérdida de contención - Presencia de combustible sin quemar en el hogar	Aire insuficiente a los quemadores provocando combustión inestable y/o apagado de llama (horno de tiro natural)....	Según Model Bow Tie de Hornos. IE1: El operador sobre ajusta el aire. IEF=0.036*PFO Donde PFO es la Probability of Flame Out y vale 0.1 para quemad...	No Tolerable	0.0036	3.600e-4

- ✓ Para todas aquellas amenazas no tolerables se definen medidas de mitigación auditadas trimestralmente
- ✓ Refleja la situación real en planta: Ante la falla de una barrera, una línea de amenaza tolerable por diseño puede pasar a No tolerable

Parte 5: Parte 5: Aprobación de Seguridad de Procesos

Estado de Aprobación Seg. Procesos	Pendiente / Aprobado / Rechazado
Comentarios	
PFD a actualizar en la barrera	
¿Aplica a Management Team?	No / Sí
Aprobador Gerente de Tecnología	
Aprobador Gerente de Producción	
Aprobador Gerente de Ingeniería	

8ª CONFERENCIA LATINOAMERICANA DE SEGURIDAD DE PROCESOS DEL CCPS

Los 7 pasos de gestión

5. Identificación de los equipos críticos que constituyen las barreras y definición de un programa de mantenimiento preventivo de los mismos.

Est.	Nro.TAG	Nro.Reg	Planta	Equipo	Ubicación	Estado	Tipo de Dispositivo	A Intervención	Historial	Amenazas vinculadas
	13RV1	13001	PTF	C1301	C1301	Habilitado	RV			Amenaza No2 Amenaza No3 Amenaza No4 Amenaza No5

- ✓ Linkeado con las líneas de amenaza asociadas
- ✓ Se puede conocer fácilmente el estado
- ✓ Se accede desde este módulo a la gestión del cambio
- ✓ Permite obtener rápidamente los listados para paradas de planta

Responsable	leandro.lopez / leandro lopez
Descripción	Lel
Estado	Habilitado / Intervenido
Fecha de última intervención	
Barreras de mitigación actuales	
Barreras de mitigación recomendadas	
Frecuencia Mantenimiento Preventivo	3
Fecha de último mantenimiento preventivo	2018-06-01
Fecha Programada de Mantenimiento Preventivo	2018-09-01

Frecuencias y responsable de mantenimiento preventivo

8ª CONFERENCIA LATINOAMERICANA DE SEGURIDAD DE PROCESOS DEL CCPS

Los 7 pasos de gestión

6. Gestión del cambio para equipos críticos en falla

Est.	NºReg	Tipo de Equipo	TAG	Planta	Ubicación	Fecha de Próximo Mantenimiento	Estado Equipo	Última Intervención
	5	Detector(gas,mezcla explosiva,fuego)	005 QA 105	ALKY	005 QA 105	-	Intervenido	2017-10-02
	6	Detector(gas,mezcla explosiva,fuego)	005 QA 106	ALKY	005 QA 106	-	Intervenido	2017-10-02

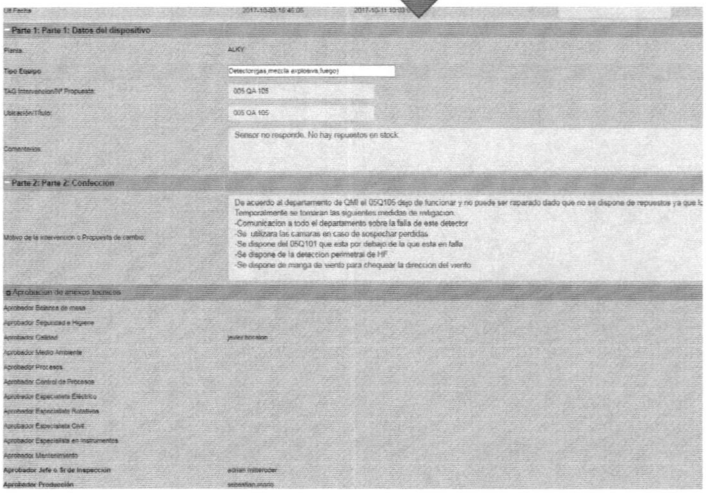

- ✓ MOC de intervención de equipo
- ✓ Se definen medidas de mitigación
- ✓ Seguridad de procesos modifica PFD de barrera
- ✓ Se actualiza línea de amenaza
- ✓ Mitigación para bypass temporal

8ª CONFERENCIA LATINOAMERICANA DE SEGURIDAD DE PROCESOS DEL CCPS

Los 7 pasos de gestión

7. Investigación de incidentes y pérdidas de contención, con foco en las barreras que fallaron

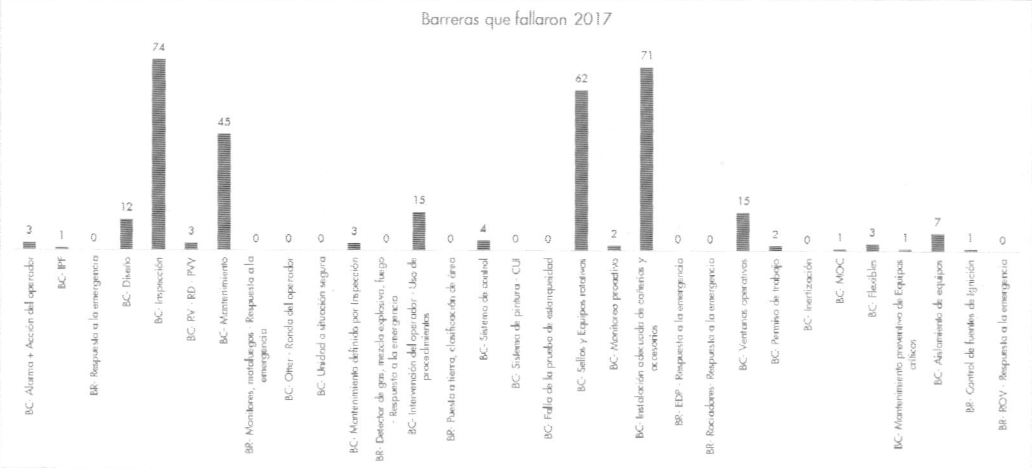

✓ Acciones concretas destinadas a fortalecer o agregar barreras faltantes

Conclusiones

Los beneficios de un sistema integrado son:

- ✓Visualización y conocimiento de todos los riesgos y el estado de las barreras por todos los sectores operativos
- ✓Efectividad de las barreras en el campo
- ✓Capacitación de todas las personas que ocupan posiciones críticas de HSSE
- ✓Reducción de incidentes de seg de procesos

"La seguridad de procesos es gestionada en todos los niveles de la organización y no sólo por un sector"

8ª CONFERENCIA LATINOAMERICANA DE SEGURIDAD DE PROCESOS DEL CCPS

Back up slides

Barrera 1:

Barrera 1 Tipo	BC-2	BC- Alarma + Acción del operador
Barrera 1 Tipo Equipo Crítico (1)	1	Alarmas
TAG Equipo 1	2013-06-05 00:00	13P001
Barrera 1 Tipo Equipo Crítico (2)	--Seleccionar--	
TAG Equipo 2	--Seleccionar--	
Barrera 1 Tipo Equipo Crítico (3)	--Seleccionar--	
TAG Equipo 3	--Seleccionar--	
Barrera 1 Tipo Equipo Crítico (4)	--Seleccionar--	
TAG Equipo 4	--Seleccionar--	
Barrera 1 Tipo Equipo Crítico (5)	--Seleccionar--	
TAG Equipo 5	--Seleccionar--	
Barrera 1 PFD	0.100	
Barrera 1 PFD Referencia	RP-01	
Barrera 1 Estado	- A instalar No efectiva NV PV V Chequear	
Barrera 1 PFD Actual	0.1	
Barrera 1 Comentarios		

8ª CONFERENCIA LATINOAMERICANA DE SEGURIDAD DE PROCESOS DEL CCPS

Número de TAG

Estado de Dispositivo: Habilitado Intervenido Todos

Planta

Ubicación

Fecha de intervención

Tipo Equipo: Detector(gas,mezcla explosiva,fuego)

TAG Equipo

Ordenar por: Planta / Menor a Mayor

Palabras buscadas

Buscar Reiniciar

Cantidad de Registros Totales: 20

Est.	N°Reg	Tipo de Equipo	TAG	Planta	Ubicación	Fecha de Próximo Mantenimiento	Estado Equipo	Última Intervención	A Intervención	Historial	Amenazas vinculadas
	1	Detector(gas,mezcla explosiva,fuego)	005 QA 101	ALKY	005 QA 101	2018-08-30	Habilitado	-			-
	2	Detector(gas,mezcla explosiva,fuego)	005 QA 102	ALKY	005 QA 102	2018-08-30	Habilitado	-			-
	3	Detector(gas,mezcla explosiva,fuego)	005 QA 103	ALKY	005 QA 103	2018-08-30	Habilitado	-			-
	4	Detector(gas,mezcla explosiva,fuego)	005 QA 104	ALKY	005 QA 104	2018-08-30	Habilitado	-			-
	5	Detector(gas,mezcla explosiva,fuego)	005 QA 105	ALKY	005 QA 105	-	Intervenido	2017-10-02			-
	6	Detector(gas,mezcla explosiva,fuego)	005 QA 106	ALKY	005 QA 106	-	Intervenido	2017-10-02			-
	7	Detector(gas,mezcla explosiva,fuego)	005 QA 107	ALKY	005 QA 107	2018-08-30	Habilitado	-			-
	8	Detector(gas,mezcla explosiva,fuego)	005 QA 108	ALKY	005 QA 108	2018-08-30	Habilitado	-			-
	9	Detector(gas,mezcla explosiva,fuego)	005 QA 109	ALKY	005 QA 109	2018-08-30	Habilitado	-			-
	10	Detector(gas,mezcla explosiva,fuego)	005 QA 110	ALKY	005 QA 110	2018-10-02	Habilitado	2017-10-03			-
	11	Detector(gas,mezcla explosiva,fuego)	005 QA 111	ALKY	005 QA 111	2018-08-30	Habilitado	-			-
	12	Detector(gas,mezcla explosiva,fuego)	005 QA 112	ALKY	005 QA 112	2018-08-30	Habilitado	-			-
	13	Detector(gas,mezcla explosiva,fuego)	005 QA 113	ALKY	005 QA 113	-	Habilitado	-			-
	14	Detector(gas,mezcla explosiva,fuego)	005 QA 114	ALKY	005 QA 114	2018-08-30	Habilitado	-			-
	15	Detector(gas,mezcla explosiva,fuego)	005 QA 115	ALKY	005 QA 115	2018-08-30	Habilitado	-			-
	16	Detector(gas,mezcla explosiva,fuego)	005 QA 116	ALKY	005 QA 116	2018-08-30	Habilitado	-			-
	17	Detector(gas,mezcla explosiva,fuego)	05X512B.CIN	ALKY	05X512B.CIN	-	Habilitado	2015-05-13			Amenaza N°260Amenaza N°335
	178	Detector(gas,mezcla explosiva,fuego)	005 QZA 511	ALKY	005 QZA 511	-	Habilitado	-			Amenaza N°292
	179	Detector(gas,mezcla explosiva,fuego)	005 QZA 512	ALKY	005 QZA 512	-	Habilitado	-			-
	180	Detector(gas,mezcla explosiva,fuego)	005 QZA 513	ALKY	005 QZA 513	-	Habilitado	-			Amenaza N°292

Parte 1: Parte 1: Datos del dispositivo

Planta: ALKY

Tipo Equipo Detector(gas,mezcla explosiva,fuego)

TAG Intervencion/Nº Propuesta: 005 QA 105

Ubicación/Título: 005 QA 105

Comentarios: Sensor no responde. No hay repuestos en stock.

Parte 2: Parte 2: Confección

Motivo de la intervencion o Propuesta de cambio:

De acuerdo al departamento de QMI el 05Q105 dejo de funcionar y no puede ser raparado dado que no se dispone de repuestos ya que los equipos son obsoletos.
Temporalmente se tomaran las siguientes medidas de mitigacion:
-Comunicacion a todo el departamento sobre la falla de este detector
-Se utilizara las camaras en caso de sospechar perdidas
-Se dispone del 05Q101 que esta por debajo de la que esta en falla
-Se dispone de la deteccion perimetral de HF
-Se dispone de manga de viento para chequear la direccion del viento

Aprobacion de anexos tecnicos

Aprobador Balance de masa
Aprobador Seguridad e Higiene
Aprobador Calidad javier.bocalon
Aprobador Medio Ambiente
Aprobador Procesos
Aprobador Control de Procesos
Aprobador Especialista Eléctrico
Aprobador Especialista Rotativos
Aprobador Especialista Civil
Aprobador Especialista en Instrumentos
Aprobador Mantenimiento
Aprobador Jefe o Sr de Inspección adrian.mitteroder

Parte 5: Parte 5: Aprobación de Seguridad de Procesos

Estado de Aprobación Seg. Procesos: **Pendiente** / Aprobado / Rechazado

Comentarios

PFD a actualizar en la barrera

¿Aplica a Management Team? **No** / Sí

Aprobador Gerente de Tecnología
Aprobador Gerente de Producción
Aprobador Gerente de Ingeniería

8ª CONFERENCIA LATINOAMERICANA DE SEGURIDAD DE PROCESOS DEL CCPS

Tipo: Sin Especificar / L / H / 0/1

Límite: 10

Unidades: %

Descripción: Evitar el vaciado del coalescer V-1603.

Consecuencia: Envío de LPG a la tratadora de Adip C-1602.

Acciones SOP: Pedir al operador externo que verifique que la válvula 16-LCV-009 esté cerrada. Cuando reponga nivel, que verifique que abra TSO 16LZ008.

Acciones Operador: De acuerdo a la indicación del SOP, verificar que la válvula 16-LCV-009 esté cerrada. Cuando reponga nivel, que verifique que abra TSO 16LZ008.

Lógica: Cierre de la válvula de control 16-LICA-009 en la línea de LPG a la absorvedora C-1602.

Iniciador: Bajo nivel en el V-1603.

Mitigación OOS: Control con nivel 16LC009 y cierre manual, deberá dedicarse un operador mientras dure la maniobra

Mitigación MOS: Control con nivel 16LC009 y cierre manual, deberá dedicarse un operador mientras dure la maniobra

CONTEXTO ACTUAL – LA CONVERGENCIA TECNOLÓGICA

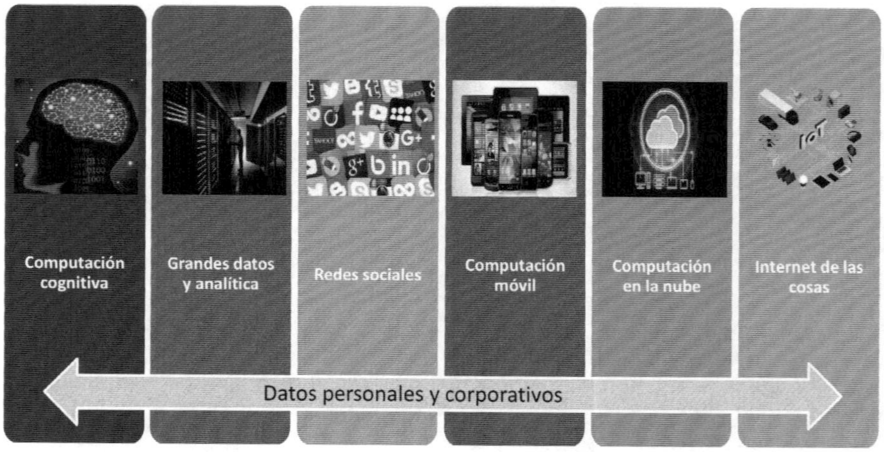

arpel

LA NUEVA REVOLUCIÓN INDUSTRIAL

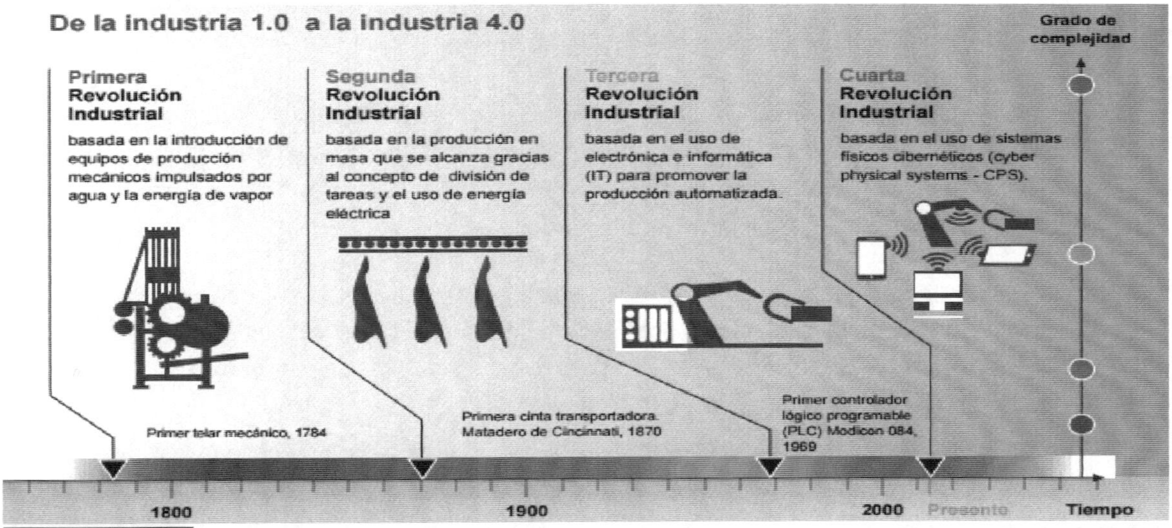

arpel

EL PAPEL DE LA CIBERSEGURIDAD EN EL SECTOR INDUSTRIAL

- Tradicionalmente, la industria se ha centrado principalmente en proteger a las personas de posibles daños físicos al trabajar y operar con máquinas. El problema es que **las tecnologías en las que se basa la Industria 4.0 se centran, principalmente, en el mundo virtual.**
- Se hace necesario un replanteamiento de los parámetros de seguridad en las industrias mediante la denominada Ciberseguridad.

Este nuevo concepto de seguridad debe tratar de lograr los siguientes objetivos:

- Asegurar las instalaciones y su operatividad, proteger los procesos de producción de las fábricas y de los sistemas CPS (Cyber-Physical Systems)
- Proteger la integridad de la comunicación y recopilación de datos entre los diferentes dispositivos con los que cuente la empresa.
- Asegurar los datos confidenciales relativos a la producción de la empresa.

arpel

EL PAPEL DE LA CIBERSEGURIDAD EN EL SECTOR INDUSTRIAL

Los sistemas de seguridad industrial deban seguir las siguientes pautas:

- La protección de los dispositivos y maquinarias **no debe ser una preocupación a posteriori.** En el momento en que las propias máquinas se diseñen deben ya incluir medidas de ciberseguridad y seguridad física para disminuir los riesgos. **Es lo que se conoce como "security by design".**

- Deben desarrollarse todo tipo de estrategias y estándares que tengan como objetivo potenciar la ciberseguridad de los dispositivos en la industria para combinarlos con las medidas de seguridad de fábrica de los propios dispositivos, ya mencionados en el punto anterior.

arpel

¿POR QUÉ ES IMPORTANTE LA CIBERSEGURIDAD INDUSTRIAL?

- Las soluciones de automatización, nos permiten conocer todo el estado de la planta desde un solo lugar, a través de una eficiente comunicación industrial (protocolos Ethernet y el Profibus). Esto ha representado un aumento en la productividad y eficiencia de la planta, pero también supone ciertos riesgos.

- Ya que se utilizan redes para conectar todas las maquinarias de la planta, también **se tiene el riesgo potencial de sufrir un ciberataque que perjudique todo el proceso de la fábrica**, resultando en daños de tipo económicos, reputación y ambientales.

arpel

LA IoT LO CAMBIARÁ TODO

IoT está compuesta por una colección dispersa de redes diferentes y con distintos fines.

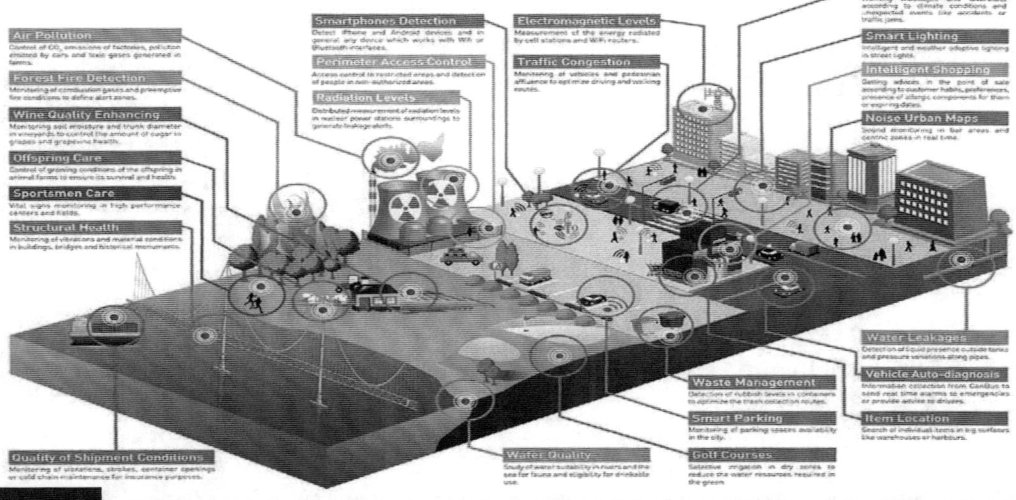

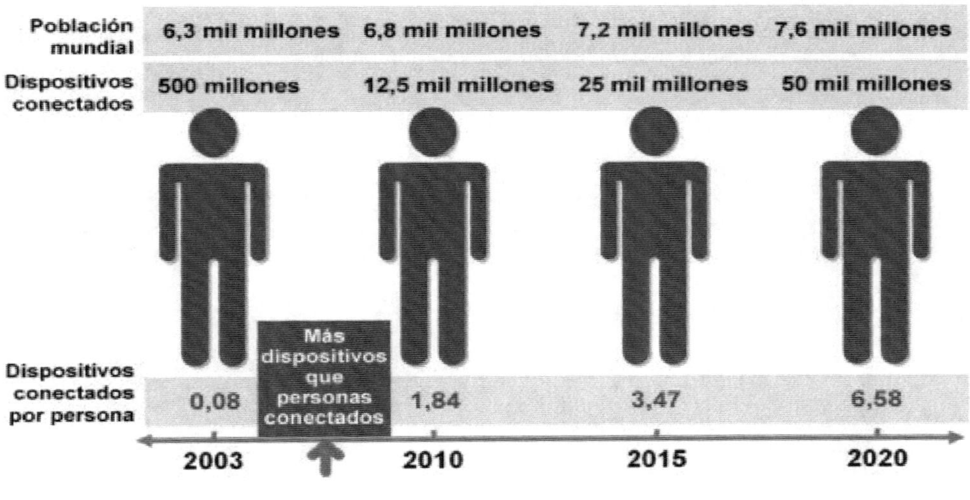

LA INNOVACIÓN QUE IMPULSA EL CRECIMIENTO, TAMBIÉN CREA CIBER RIESGOS

- Las amenazas aprovechan las debilidades que son generadas por el crecimiento de los negocios y por las innovaciones tecnológicas.
- La seguridad perfecta no es factible. En cambio, disminuir el impacto de los ciber incidentes es posible siendo **Proactivos, Vigilantes y Resilientes.**
- Los programas de ciber riesgo **deben ser considerados una parte más de la gestión del negocio.**

Las Ciber Amenazas son riesgos asimétricos.

- Pequeños pero calificados grupos pueden generar un daño desproporcionado.
- Las motivaciones pueden ser muy variadas.
- Distribuidos por el mundo, buscan evadir la aplicación de la ley.
- La frecuencia de los incidentes está en aumento.
- La ventana de respuesta se está reduciendo.

arpel

http://www3.weforum.org/docs/GRR17_Report_web.pdf

arpel

LOS INCIDENTES DE SEGURIDAD SOBRE INFRAESTRUCTURAS CRÍTICAS

- Cada vez más incidentes de seguridad.
- Más interconexión entre redes industriales y las redes corporativas e internet.
- Actualizaciones de sistemas. Antiguos sistemas Legacy que se actualizan a nuevas versiones con nuevas tecnologías embebidas.
- Desconocimiento de aspectos de seguridad técnicos.
- Muy poca conciencia de seguridad en los ingenieros locales, los representantes locales y los proveedores internacionales.
- Excusas de ahorro de costos y facilidad de operación por sobre temas de seguridad. No se ve la seguridad como una inversión.
- Apertura de "back-doors" para el acceso administrativo y de proveedores.

arpel

¿QUE HA OCURRIDO?

La danesa Maersk pierde 983 millones en 2017, lastrada por el ciberataque de junio

- *Maersk fue víctima de uno de los ciberataques más agresivos*

Foto de archivo

Europa Press

AÑO 2017

El grupo danés AP Moller-Maersk, propietario de Maersk Line, el mayor transportista marítimo de mercancías, registró **pérdidas de 1.205 millones de dólares (983 millones de euros)** en 2017

http://www.eleconomista.es/empresas-finanzas/noticias/8927727/02/18/La-danesa-Maersk-pierde-983-millones-en-2017-lastrada-por-el-ciberataque-de-junio.html

arpel

¿QUÉ HA OCURRIDO?

AÑO 2018

(Bloomberg) -- Un ciberataque afectó el sistema de comunicación electrónica utilizado por una importante red de oleoductos, aunque la compañía dijo que no había ningún efecto en el flujo de gas natural.

Cyberattack Shows Vulnerability of Gas Pipeline Network

By CLIFFORD KRAUSS APRIL 4, 2018

A natural-gas plant in North Dakota operated by Oneok, one of the companies affected by a cyberattack on a data network connecting gas-pipeline operators and their customers. The companies said the attack did not lead to any service interruptions.

RELATED COVERAGE

- A Cyberattack in Saudi Arabia Had a Deadly Goal. Experts Fear Another Try.
- Hard Choice for Cities Under Cyberattack: Whether to Pay Ransom
- Nations Seek the Elusive Cure for Cyberattacks
- Hackers Are Targeting Nuclear Facilities, Homeland Security Dept. and F.B.I. Say

https://www.nytimes.com/2018/04/04/business/energy-environment/pipeline-cyberattack.html

arpel

¿CUÁLES PODRÍAN SER LAS CONSECUENCIAS POTENCIALES DE UN ATAQUE?

- Impacto en la Seguridad Nacional.
- Pérdida de producción y del negocio.
- Daños o muertes de empleados.
- Daños o muerte a la población.
- Daño de equipamiento.
- Daño ambiental.
- Responsabilidad civil y criminal.
- Pérdida de información confidencial.
- Daños a la imagen o marca de la organización.

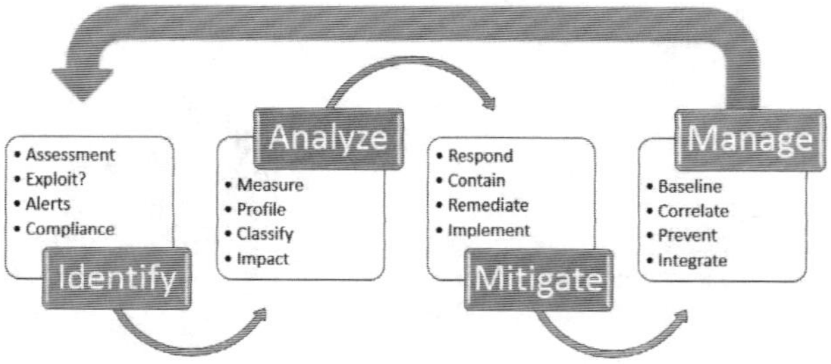

arpel

LA EVOLUCIÓN DE LOS ICS

- Los entornos de control industrial han sido considerados hasta hace poco tiempo como **"cajas negras"**
- A principios de la década pasada, se inicio un proceso de conexión con los entornos corporativos, con objeto de que estos sistemas ofrecieran algunos datos de forma más interactiva o en **"tiempo real"**
- Este proceso de conexión se fue reforzando con la paulatina conversión del equipamiento de control a las plataformas convencionales, con procesos estándar y sistemas operativos de tipo Linux o Windows.
- Como consecuencia de todo esto, se fue introduciendo el protocolo TCP/IP en las redes de control.
- En ese momento, las redes de control pasan a ser, *de facto*, una pieza mas de los sistemas corporativos, debido a la continuidad que permite el protocolo de comunicaciones.

arpel

LOS PARCHES, LOS ANTIVIRUS

- La mayoría de los ICS no aplican parches
- Los parches del SO y aplicaciones pueden "romper" el ICS
- Parches no certificados pueden invalidar garantía
- Aplicar parches usualmente requiere hacer un reboot
- Certificar el parche por parte del proveedor

- Las operaciones de los AV pueden causar fallas en el sistema.
- Los vendedores de ICS recién están comenzando a soportar antivirus.
- Uso de criterio de "whitelist", enumerar las aplicaciones "aprobadas".

arpel

AUTENTICACIÓN POBRE

- Muchos ICS tienen mecanismos de autenticación pobres y de autorización muy limitados.
- La mayoría de los dispositivos ICS no soportan criptografía.
- La mayoría de las veces el vendedor deja la password por defecto.
- Los passwords de los dispositivos se gestionan de forma inadecuada.

USO NO APROPIADO DE LAS ESTACIONES DE TRABAJO DE LOS SCI

- La navegación en internet desde Estaciones de Trabajo HMI puede afectar los ICS.
- Envío de correo electrónico desde/hacia los Servidores de Control puede infectar los ICS.
- Almacenamiento en el disco local pueden causar una "caída" del sistema operativo / aplicación

arpel

ACCESO POR PARTE DE TERCEROS

- El mantenimiento, programación y soporte muchas veces es realizado por el proveedor.
  - Muchos ICS poseen puertos de mantenimiento abiertos
  - Equipos infectados de los proveedores pueden afectar nuestro ICS
- Los terceros pueden requerir información sobre el status en tiempo real.
  - El acceso de terceros muchas veces no implementa mecanismos de seguridad
  - Los canales de acceso de parte de terceros son una vía de acceso por parte de los intrusos
- Los terceros pueden ser: Entes reguladores, proveedores de telecomunicaciones, socios comerciales, proveedores de los sistemas, etc.

arpel

EL FACTOR HUMANO

- Usualmente las redes de ICS son administradas por ingenieros del área industrial que son distintos del departamento de IT.
  - El personal de ICS no son expertos en IT y Seguridad
  - El personal de IT y Seguridad no es experto en ICS
- En la mayoría los casos, el personal que gestiona los ICS es "avanzado en edad tecnológica"
  - Poca gente joven ingresa en este campo.
  - Hay pocos programas académicos.
  - Mucho conocimiento basado en experiencia y contacto con proveedores.

arpel

¿QUÉ VECTORES DE ATAQUE PODRÍAN UTILIZAR?

- Estafas en redes sociales
- Ransomware
- Phishing
- Malware
- Exploit Kits
- Botnets
- Ataque de denegación de servicio (DDoS)
- Interceptación, robo o sabotaje de datos.

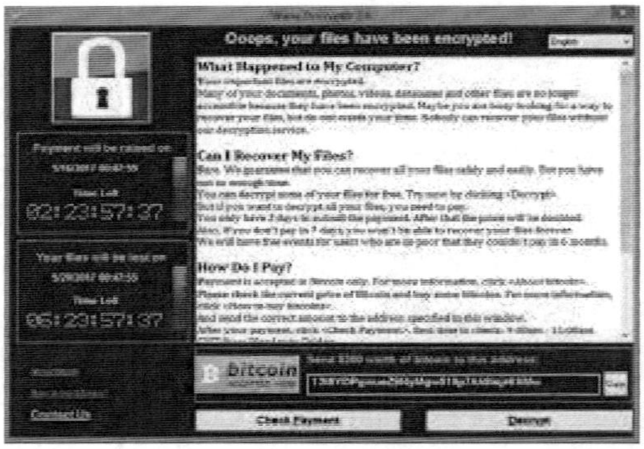

arpel

PROGRAMA DE CIBER RIESGO

PROACTIVOS
¿Tenemos implementados controles para defendernos de las amenazas conocidas y emergentes?

- Defensa perímetro
- Gestión de activos
- Gestión de identidades
- Gestión de vulnerabilidades
- Ciclo de desarrollo seguro de sistemas
- Protección de datos

VIGILANTES
¿Podemos detectar actividades maliciosas o sin autorización, incluso las desconocidas?

- Inteligencia de amenazas
- Análisis del comportamiento
- Monitoreo de la seguridad
- Analíticas de riesgos

RESILIENTES
¿Podemos actuar y recuperarnos rápidamente para minimizar el impacto?

- Respuestas a incidentes
- Continuidad del negocio
- Gestión de crisis
- Análisis forense
- Recuperación de desastres

arpel

METAS PARA CON LA JUNTA DIRECTIVA

- Una prioridad del CISO debe ser **llegar con su mensaje** al máximo nivel de la organización para lograr el apoyo necesario.
- Es posible definir actividades que permitan llevar dicho mensaje de **forma proactiva, lograr cambiar la visión de seguridad** de un gasto a una inversión clave para el negocio.
- Los **niveles de inversión** destinados a la gestión de ciber riesgos deben **aumentar**

arpel

¿ESTAMOS PREPARADOS PARA RESPONDER A UN INCIDENTE DE SEGURIDAD?

- La respuesta es **NO** y tampoco existen las soluciones tecnológicas milagrosas.
- Hay pocos registros (logs) con información y casi siempre están implementados por defecto. (Tener logs y monitoreo de alertas y eventos es crucial para poder detectar, frenar un ataque a tiempo y/o poder investigar que sucedió.)

- Hay desconocimiento técnico de seguridad informática entre los ingenieros
- Poca o nula relación entre las áreas de OT y las áreas de IT.

arpel

CONSEJOS, RECOMENDACIONES Y CONCLUSIONES

- Hacer un assessment de seguridad real sobre los sistemas industriales.
- Definir e implementar mecanismos de seguridad sobre los ICS hasta el máximo nivel posible (acceso remoto con doble autenticación, herramientas de seguridad, logs, concientizar a los administradores y operadores, etc)
- Exigir a los proveedores acuerdos de nivel de servicio, la ciberseguridad en el software. "security by design"
- Definir y acordar **políticas y procedimientos** para la gestión de incidentes de seguridad.
- Realizar un **monitoreo de seguridad proactivo** sobre los sistemas involucrados para detectar intentos de intrusión con el fin de frenar a tiempo un ataque sobre un ICS.
- Revalúe sus contratos de seguros.

arpel

Norma General de Ciberseguridad Industrial

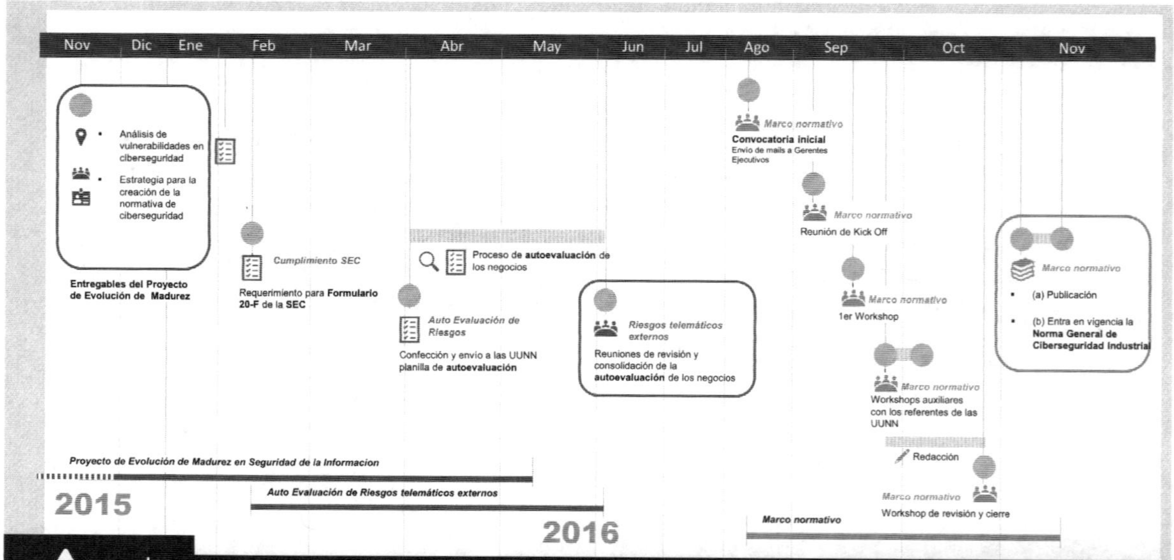

arpel

Estructura y cumplimiento de la Norma

- *Basada en la **Norma IEC 62443***
- ***5 Dominios:** Seguridad Física, Gestión de comunicaciones y Operación, Control de Acceso, Gestión de Incidentes y Gestión de Continuidad del negocio.*
- ***Confección y aprobación colegiada** entre la Gerencia de Seguridad de la Información, Sistemas y UUNN.*
- ***Cumplimiento obligatorio** para nuevos proyectos, impulsando "Security by design".*
- ***Compromiso** de presentación de **Inventarios y Plan de Adecuación** para sistemas existentes*

arpel

Acciones derivadas y de apoyo a los negocios

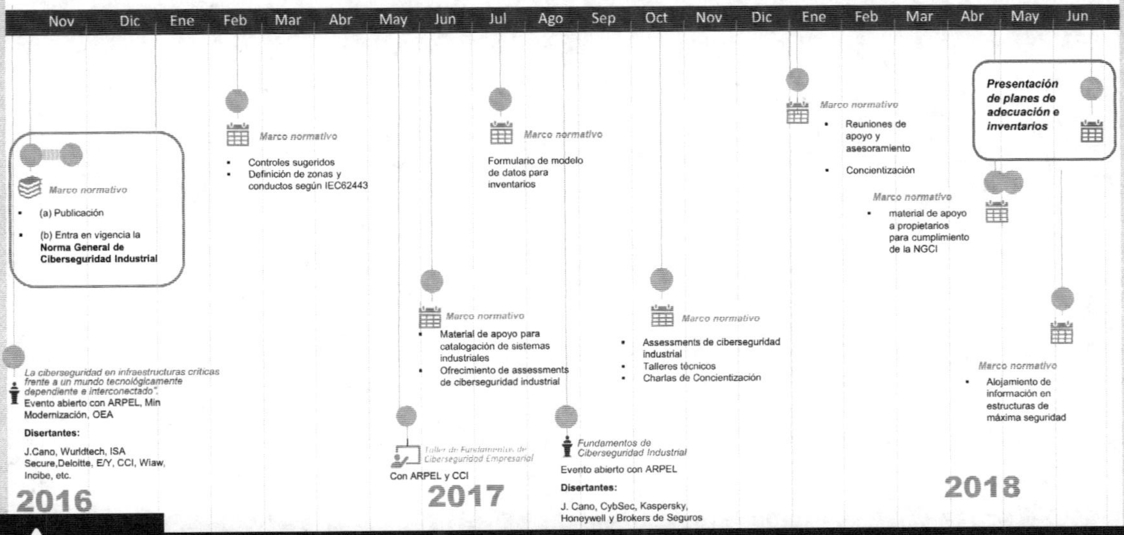

arpel

SEMINARIO
Ciberseguridad en Infraestructuras Críticas, Riesgos, Oportunidades y Prioridades
9 y 10 de octubre de 2018
Universidad Católica Argentina (UCA). Buenos Aires, Argentina
arpel
OEA
YPF

GRACIAS. / THANK YOU.
arpel
www.arpel.org
@ARPEL_Petroleo
/company/arpel
Canal ARPEL

Uso de modelos 3D para evaluación de sistemas de lucha contra incendio

Valeria Puértolas
AESA
valeria.puertolas@aesa.com

8th LACPS · Universidad Católica Argentina · September 11-13 2018

Agenda

- Introducción
- Caso de estudio
- Etapas del diseño SCI
- Integración
- Verificación 3D SCI
- Conclusiones

8th LACPS · Universidad Católica Argentina · September 11-13 2018

Introducción

Se expondrá un método de evaluación de sistemas de lucha contra incendio (SCI) a través del uso de modelos 3D de planta.

8th LACPS · Universidad Católica Argentina · September 11-13 2018

Caso de estudio

Revamp de unidad de destilación primaria

Instalación de un 2do desalador

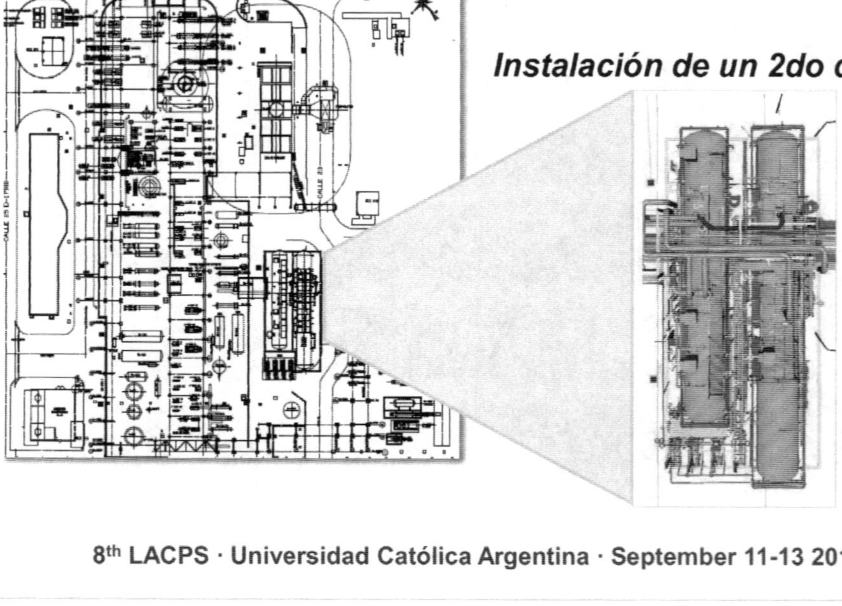

8th LACPS · Universidad Católica Argentina · September 11-13 2018

Etapas del diseño

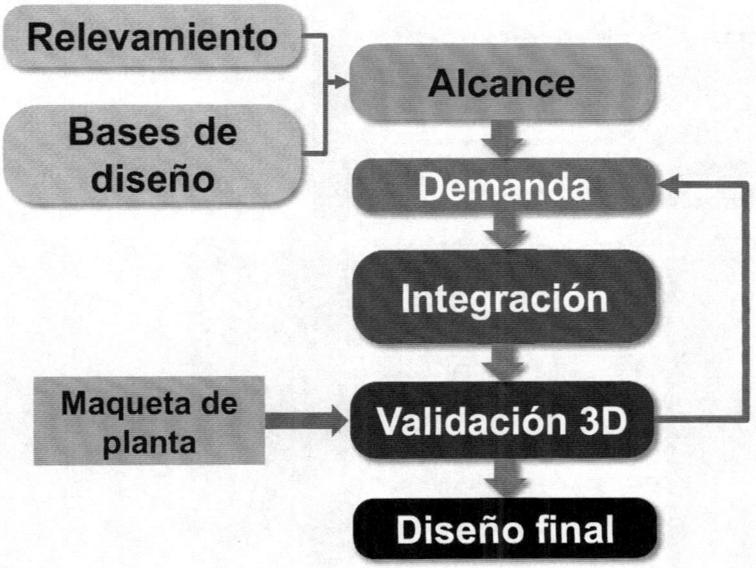

8th LACPS · Universidad Católica Argentina · September 11-13 2018

Etapas del diseño

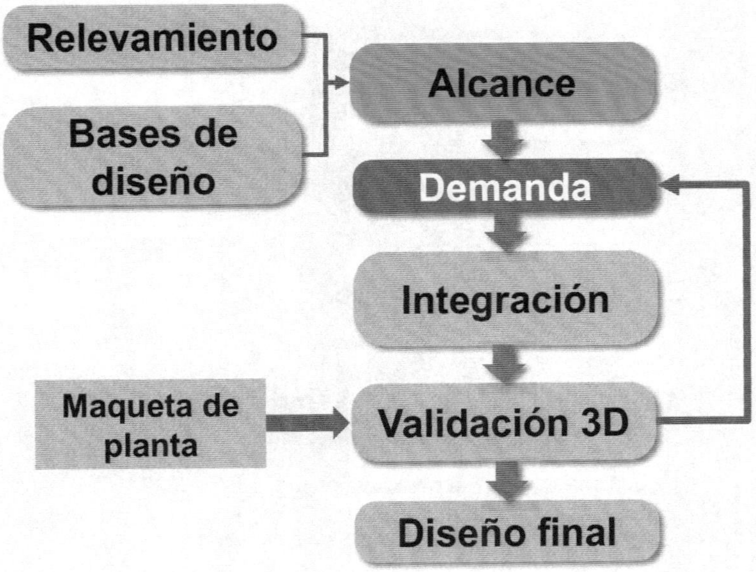

8th LACPS · Universidad Católica Argentina · September 11-13 2018

Etapas del diseño

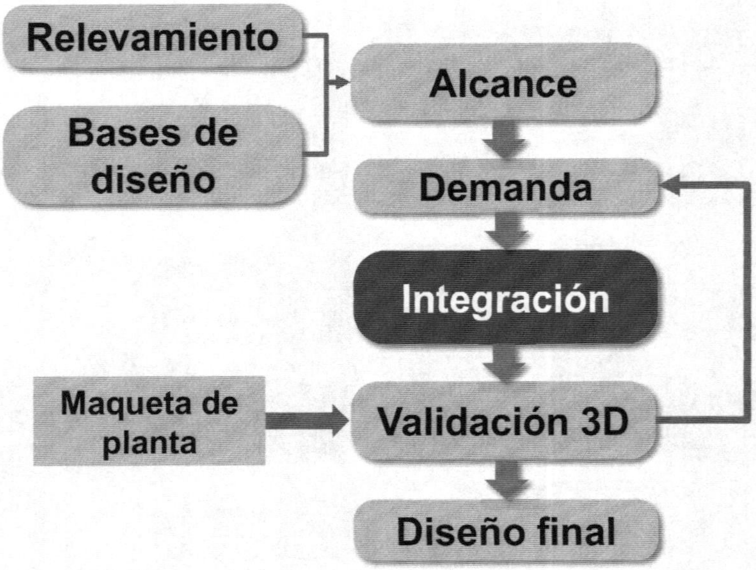

8th LACPS · Universidad Católica Argentina · September 11-13 2018

Integración

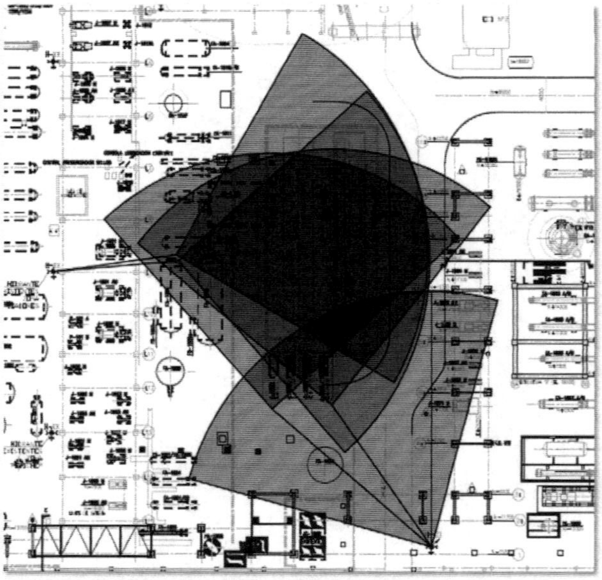

Ubicación de monitores, hidrantes y mangueras

8th LACPS · Universidad Católica Argentina · September 11-13 2018

CCPS Center for Chemical Process Safety — An AIChE Technology Alliance | arpel

Integración

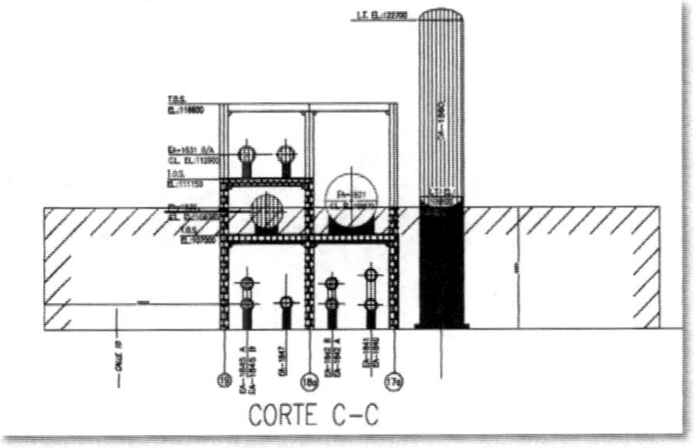

Áreas potenciales de incendio – pool fire

CCPS Center for Chemical Process Safety — An AIChE Technology Alliance | arpel

Etapas del diseño

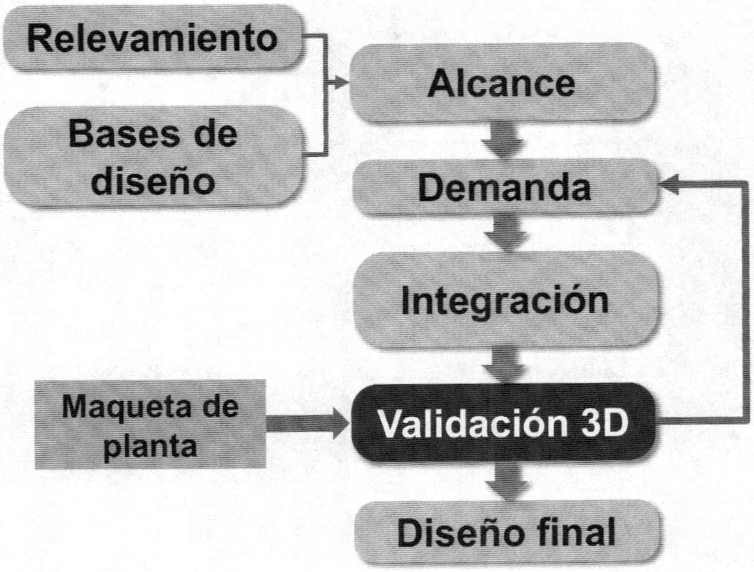

Validación 3D

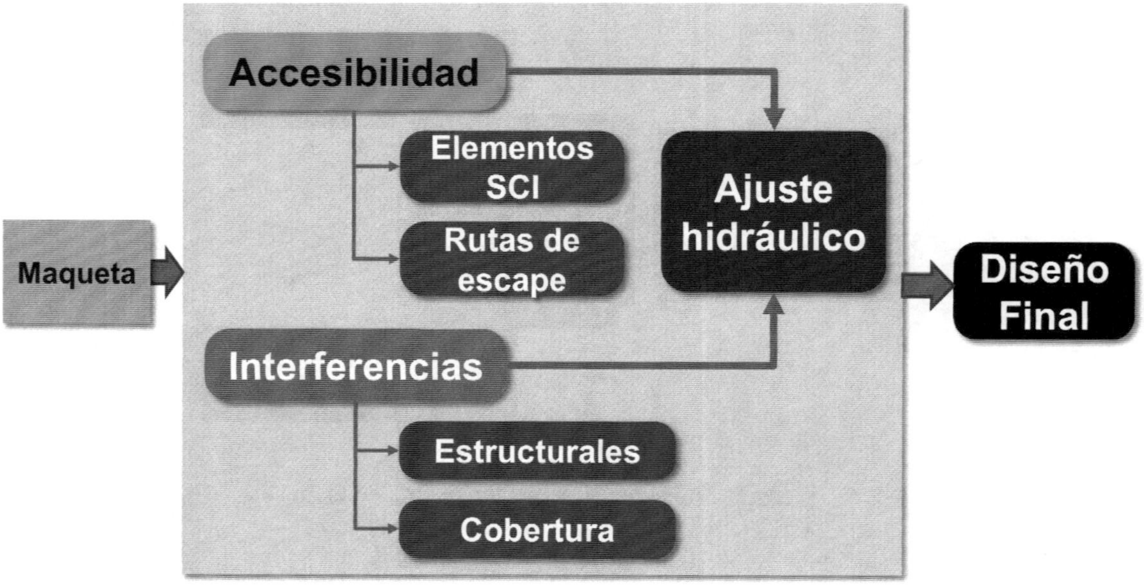

8th LACPS · Universidad Católica Argentina · September 11-13 2018

Validación 3D

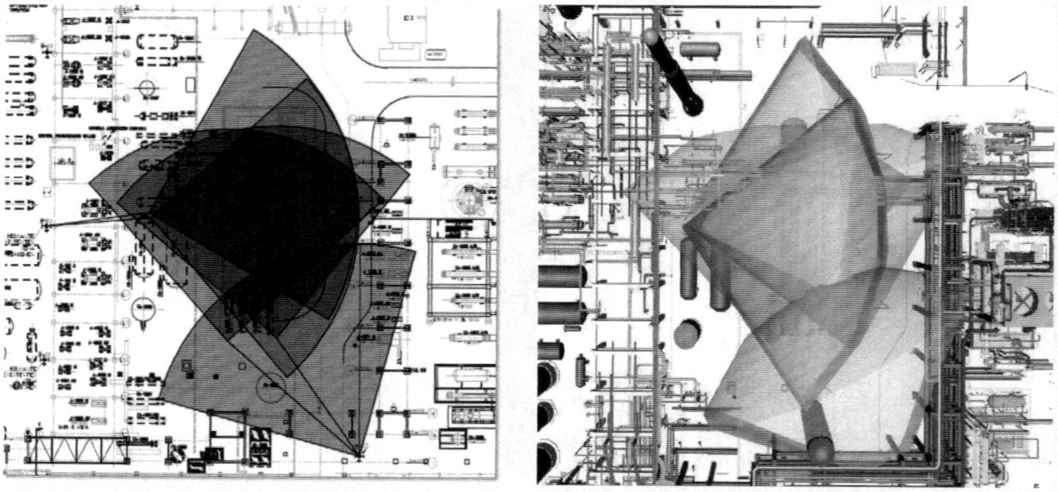

8th LACPS · Universidad Católica Argentina · September 11-13 2018

Validación 3D

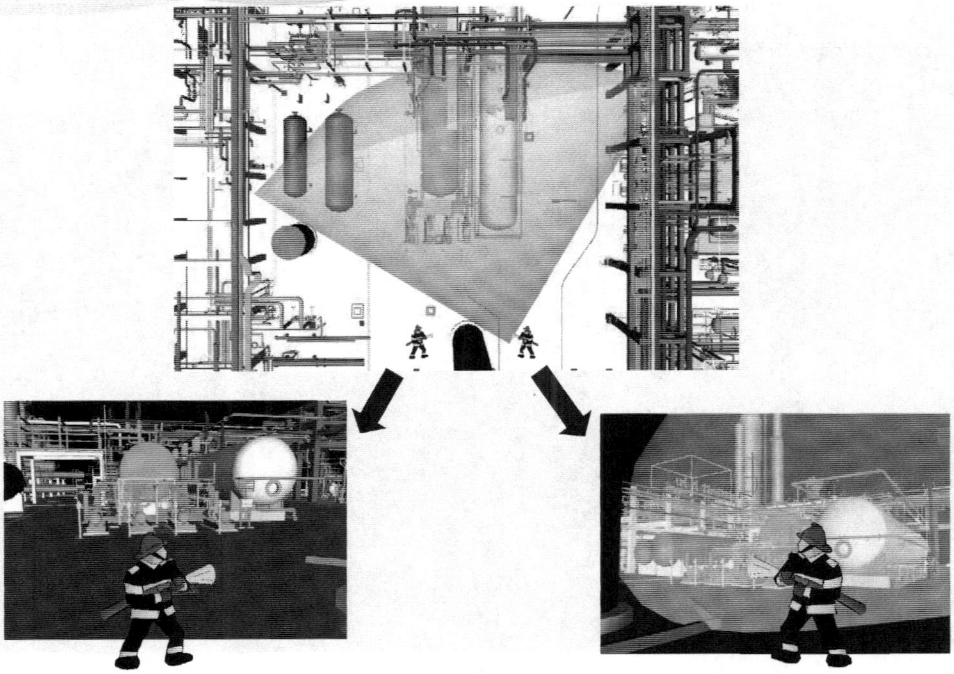

8th LACPS · Universidad Católica Argentina · September 11-13 2018

Validación 3D

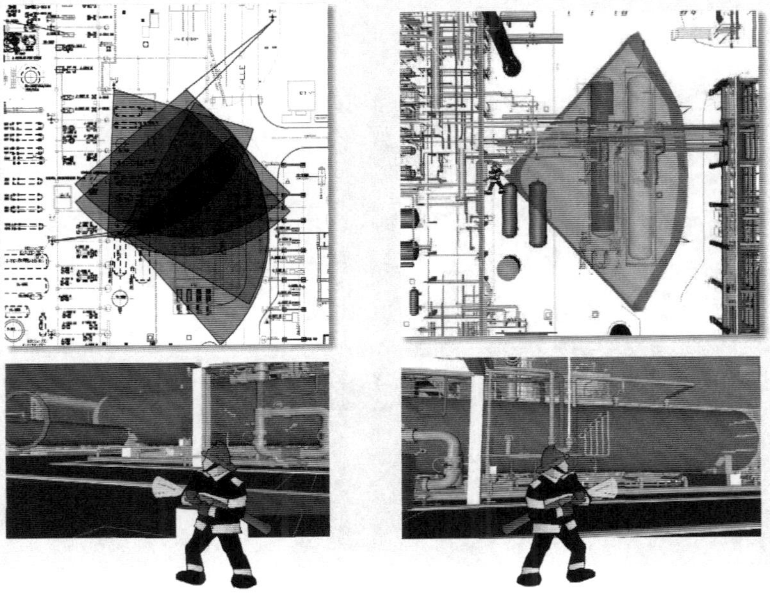

8th LACPS · Universidad Católica Argentina · September 11-13 2018

CCPS An AIChE Technology Alliance Center for Chemical Process Safety

arpel

Validación 3D

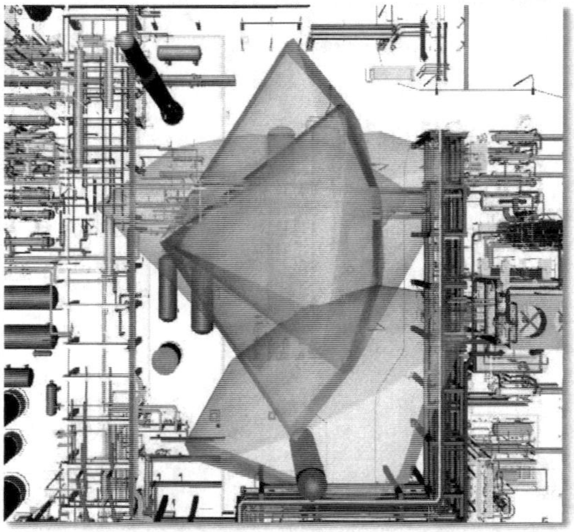

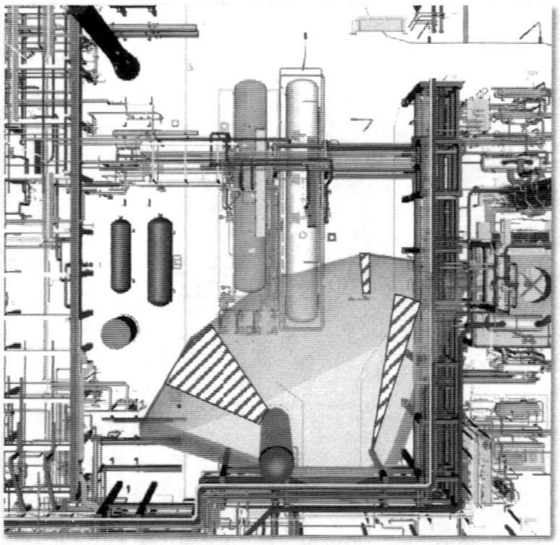

8th LACPS · Universidad Católica Argentina · September 11-13 2018

CCPS An AIChE Technology Alliance Center for Chemical Process Safety

arpel

Validación 3D

Muros cortafuego

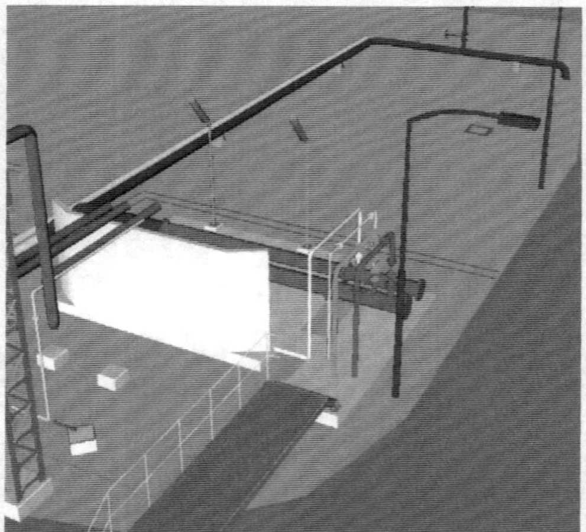

8th LACPS · Universidad Católica Argentina · September 11-13 2018

Validación 3D

Distribución de rociadores

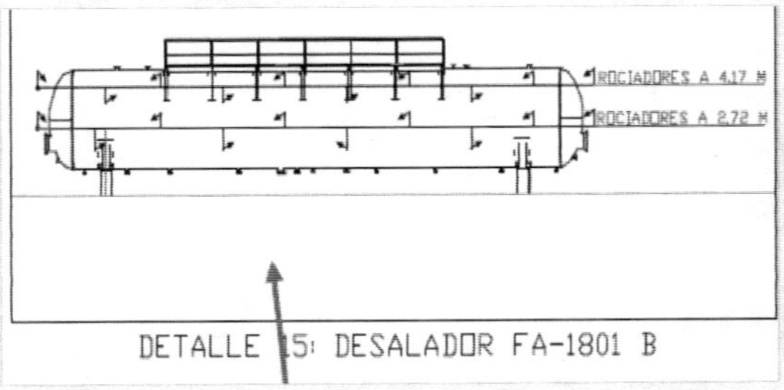

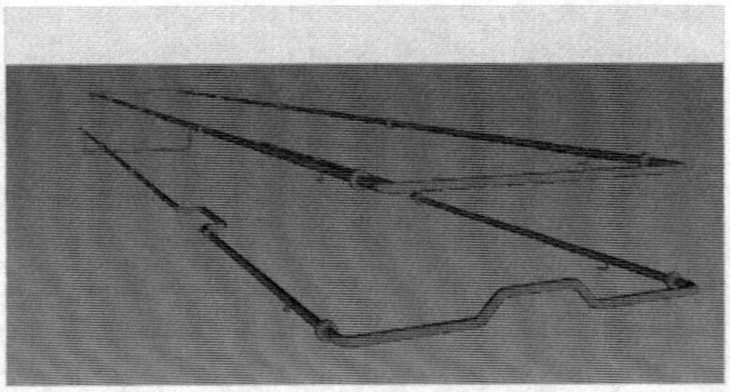

Etapas del diseño

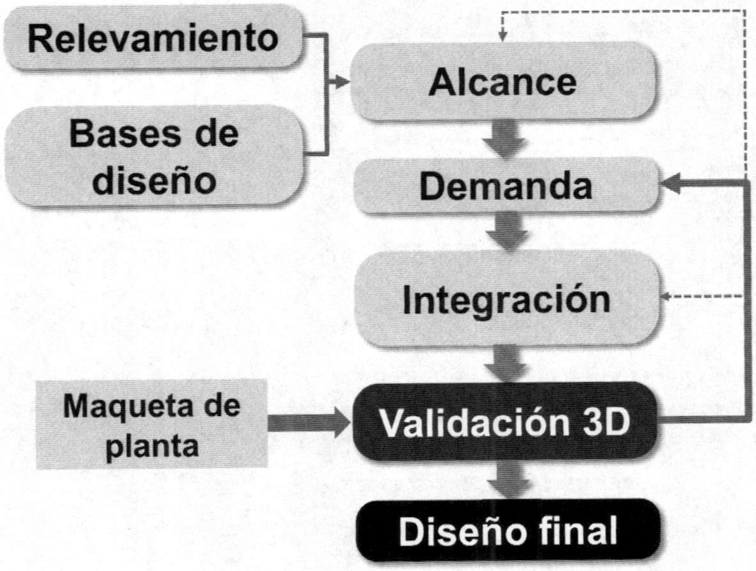

Conclusiones

- Herramienta para verificar accesibilidad y cobertura de elementos del SCI, áreas de circulación, ubicación de bomberos y vías de escape del personal.
- Rapidez en el hallazgo de interferencias.
- Posibilidad de optimización de materiales.
- Visualización sencilla para bomberos y operadores.

8th LACPS · Universidad Católica Argentina · September 11-13 2018

MUCHAS GRACIAS!

AESA

Departamento de Seguridad en el Diseño

Valeria Puértolas
valeria.puertolas@aesa.com

8th LACPS · Universidad Católica Argentina · September 11-13 2018

CCPS An AIChE Technology Alliance Center for Chemical Process Safety

Arpel

Errores Comunes en la selección de Dispositivos de Alivio

Andrea Lorena Gota
BB LHC Process Safety Focal Point
DOW Chemical Company
agota@dow.com

CCPS An AIChE Technology Alliance Center for Chemical Process Safety

Arpel

Agenda

- Introducción.
- Tipos de Dispositivos.
- Casos de estudio.
- Conclusiones.

Introducción

Un sistema de alivio de presión es un dispositivo usado como último recurso para evitar que un equipo presurizado exceda su límite en lo que a presión se refiere, previniendo así de posibles situaciones peligrosas que pueden ocasionar daños materiales y humanos.

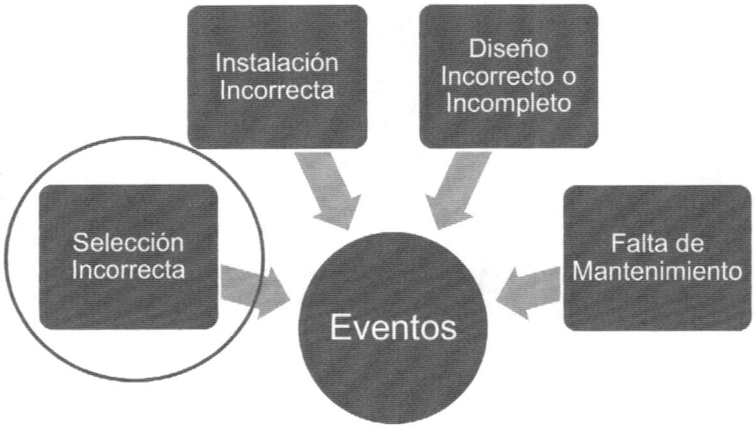

8th LACPS · Universidad Católica Argentina · September 11-13 2018

Tipos de Dispositivos

Tipo Convencional

- Simples y económicas.
- Aplicación en servicios con venteo a la atm.
- La presión de apertura se ve afectada por la contrapresión del sistema.

Tipo Balanceada con fuelle

- Las fuerzas de contrapresión están balanceadas.
- Dentro de los límites del fabricante, no se ven afectadas por la contrapresión (30-45% de la presión de set)

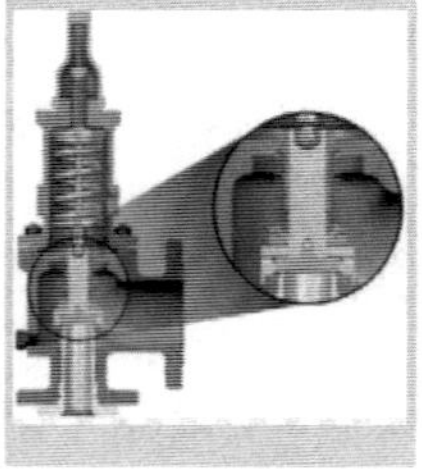

Tipo Pilotadas

- Cuentan con un piloto que controla la apertura y el cierre de la válvula principal, utilizando la presión del sistema.
- No se ven afectadas por la contrapresión.

Discos de Ruptura

- Tienden a estallar muy fácilmente.
- Son altamente confiables para protección contra sobrepresión, pero poco confiables desde otras perspectivas.

De Presión y Vacío

- Se utiliza para la ventilación de tanques de almacenamiento de líquidos que deben estar herméticamente cerrados.
- Se conocen comúnmente como válvulas de "respiración".

8th LACPS · Universidad Católica Argentina · September 11-13 2018

- PSV pilotada en servicio potencialmente sucio o corrosivo.
- Dispositivos de alivio convencionales en servicios de polímeros o direccionados al cabezal de antorcha.
- Discos de ruptura en sistemas llenos de líquido o utilizados cuando un PSV es una opción igualmente aceptable.
- Falta de dispositivo por vacío como respaldo para los discos de ruptura en el servicio de presión cíclica.

- Flujo de líquido al cabezal de antorcha.
- Riesgo de exposición toxica debido a la liberación a la atmósfera.
- Generar liberaciones ilimitadas de líquido inflamable a la atmósfera.

- No utilizar los materiales estándar del vendedor, cuando sea aceptable.
- Usar material para fuelles, susceptibles a fallas prematuras debido a la fatiga del metal.
- Especificación errónea de partes blandas (o-rings) en POSV.

Casos de Estudio

Caso 1

Utilizar una PSV Convencional con una Presión de Set demasiado cercana a la presión de operación del sistema

- **Secuencia del evento:**
  Picos de presión a más de 300 PSIG
  Apertura de la PSV (Pset = 288 psig)
  La Presión de Operación retorna a 225 psig
  PSV no vuelve a asentarse
  El recipiente colector atmosférico se llena con líquido y derrama nafta en el área del horno.

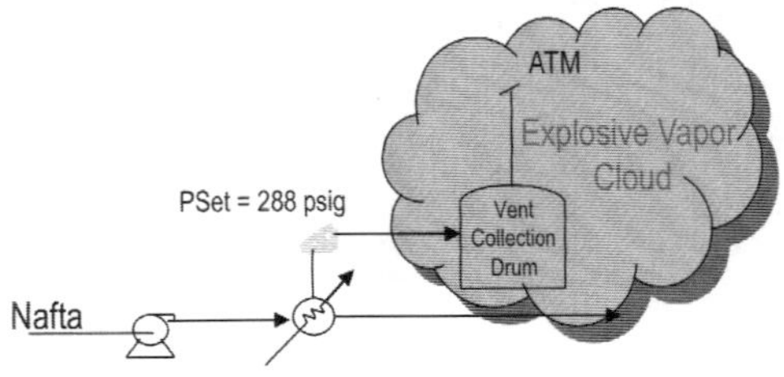

"¿No es siempre seguro operar hasta el 90% de la presión de set establecida para una PSV, si podemos evitar que la presión del sistema exceda ese valor?"

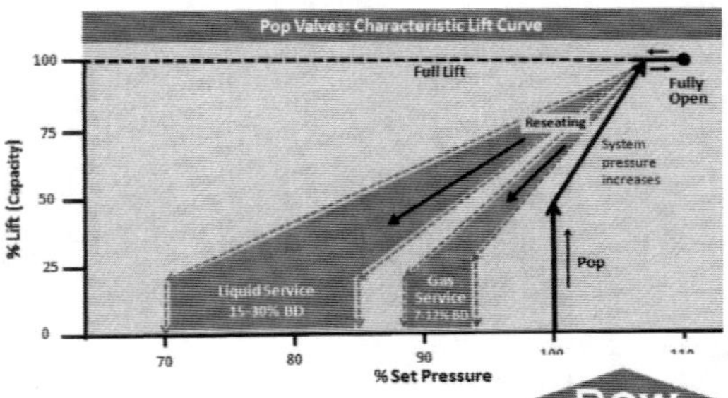

Sí, si todo lo que se tiene son escenarios de vapor. Pero si el PSV se abre durante un escenario líquido, es posible que no pueda volver a cerrar.

Caso de Estudio 1 (Cont.)

Consideraciones:

- Asegurar siempre que exista un margen seguro entre la presión de set y la presión de operación, para que la válvula pueda volver a cerrarse.
- Considerar si existen escenarios de alivio de líquidos asociados a las PSV diseñadas para un escenario de vapor. Si es así, tener en cuenta el punto anterior.
- Chequear la posibilidad de tener un escenario de líquidos inflamables liberados a atm - Evaluación LOPA necesaria.
- Alternativa, analizar la posibilidad de instalar una PSV pilotada.

Casos de Estudio

Caso 2 Utilizar una PSV como protección por escenario de fuego en recipientes llenos de gas/vapor.

- La PSV protege de otros escenarios, pero es incapaz de proteger el recipiente, o retrasar la falla, durante un incendio.

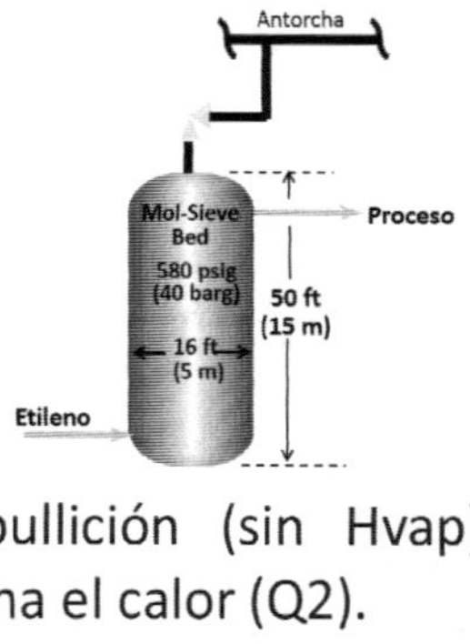

- Si no hay punto de ebullición (sin Hvap), esencialmente no se elimina el calor (Q2).
- Si no se elimina el calor, la temperatura de la pared del recipiente continúa aumentando sin cesar.

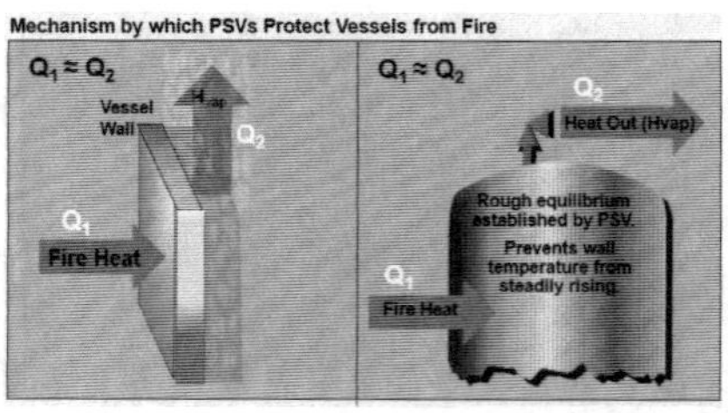

Caso de Estudio 2 (Cont.)

Consideraciones:

No se debe utilizar una PSV como protección por escenario de fuego en los siguientes casos:

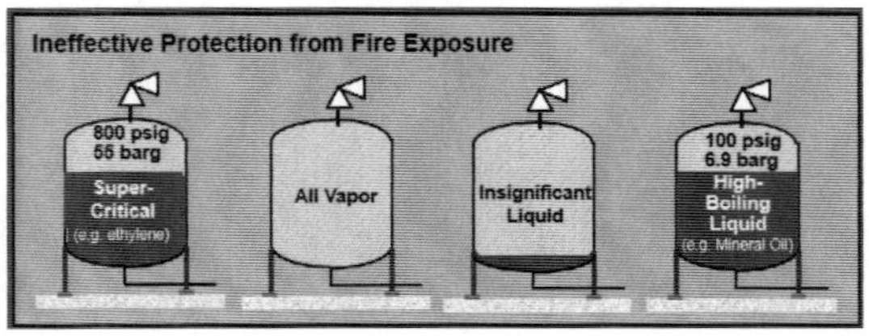

Los cálculos de dimensionamiento de incendios de PSV no son válidos ya que están basados en el Calor de Vaporización (Hvap) del fluido.

Alternativa: Instale un PSV pequeña para el cumplimiento del código y considere medidas de protección que brinden una protección real. Usar una o cualquier combinación de las mismas.

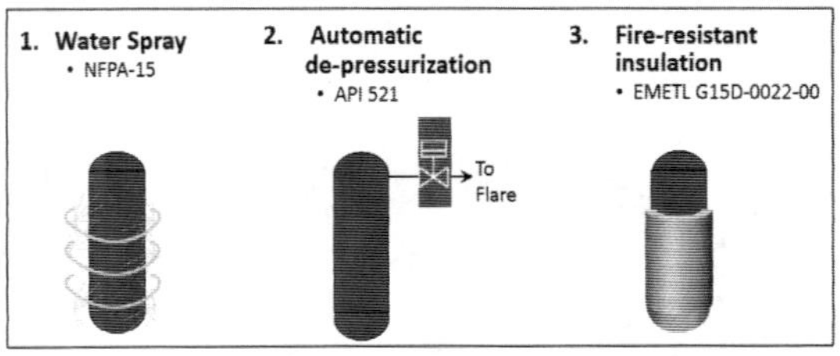

Casos de Estudio

Caso 3 Temperatura de estallido incorrecta para discos de ruptura.

- Temperatura de estallido incorrecta para discos de ruptura, los cual puede provocar un gran desvío en la presión de estallido deseada. No se reconoce la sensibilidad entre la presión de estallido y la temperatura del disco.

Ej: Disco de acero inoxidable especificado para estallar a 200 psig. La temperatura de la explosión fue especificada a 70 F.

A 400F, este disco estalló en el 78% de presión de estallido seteada, a 156 psig !!

El Inconel tiene un comportamiento más estable respecto a la temperatura, por lo cual se prefieren los discos de este material. Por cierto, la diferencia de costo es insignificante.

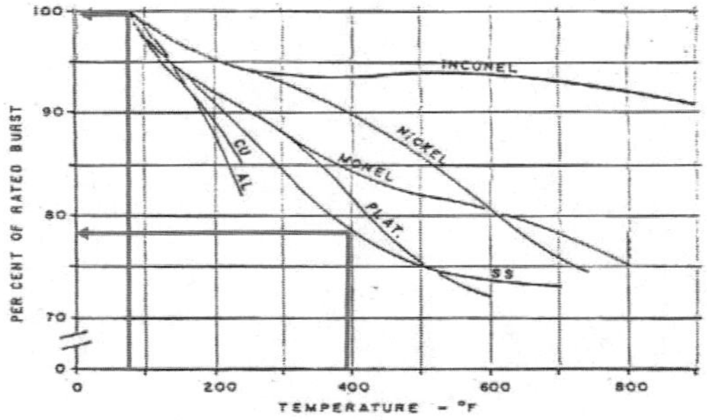

Conclusiones

Las Condiciones Claves para una Segura Implementación y Selección de los Dispositivos de Alivio son:

- Conocer el proceso, tener antecedentes y datos de Planta precedentes al análisis y evaluación (eventos NearMiss, etc.)
- Una adecuada selección del escenario creíble más desfavorable (LOPA, HAZOP, etc.)
- Contar con la opinión de expertos para el análisis de riesgo, definir el escenarios y evaluar la mejor opción de diseño del sistema de alivio de presión.
- Conocer las características de los distintos dispositivos de alivio, sus ventajas y desventajas.
- Utilizar herramientas para el diseño y la selección de los dispositivos de alivio.
- Capacitación.
- Usar normas internacionales (API 521, 520) y RAGAGEP (buenas prácticas de ingeniería reconocidas y generalmente aceptadas)

8th LACPS · Universidad Católica Argentina · September 11-13 2018

Preguntas?

Muchas gracias!

8th LACPS · Universidad Católica Argentina · September 11-13 2018

8ª CONFERENCIA LATINOAMERICANA DE SEGURIDAD DE PROCESOS DEL CCPS

CORTEVA agriscience
Agriculture Division of DowDuPont™

DUPONT®

The Use of Drones in Process Hazard Analysis Studies - Case Study

Eduardo Francisco and Sergio Ferreira

CORTEVA agriscience
Agriculture Division of DowDuPont™

DUPONT®

8ª CONFERENCIA LATINOAMERICANA DE SEGURIDAD DE PROCESOS DEL CCPS

Steps to Conduct a PHA

- Types of hazard study analysis
  - New facilities reviews - projects
  - Management of change of processes hazard reviews
  - Existing facilities hazards review
  - Idle facilities hazards review
  - Dismantling of facilities hazards review
- Planning and preparing to conduct a process hazards analysis

Steps to Conduct a PHA – cont.

- Process hazards identification
  - The hazards of the process (relevant to all phases of operation) must be identified and listed in the initial stages of the PHA to help focus the discussion;
  - Hazards are typically inherent to the specific chemicals used or produced in the process(e.g.,flammability, toxicity, reactivity, and corrosivity) and/or their conditions of use (e.g.,high pressure or temperature) in the process under review;
  - **But not limited...**

CORTEVA agriscience
Agriculture Division of DowDuPont™
DUPONT
8ª CONFERENCIA LATINOAMERICANA DE SEGURIDAD DE PROCESOS DEL CCPS

Hazard Identification

- Process hazards identification
  - Field tour
    - PHAs done in connection with existing facilities the PHA team shall conduct a field tour of the facilities being studied;
    - Major modifications done as part of project or;
    - MOC activities

Field Tour

- Is it easy to walk?

CORTEVA agriscience
Agriculture Division of DowDuPont™
DUPONT
8ª CONFERENCIA LATINOAMERICANA DE SEGURIDAD DE PROCESOS DEL CCPS

Field Tour

- Is it easy to walk and see in all views?

8ª CONFERENCIA LATINOAMERICANA DE SEGURIDAD DE PROCESOS DEL CCPS

Field Tour

- **And during a dismantling process? What to do?**
- **How to conduct safely field tour to conduct a PHA?**

8ª CONFERENCIA LATINOAMERICANA DE SEGURIDAD DE PROCESOS DEL CCPS

Field Tour

- Is it easy to walk and see in all views?
- What about the safety of the PHA walking in such structures?

Field Tour

- Is it easy to walk and see in all views?

Esta Foto Copyright E.I. DuPont de Nemours & Co. Todos direitos reservados

CORTEVA agriscience
Agriculture Division of DowDuPont™
DUPONT
8ª CONFERENCIA LATINOAMERICANA DE SEGURIDAD DE PROCESOS DEL CCPS

Field Tour

- The solution ...
- Video embedded...

Esta Foto de Autor Desconhecido está licenciado em CC BY-SA

Risk Analysis – Flight Plan

- What-If for flight plan
  - Develop a risk analysis for all steps of flight
- Weather considerations
- Ability to fly considerations - Execute flight checklist as a pilot
- Radio frequency interferences
- Classified area considerations
- Insurance considerations
- Drone specification and start up procedures
- Can be time consuming
- Local authority restrictions of usage

8ª CONFERENCIA LATINOAMERICANA DE SEGURIDAD DE PROCESOS DEL CCPS

Permit - Brazil

REPÚBLICA FEDERATIVA DO BRASIL
FEDERATIVE REPUBLIC OF BRAZIL

AGÊNCIA NACIONAL DE AVIAÇÃO CIVIL
NATIONAL CIVIL AVIATION AGENCY

ANAC

CERTIDÃO DE CADASTRO DE AERONAVE NÃO TRIPULADA – USO RECREATIVO
UNMANNED AIRCRAFT REGISTER CERTIFICATE - RECREATIONAL

Esta certidão de cadastro, emitida de acordo com o RBAC-E nº 94, é válida até **02/05/2020**, salvo em caso de cancelamento, suspensão ou revogação pela Autoridade de Aviação Civil Brasileira.

This Register Certificate, issued in accordance with RBAC-E nr. 94, shall remain valid until ***05/02/2020****, unless it is cancelled, suspended or revoked by the Brazilian Civil Aviation Authority.*

Operador *(Operator)*
Sergio Luis Correa Ferreira

CPF (document):
[redacted]

Nº do cadastro ***(Register Number)*****:**
PR-[redacted]

Uso *(Purpose)*: recreativo *(recreational)*
Fabricante *(Maker)*: DJI
Modelo *(Model)*: Mavic
Nº de série *(Serial Number)*: 0K1DECD2BC0087
Peso máximo de decolagem *(MTOW)*: 1,00 kg
Foto *(Picture)*:

O descumprimento da regulamentação aplicável pode ensejar consequências administrativas, civis e/ou criminais para o infrator.

Informações adicionais *(additional information)*:
Drone Mavic Air da DJI

PHA with drones

BEFORE

AFTER

CORTEVA agriscience
Agriculture Division of DowDuPont™

8ª CONFERENCIA LATINOAMERICANA DE SEGURIDAD DE PROCESOS DEL CCPS

DuPont Brazil Drone Usage

1- Dismantling of idle/abandoned facilities.

- It was possible to the PHA team when reviewing the videos taken, stop when necessary and check details helping to identify hazards or review them.
- It was possible to the PHA team clarify doubts that were arisen during the PHA by asking a specific drone flight in a specific area or equipment.

2- Cyclic PHAs.

Same approach as in the previous item.

3- We had no incidents while using the drones.

4- We observed that we have improved the number of hazards and scenarios identified in the PHAs. We changed the perspective of the PHA teams.

CORTEVA agriscience
Agriculture Division of DowDuPont™

8ª CONFERENCIA LATINOAMERICANA DE SEGURIDAD DE PROCESOS DEL CCPS

Conclusions

1- The use of drones helps to improve the efficacy on identifying hazards in PHA studies. Also, the Consequence Analysis and Facility Sites studies are better seen with videos taken.

2- The use of drones speed up the field tour chapter of the PHA studies.

3- The use of drones by framing and closing up views increases the ability to identify hazards through the PHA chapters.

4- Even that with evident advantages, there aspects to consider when using drones:

- Training and skills of the drone operator.
- Radio frequency interference to plant instruments and instrumented systems.

5- Future: Other uses specially in inspection and maintenance of equipment by installing other devices on the drone like infrared thermal detectors, sound pressure detectors, etc...

Eduardo Francisco DRONE Video

CORTEVA agriscience
Agriculture Division of DowDuPont™
DUPONT
8ª CONFERENCIA LATINOAMERICANA DE SEGURIDAD DE PROCESOS DEL CCPS

Thank You!

Adaptando La Metodologia De Matriz-Causa-Efecto a Sus Sistemas Instrumentados De Seguridad (SIS) Para Reducir Errores Humanos Durante La Ingenieria, Las Operaciones y Mas Alla

8TH CCPS LATIN AMERICAN CONFERENCE ON PROCESS SAFETY

Conference: CCPS Latin American Conference on Process Safety

Year: 2018

Proceeding: 8th CCPS Latin American Conference on Process Safety

Group: General Program

Session: Process Safety Technology

Time: Wednesday, September 12, 2018 - 2:00am-2:30am

Authors:

Garcia, L., ISA

Un sistema Instrumentado de Seguridad (SIS) se utiliza para implementar una o más Funciones Instrumentadas de Seguridad (SIF por sus siglas en inglés)[1] las cuales están diseñadas para reducir los chances de ocurrencia de un evento peligroso (Riesgo) al reducir la frecuencia de un probable accidente. La cantidad en que el riesgo reducido, es representado en una SIF por su nivel de rendimiento o SIL. La SIF está diseñada para detectar cuando el proceso alcanza una condición peligrosa y responde en concordancia para llevar el mismo a una condición segura, y así prevenir el indeseable evento. Sin embargo existen estudios que demuestran que más del 50% de los problemas encontrados en SIFs están relacionados a fallas sistemáticas introducidas por errores humanos. Mientras que hay en el mercado varios sistemas que ostentan certificaciones SIL 3 (al menos solo una falla en mil oportunidades), es demasiado frecuente como la interacción con programadores y operadores, convierten a estos sistemas en dispositivos completamente inútiles. Sin embargo, existe una metodología Causa-Efecto que puede minimizar dichas fallas sistemáticas a todo lo largo del ciclo de vida de seguridad funcional de un SIS.

[1] IEC 61511-1:2016, page 26 - 3.2.66 Safety Instrumented Function - SIF

YPF

Operación Basada en Riesgo en Vaca Muerta

Upstream – No convencional

Victor Cabanne

YPF

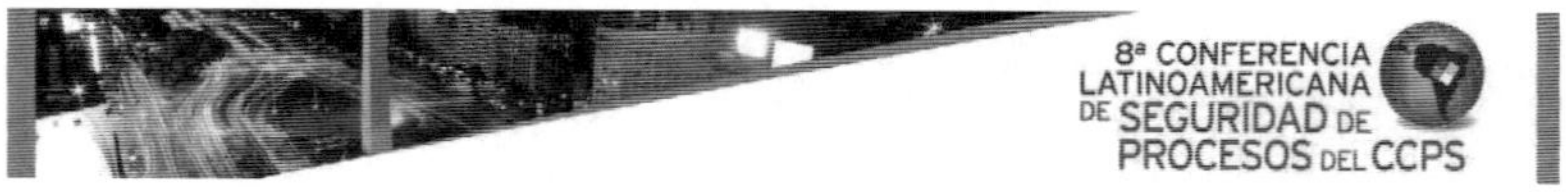

AGENDA

- INTRODUCCION
- PLANTEO DEL PROBLEMA
- DESARROLLO
- RESULTADOS
- CONCLUSIONES

INTRODUCCIÓN

● Sala de control
● Instalaciones de superficie (IISS)

POZOS	IISS	TAGS	SUPERVISOR
670 TOTAL	13 TOTAL	50K TOTAL	1 TOTAL

YPF
8ª CONFERENCIA LATINOAMERICANA DE SEGURIDAD DE PROCESOS DEL CCPS

INTRODUCCIÓN

Supervisor de sala de control

YPF

8ª CONFERENCIA LATINOAMERICANA DE SEGURIDAD DE PROCESOS DEL CCPS

AGENDA

- INTRODUCCION
- PLANTEO DEL PROBLEMA
- DESARROLLO
- RESULTADOS
- CONCLUSIONES

YPF

8ª CONFERENCIA LATINOAMERICANA DE SEGURIDAD DE PROCESOS DEL CCPS

PLANTEO DEL PROBLEMA

- Escenario de crecimiento exponencial
- Modalidad de supervisión
- Incidentes de proceso

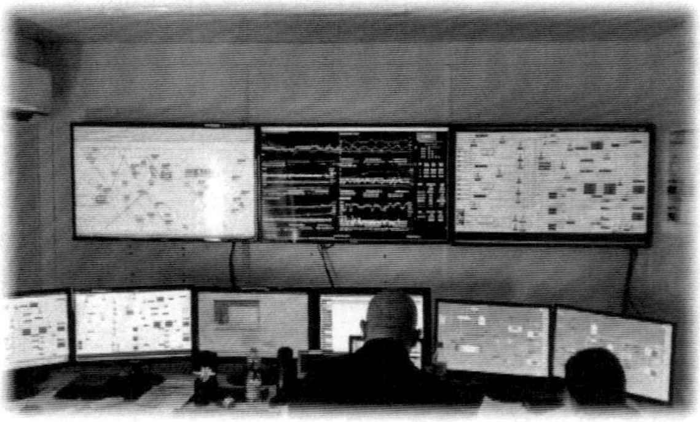

Sala de control. Año 2014

PLANTEO DEL PROBLEMA

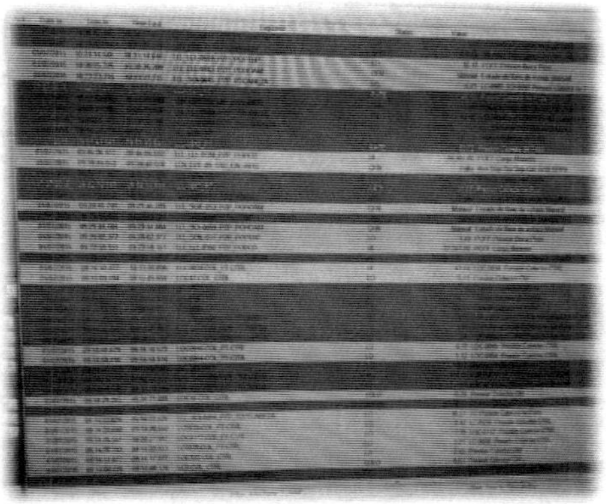

Pantalla de alarmas. Año 2015

- Cambio de filosofía de operación
- Sistema de alarma sobrecargado
- Desarrollo de **Sistema de gestión**

YPF

8ª CONFERENCIA LATINOAMERICANA DE SEGURIDAD DE PROCESOS DEL CCPS

AGENDA

INTRODUCCION

PLANTEO DEL PROBLEMA

DESARROLLO

RESULTADOS

CONCLUSIONES

YPF

8ª CONFERENCIA LATINOAMERICANA DE SEGURIDAD DE PROCESOS DEL CCPS

DESARROLLO

Cambio de filosofía de operación

Lanzamiento | Estabilización | Consolidación

PROYECTO RACIONALIZACIÓN

2014 | 2015 | 2016 | 2017 | 2018

Desarrollo de filosofía de alarmado

YPF

8ª CONFERENCIA LATINOAMERICANA DE SEGURIDAD DE PROCESOS DEL CCPS

DESARROLLO

Lanzamiento **2015** | **Estabilización** **2016** | Consolidación 2017

- ✓ Grupo interdisciplinario
- ✓ Herramientas de gestión
- ✓ Implementación de Métricas y reportes diarios

YPF

8ª CONFERENCIA LATINOAMERICANA DE SEGURIDAD DE PROCESOS DEL CCPS

DESARROLLO

Lanzamiento	**Estabilización**	Consolidación
2015	**2016**	2017

2015

- Resolución De "Malos Actores" Según Peso En Ranking
- Definición de alarmas Por Falla De Instrumentos
- ***Alarmado Dinámico De Presión En Pozos Surgentes***

2016

- Redefinición De Alarmas Y Eventos De Pozos
- ***Administración De Inhibiciones Temporales***
- Mejoras En Infraestructura De Comunicaciones

YPF

8ª CONFERENCIA LATINOAMERICANA DE SEGURIDAD DE PROCESOS DEL CCPS

DESARROLLO

Lanzamiento	Estabilización	**Consolidación**
2015	2016	**2017**

CIC - Centro Integral de Control. Año 2017

✓Creación del CIC

✓Fichas de alarmas

✓Manual de respuesta

YPF

8ª CONFERENCIA LATINOAMERICANA DE SEGURIDAD DE PROCESOS DEL CCPS

DESARROLLO

Lanzamiento — 2015
Estabilización — 2016
Consolidación — **2017**

2017

- Redefinición de alarmas en instalaciones
- Ajuste/optimización de los sistemas de control
- Redefinición de Prioridades De Alarmas

YPF

8ª CONFERENCIA LATINOAMERICANA DE SEGURIDAD DE PROCESOS DEL CCPS

AGENDA

- INTRODUCCION
- PLANTEO DEL PROBLEMA
- DESARROLLO
- **RESULTADOS**
- CONCLUSIONES

YPF

8ª CONFERENCIA LATINOAMERICANA DE SEGURIDAD DE PROCESOS DEL CCPS

RESULTADOS

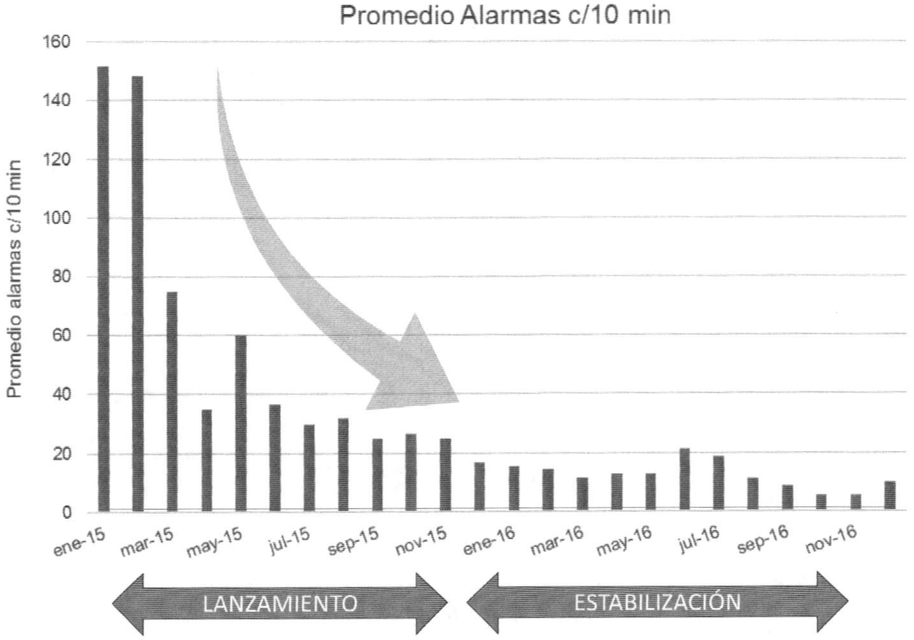

YPF

8ª CONFERENCIA LATINOAMERICANA DE SEGURIDAD DE PROCESOS DEL CCPS

RESULTADOS

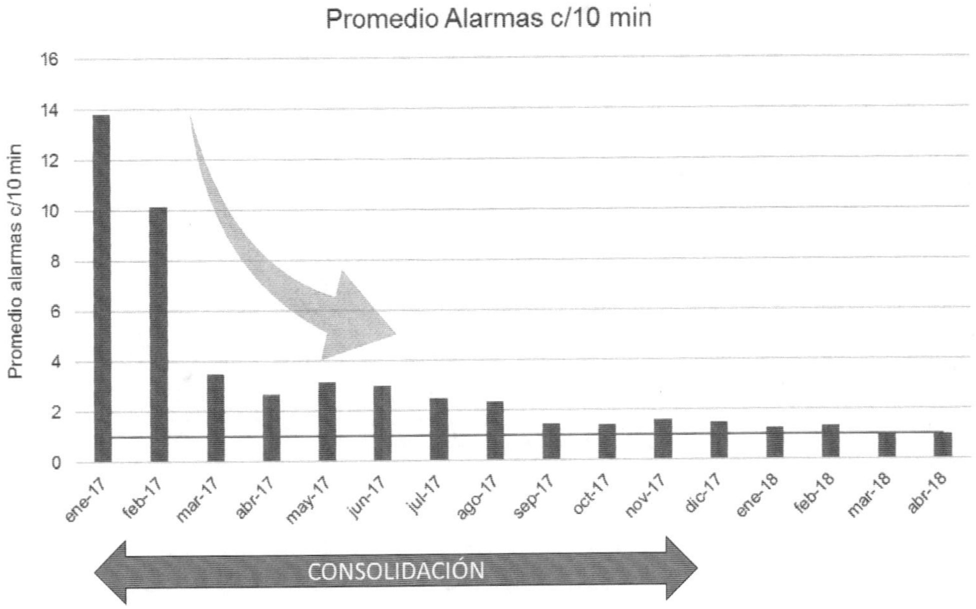

YPF

8ª CONFERENCIA LATINOAMERICANA DE SEGURIDAD DE PROCESOS DEL CCPS

RESULTADOS

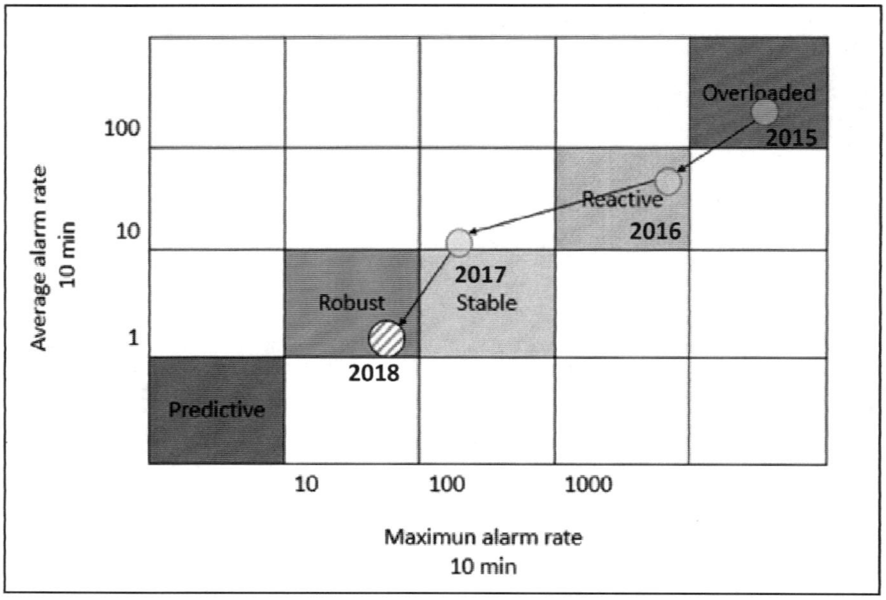

YPF

8ª CONFERENCIA LATINOAMERICANA DE SEGURIDAD DE PROCESOS DEL CCPS

AGENDA

- INTRODUCCION
- PLANTEO DEL PROBLEMA
- DESARROLLO
- RESULTADOS
- **CONCLUSIONES**

YPF

8ª CONFERENCIA LATINOAMERICANA DE SEGURIDAD DE PROCESOS DEL CCPS

CONCLUSIONES

- Se comprobó que el sistema es excelente como modelo para la gestión de producción de petróleo y gas no convencional
- Se mejoró la calidad de supervisión de instalaciones y se logró una optimización de recursos en sala de control
- El manejo por excepción requiere de un sistema de alarmas robusto
- Cambio cultural logrado

YPF

8ª CONFERENCIA LATINOAMERICANA DE SEGURIDAD DE PROCESOS DEL CCPS

Autores

Juan Ignacio Alvarez Claramunt
Fernando Chialva
Julio Sernaglia
Nicolas Sorroche
Luis Kirs

YPF

MUCHAS GRACIAS

Veronica Turner
Sept. 11, 2018

Increase Performance and Safety by Investing in the Human Asset

Honeywell

The Balancing Act

2

Safety: A bottom line issue

- Financial losses
- Cost of unexpected events and lost of production

Profitable operations are safe operations. That's why investments in safety technology is so worthwhile

But investments in technology will be wasted without well-trained staff

http://www.icheme.org/media_centre/news/2014/cost-of-poor-hydrocarbon-process-safety-tops-us$34-billion.aspx
http://oilandgasuk.co.uk/wp-content/uploads/2017/07/Health-Safety-Report-2017-Oil-Gas-UK.pdf

3

The Paradox of Automation

More sophisticated processes

More Opportunities for Error

Still more Automaton

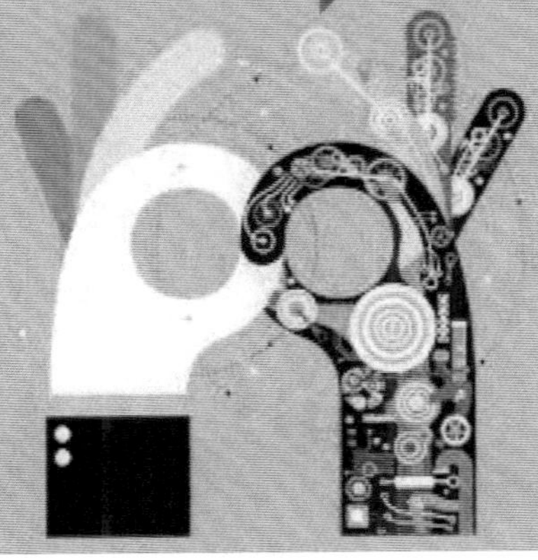

4

People: Your Greatest Asset… or Your Biggest Problem

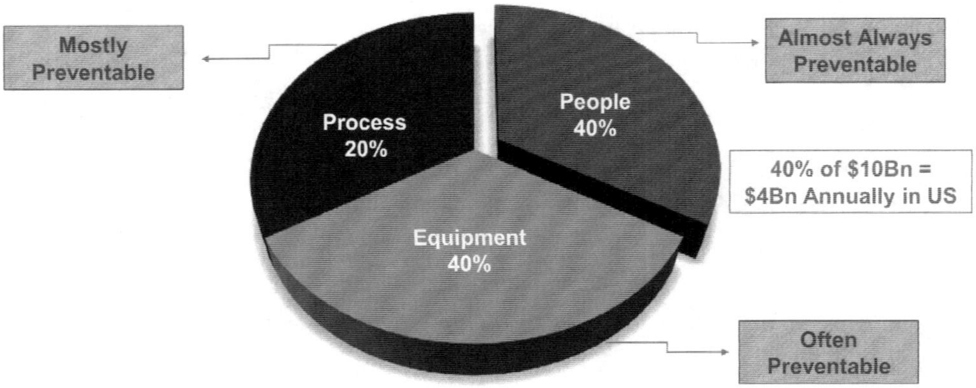

The Human Affect

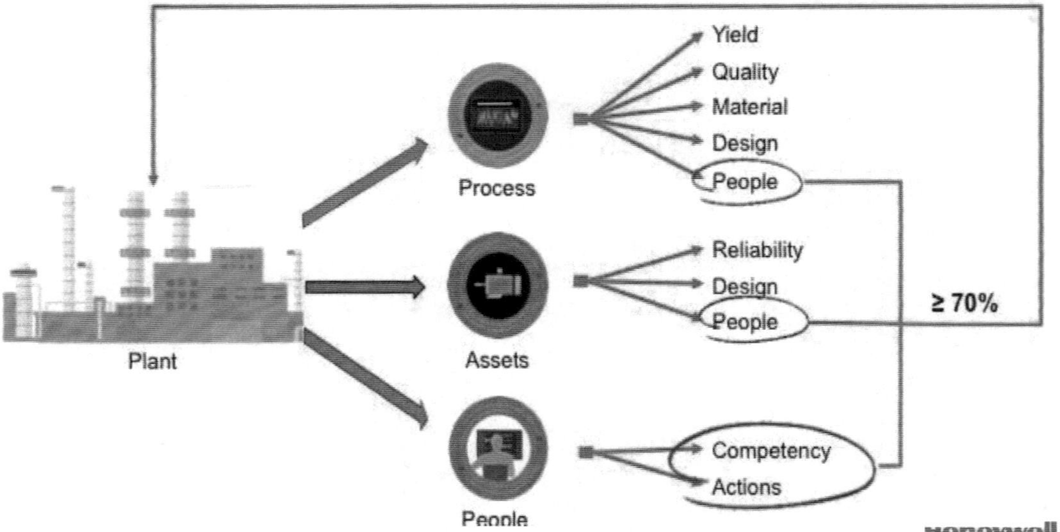

Honeywell THE POWER OF CONNECTED

Sources of Abnormal Situations & Upsets

Competency	Actions
Incorrect Installation	Poor Field Execution
Failure to Recognize Problems	Failure to Follow Procedures
Inability to Detect Problems	Poor Communications
Inadequate Work Practices	Taking Incorrect or Inadequate Actions
System Design Flaws	No or Poor Procedures
Mechanical Failure	Improper Maintenance Performed
Operating Beyond Design Limits	Lack of Preventive Maintenance
Process Design Flaws	Failure to Detect Problems

Honeywell
THE POWER OF CONNECTED

The Demographic Cliff

- As the Boomer's go, so does their knowledge
  - United States
    - 10,000 Baby Boomers will turn 65 today
    - 10,000 more will retire every day for the next 10+ years
  - US isn't alone! Percentage of population over 65 by 2030
    - Japan – 33%
    - Germany – 30%
    - Italy – 25%
    - Poland – 23%
    - Ukraine, Spain & UK -- 22%
    - Canada – 25%
    - Russia – 20%
    - China 18%
    - Argentina 13%
- In an industry where ARC says 60% of the installed base is obsolete.

https://www.indec.gob.ar/nivel4_default.asp?id_tema_1=2&id_tema_2=24&id_tema_3=84

Honeywell
THE POWER OF CONNECTED

Transformative Learning Impact

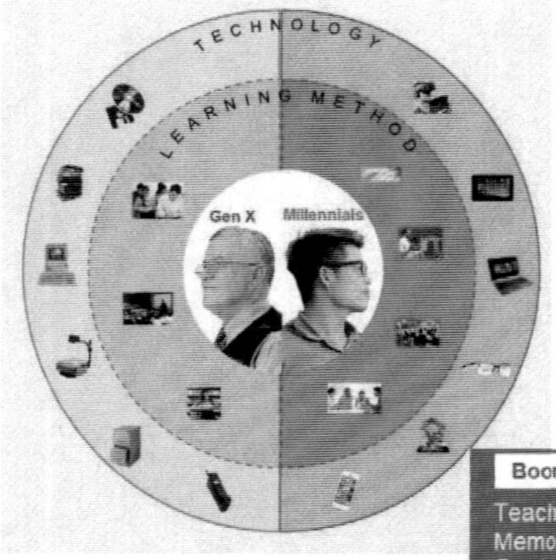

A mixed generational workplace brings radically different ways of working and learning.

Boomer / Gen X		Millennials	
Teacher Directed	Direct Instruction	Student Centered	Interactive
Memorize	Facts & Principles	Understand	Question & Problem
Grade Based	Time Slotted	Reward Based	On Demand
Student Equal	Summative Test	Personal Strength	Formal Evaluation

Honeywell
THE POWER OF CONNECTED

Practice Makes Perfect

The younger generation are also bringing differences in learning style.

Learning Pyramid

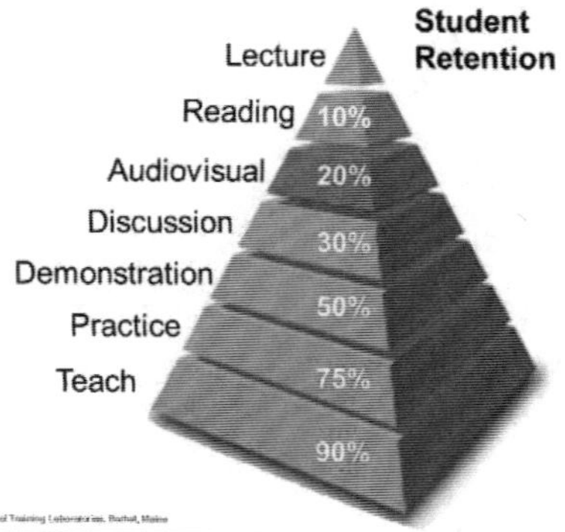

Source: National Training Laboratories, Bethel, Maine

Immediate application of learned skills can increase retention by up to 15 times compared to classroom-based lectures.

http://www.apa.org/monitor/2010/03/undergraduates.aspx

Honeywell
THE POWER OF CONNECTED

Reduced Learning Curve and Increased Performance

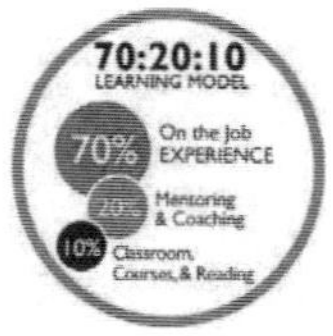

Traditional Methods

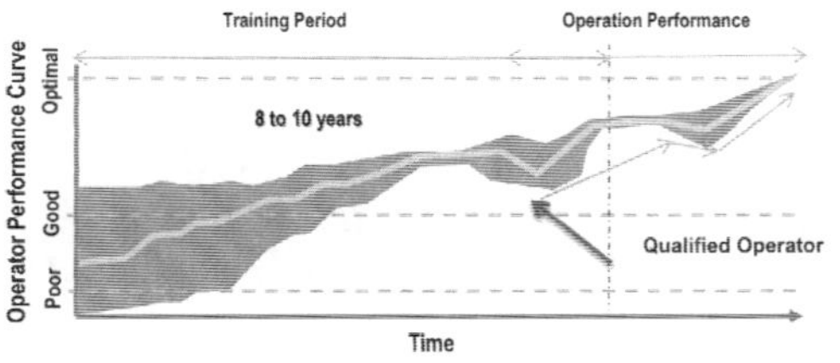

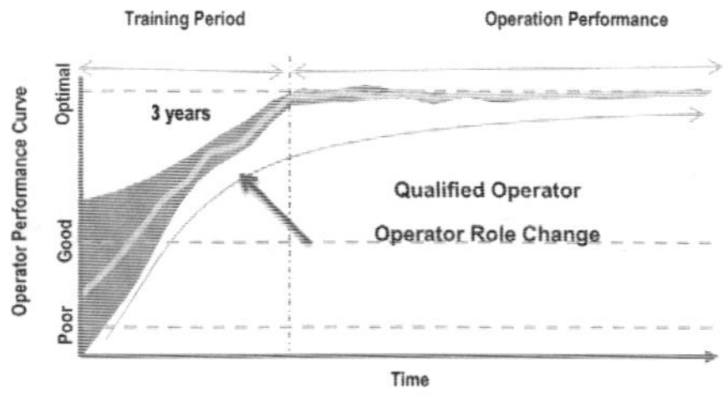

Honeywell
THE POWER OF CONNECTED

11

Key Technology for a New Generation of Safety

Key technologies will help the process industries meet the challenges

- **Immersive Competency**
- **Operations Training Simulators**
- **Intelligent Wearables**

Honeywell
THE POWER OF CONNECTED

12

Driving up Standards

- The flexibility these new technologies bring means we are also eroding the distinction between working and learning. This means we can get people into the field faster, with the basic knowledge they need, and access to information and support when they encounter more complex tasks.

Profitable operations are safe operations. That's why investments in safety technology and maintaining a well-trained staff is so worthwhile.

13

Thank You!

Honeywell
THE POWER OF **CONNECTED**

Veronica Turner
Connected People
Business Development Leader Americas
honeywell.com
@honeywell

Honeywell Process Solutions
1250 West Sam Houston Parkway S.
Houston, TX 77042
+832-270-1533 **Mobile**
+832-252-5378 **Office**
veronica.turner2@honeywell.com

Honeywell
THE POWER OF **CONNECTED**

PPR
PREVENCIÓN, PREPARACIÓN
Y GESTIÓN DE RIESGOS

REALMENTE TENEMOS UN PLAN?

Nestor H Spósito
CCPS Staff Consultant
PPR Consultora
Charcas 3734 – Bahía Blanca- Argentina
pprconsultora@gmail.com

PPR
PREVENCIÓN, PREPARACIÓN
Y GESTIÓN DE RIESGOS

AGENDA

- Introducción
- Normativa Internacional de Referencia.
  - NFPA
  - ISO
- Perspectiva del CSB Y CCPS – RBPS-Visión 2020
- Principales falencias de los planes de emergencia
- Conclusiones

PPR
PREVENCIÓN, PREPARACIÓN Y GESTIÓN DE RIESGOS

8ª CONFERENCIA LATINOAMERICANA DE SEGURIDAD DE PROCESOS DEL CCPS

INTRODUCCIÓN

- El AIChE - CCPS (*Center for Chemical Process Safety)* define a PSM como "un sistema de administración enfocado en la prevención de, preparación para, respuesta a, recuperación de una pérdida catastrófica de un producto químico o energía de un proceso en una instalación".
- NFPA 1600
- **1.2* Propósito. Está norma proporciona los criterios fundamentales** para desarrollar, implementar, evaluar y mantener el programa para prevención, mitigación, preparación, respuesta,continuidad y recuperación

PPR
PREVENCIÓN, PREPARACIÓN Y GESTIÓN DE RIESGOS

8ª CONFERENCIA LATINOAMERICANA DE SEGURIDAD DE PROCESOS DEL CCPS

ORIGEN y DESARROLLO de NFPA 1600

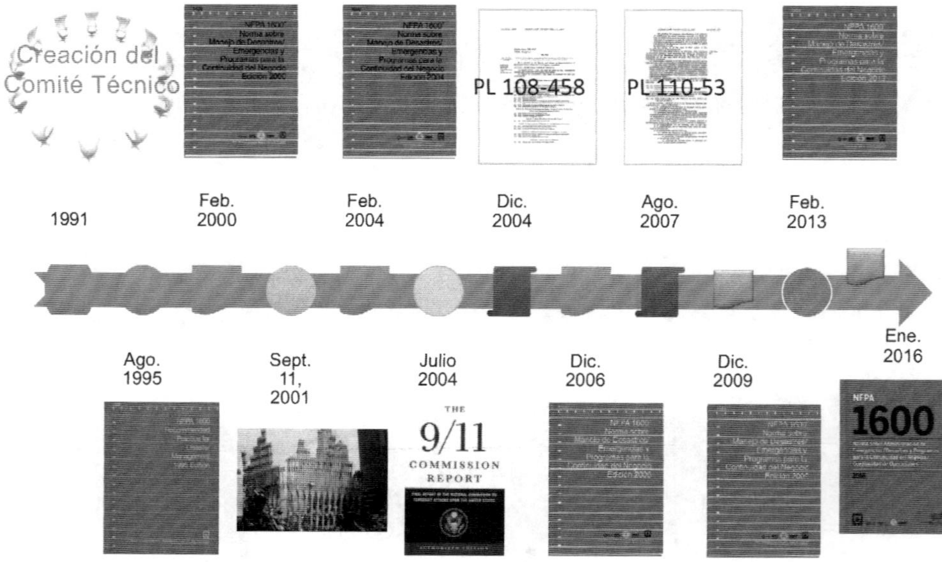

4

NORMATIVA INTERNACIONAL. NORMA NFPA 1600

- Aplicación
  - Públicas
  - Privadas
  - ONG
  - Gobierno
- Edición 2010
  - Liderazgo- Compromiso
  - Lista autoevaluación
- Edición 2013
  - Comunicación e información al público
  - Comunicaciones y advertencias.
- Edición 2016
  - Evaluación de riesgos cuerpo de la norma
- Edición 2019
  - Énfasis en gestión y comunicación de crisis

PPR
PREVENCIÓN, PREPARACIÓN Y GESTIÓN DE RIESGOS
8ª CONFERENCIA LATINOAMERICANA DE SEGURIDAD DE PROCESOS DEL CCPS

NORMATIVA INTERNACIONAL. NORMAS ISO

- Las normas ISO relativas al tema Emergencias y continuidad son aún más recientes que la norma NFPA 1600
- A diferencia de la norma NFPA 1600 donde todos los conceptos y requerimientos están contenidos en un solo documento las normas ISO tienen diseminados todos estos en varias normas

NORMAS ISO

- 22320/2011-Seguridad de la sociedad. Manejos de emergencias. Requisitos para la respuesta a incidentes
  - Requisitos mínimos para una respuesta eficaz a incidentes.
  - Proporciona los elementos básicos para el comando y control, información operacional, coordinación y control dentro de una organización de respuesta a incidentes.
- 22322/2015-Seguridad de la sociedad. Manejo de emergencias. Lineamientos guía para alerta pública
  - Establece un marco para cada actividad en la planificación de la evacuación masiva para todos los peligros identificados
- 22397/2014- Seguridad de la sociedad- Guía para establecer acuerdos de asociación
  - Proporciona principios y un proceso para desarrollar la relación entre las organizaciones en un acuerdo asociativo
  - Mejorar la capacidad de las organizaciones programas de prevención, preparación, respuesta y recuperación

PPR PREVENCIÓN, PREPARACIÓN Y GESTIÓN DE RIESGOS
8ª CONFERENCIA LATINOAMERICANA DE SEGURIDAD DE PROCESOS DEL CCPS

NORMAS ISO

- 22398/2013- Seguridad de la sociedad. Lineamientos guía para los ejercicios
  - Describe los elementos para la planificación, realización y mejora de los programas de ejercicios
- 22399/2014- Seguridad de la sociedad. Guía para la gestión de la preparación para incidentes y la continuidad operacional
  - A nuestro criterio esta norma es la que mayor similitud tiene con el enfoque y alcance de la NFPA 1600

8ª CONFERENCIA LATINOAMERICANA DE SEGURIDAD DE PROCESOS DEL CCPS

APRENDIENDO DE LOS ACCIDENTES

- US Chemical Safety Board (CSB)
  - "Planificación y Respuesta a Emergencias" es el nuevo "Most Wanted Safety Improvement" - 15/7/2016,
  - Pobre o inadecuada planificación o respuesta hallazgo recurrente en las investigaciones del CSB,
  - 12 investigaciones del CSB y 46 recomendaciones resultantes destinadas a corregir esas deficiencias,
    - Entrenamiento personal de los GRE,
    - Planes de respuesta comunitarios y los equipos,
    - Uso de sistemas de notificación a la comunidad,
    - Realización de ejercicios de respuesta a emergencias,
    - Intercambio de información entre las instalaciones y GI.

SEGURIDAD DE PROCESOS BASADA EN EL RIESGO

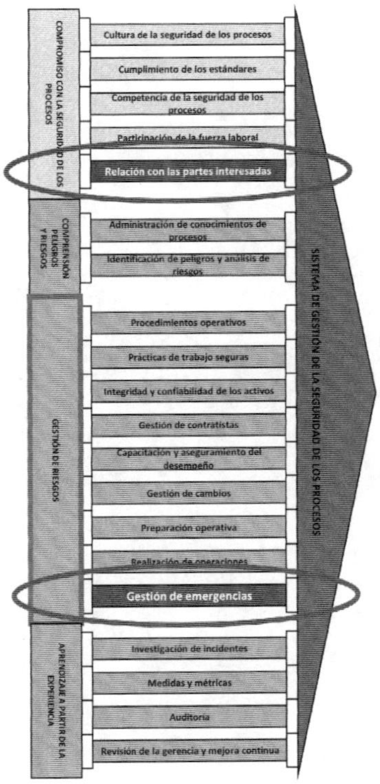

8ª CONFERENCIA LATINOAMERICANA DE SEGURIDAD DE PROCESOS DEL CCPS

SEGURIDAD DE PROCESOS BASADA EN EL RIESGO

Desde la perspectiva de la RBPS, la gestión de emergencias incluye:

- planificar posibles emergencias;
- proveer recursos para ejecutar el plan;
- practicar y mejorar continuamente el plan;
- capacitar o informar a empleados, contratistas, vecinos, Y las autoridades locales sobre qué hacer, cómo se notificarán y cómo notificar una emergencia,
- comunicarse efectivamente con las partes interesadas en caso de que ocurra un incidente

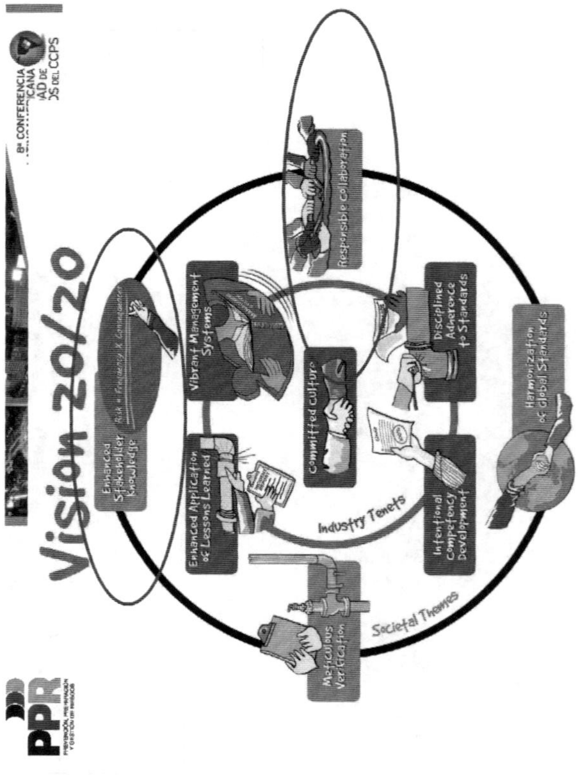

PPR
PREVENCIÓN, PREPARACIÓN Y GESTIÓN DE RIESGOS

8ª CONFERENCIA LATINOAMERICANA DE SEGURIDAD DE PROCESOS DEL CCPS

FACTORES QUE CONTRIBUYEN A LA FALLA DE LOS PLANES

- Falta de Compromiso del Liderazgo de la Organización
- Los Planes no Contemplan todos los Peligros
- Recursos Inadecuados
- Falta o Falla del Sistema de Alerta ante Emergencias
- Falla en las Comunicaciones durante la Emergencia
- Falta de Información e Involucramiento de los Grupos de Interés
- Capacitación y Ejercicios Inadecuados o Deficientes

8ª CONFERENCIA LATINOAMERICANA DE SEGURIDAD DE PROCESOS DEL CCPS

FALTA DE COMPROMISO DEL LIDERAZGO DE LA ORGANIZACIÓN

- El liderazgo de la entidad deberá demostrar su compromiso con el programa
- la falta de compromiso se debe a la falta de comprensión por parte de los directivos de la importancia del rol del plan para la SP
- La falta de apoyo y compromiso de la organización es una muestra de una cultura débil en seguridad de procesos
- Bophal- Piper Alpha

LOS PLANES NO CONTEMPLAN TODOS LOS PELIGROS

- Todos los peligros
  - Meteorológicos
  - Tecnológicos
  - Geológicos
  - NaTech
  - Etc.
- Internos y Externos
- No se puede prevenir o mitigar los desconocido

PPR PREVENCIÓN, PREPARACIÓN Y GESTIÓN DE RIESGOS
8ª CONFERENCIA LATINOAMERICANA DE SEGURIDAD DE PROCESOS DEL CCPS

RECURSOS INADECUADOS

- Recursos. Concepto amplio.
- Sistema de gestión y administración.
- Análisis de brechas entre lo requerido y lo disponible
- Sistema flexible de gestión de compras materiales y servicios
- Acuerdos firmados de ayuda mutua o provisión

CASOS DE ESTUDIO

Explosión en Little General Store

Consecuencias

- 4 muertos
  - 2 técnicos de servicio de propano
  - 2 respondedores de emergencia
- 6 Heridos
  - 4 Empleados del local
  - 2 respondedores de emergencia

8ª CONFERENCIA LATINOAMERICANA DE SEGURIDAD DE PROCESOS DEL CCPS

FALTA O FALLA SISTEMA ALERTA EMERGENCIA

- Todas las personas en riesgo
  - Internas
  - Externas
- Sistemas
  - Complicados
  - No audibles o difíciles de entender
  - Inaplicables o ineficientes

Escape de Cloro Planta DPC Festus Misssouri 2003 . La policía tuvo que alertar a los vecinos puerta a puerta

FALLA EN LAS COMUNICACIONES DURANTE LA EMERGENCIA

8ª CONFERENCIA LATINOAMERICANA DE SEGURIDAD DE PROCESOS DEL CCPS

Explosión Bayer CropSciencia Pesticide 28/08/2008

2 muertos

8 Intoxicados

40000 residentes confinados

Fallas más comunes

- Equipamiento de distinta tecnología entre las plantas y los grupos de respuesta
- Falta de acuerdo y protocolos de comunicación estandarizados y aprobados

FALLA EN LAS COMUNICACIONES DURANTE LA EMERGENCIA

8ª CONFERENCIA LATINOAMERICANA DE SEGURIDAD DE PROCESOS DEL CCPS

Explosión Bayer CropSciencia Pesticide

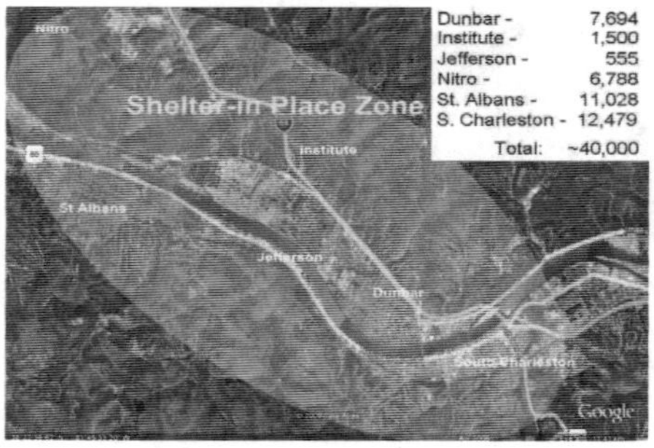

CSB HALLAZGOS

- Falló el Plan de Manejo de las comunicaciones entre el IC de la instalación y las organizaciones externas de respuesta de emergencia
- Bayer no asignó a un Oficial de Información Pública
- Bayer IC recomendó refugio en el lugar. Bayer EOC no notificó al 9-1-1
- Los respondedores de emergencias del condado establecieron tres COEs separados

FALTA DE INFORMACION GRUPOS DE INTERES

Explosión en Little General Store

- Una de las menos desarrolladas y atendidas
- Relevante para que un Plan sea robusto
- Política de "Buen vecino"
- Renovar licencia "Social y Política"
- Ninguno de los respondedores tenía entrenamiento específico de emergencia de propano

PPR
PREVENCIÓN, PREPARACIÓN Y GESTIÓN DE RIESGOS
8ª CONFERENCIA LATINOAMERICANA DE SEGURIDAD DE PROCESOS DEL CCPS

FALTA DE INFORMACION GRUPOS DE INTERES

Explosión en West Texas

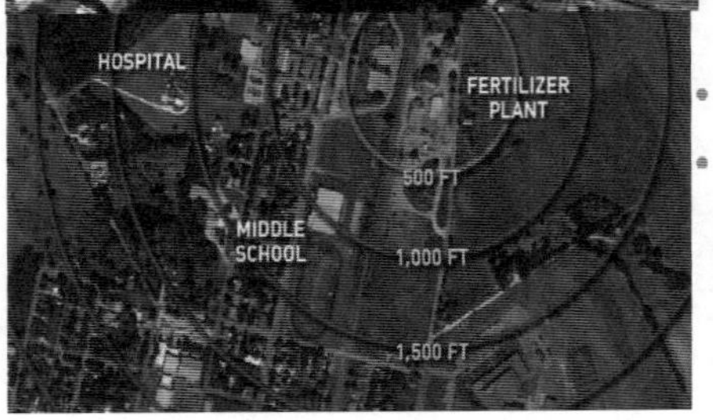

- Contemplado normativamente y las mejores prácticas
  - NFPA 1600 pto 6.4
  - ISO
  - CCPS –RBPS-Visión 2020
- Ninguna de las empresas auditadas o asistentes a cursos o seminarios tenían incorporado el tema.
- Política de "Buen vecino"
- "Temor por parte de los directivos de las empresas a compartir información que pueden originar reacciones negativas por parte de la comunidad o autoridades".

FALTA DE INFORMACION GRUPOS DE INTERES

Explosión Tiajing China Mayo 2000- > 180 Muertos – > 110 Bomberos/Policias > civiles

Explosión Enschede Holanda Mayo 2000- 23 Muertos – 4 bomberos

BHOPAL India 1984 > 10000 muertos

PPR
PREVENCIÓN, PREPARACIÓN Y GESTIÓN DE RIESGOS

8ª CONFERENCIA LATINOAMERICANA DE SEGURIDAD DE PROCESOS DEL CCPS

CONCLUSIONES

- PRE robusto y consistente es un elemento muy importante en el sistema de Gestión de Seguridad de Procesos
- Última capa de mitigación del SGSP (PSM)
- En general los planes continúan teniendo serías deficiencias
- Una de las falencias más serias y extendida en la falta de involucramiento real de las partes interesadas
- Falsa sensación de seguridad en el funcionamiento
- En muchos casos es más una herramienta administrativa y de cumplimiento que una consiente y efectiva barrera de protección

PPR
PREVENCIÓN, PREPARACIÓN Y GESTIÓN DE RIESGOS

8ª CONFERENCIA LATINOAMERICANA DE SEGURIDAD DE PROCESOS DEL CCPS

GRACIAS

Nestor H Spósito
CCPS Staff Consultant
Charcas 3734 – Bahía Blanca- Argentina
pprconsultora@gmail.com

REPSOL

Gestión de Emergencias en Accidentes Mayores utilizando herramientas de seguridad de proceso

Caso desarrollado el transporte fluvial de combustibles en la ruta Pucallpa y Base de Operaciones Nuevo Mundo.

Ubicación del Lote 57 y vías de acceso

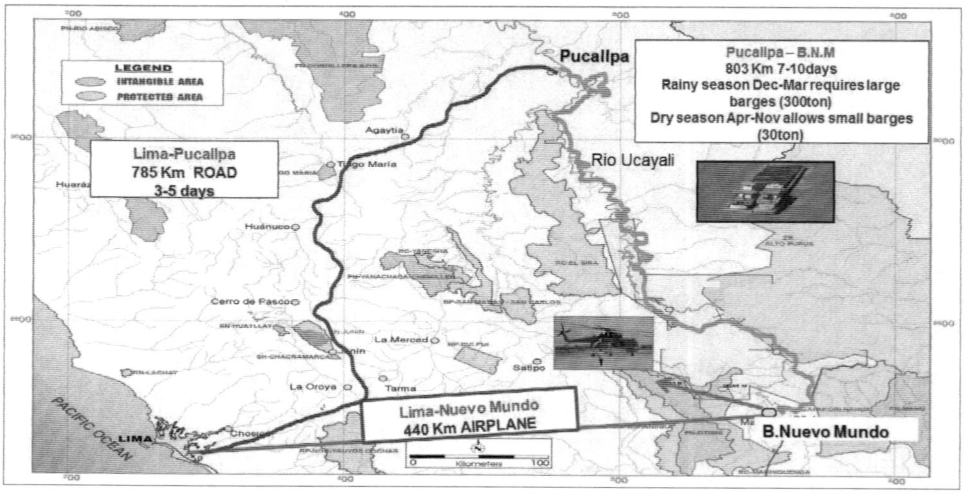

REPSOL

8ª CONFERENCIA LATINOAMERICANA DE SEGURIDAD DE PROCESOS DEL CCPS

Transporte fluvial – Navegación en ríos Ucayali / Urubamba

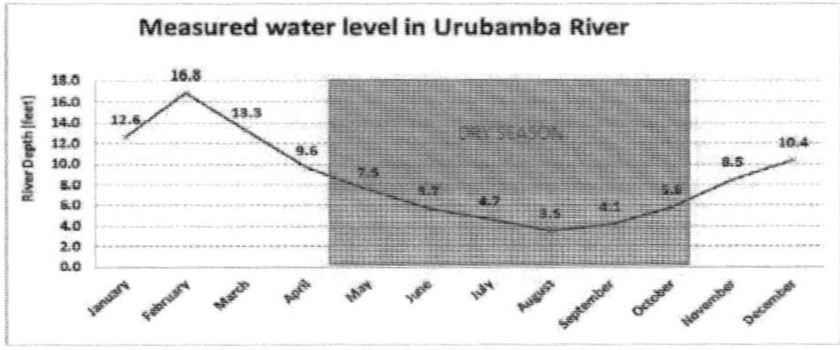

- Barcaza + remolcador
  - ✓ Capacidad: 400 ton
  - ✓ Longitud: 50 m
  - ✓ Ancho: 12 m

- Barcaza autopropulsada
  - ✓ Capacidad: 25 ton
  - ✓ Longitud: 30 m
  - ✓ Ancho: 6 m

- Temporada seca: Mayo-Octubre 2017.
- Temporada húmeda: Noviembre 2017- Abril.

REPSOL

8ª CONFERENCIA LATINOAMERICANA DE SEGURIDAD DE PROCESOS DEL CCPS

Principios de prevención de accidentes mayores (MAH)

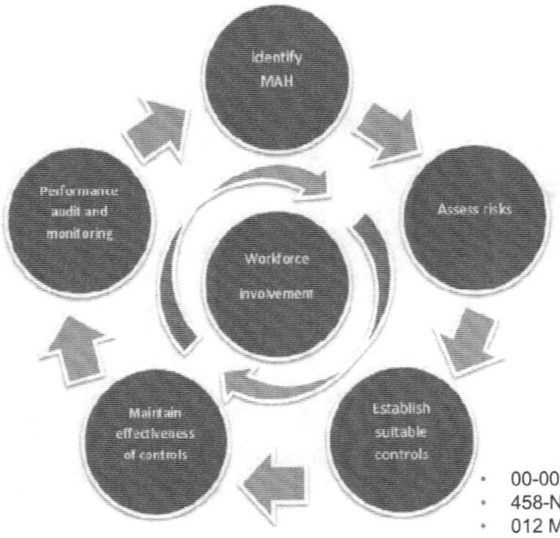

Major Accident Hazard List (ISO17776) → **Major Accident Hazard Identification**

Hazard Identification: Hazid, Hazop, etc. → **Major Accident Hazard Identification**

- 00-00353NO "Gestión del riesgo de Seguridad y Medio Ambiente en Activos y Proyectos".
- 458-NO032MG "Prevención y mitigación de incendios, explosiones y fugas tóxicas.
- 012 MR 03400 MN EP DG EP "Gestión del Peligro".

Identificación de MAHs – Lote 57

- **MAH01**: HC bajo presión – Pozos (U100)
- **MAH02**: HC bajo presión – Facilidades de Superficie (U100) – Ducto tramo I (U200)
- **MAH03**: HC bajo presión – Facilidades de Superficie (U300)
- **MAH04**: HC bajo presión – Ducto tramo II (U600)
- **MAH05**: Manejo, transporte y almacenamiento de combustible
- **MAH06**: Operaciones de ala fija
- **MAH07**: Operaciones con Helicópteros
- **MAH08**: Operaciones fluviales
- **MAH110**: HC bajo presión – Facilidades de Superficie (U110) – Ducto (U210)
- **MAH120**: HC bajo presión – Facilidades de Superficie (U120) – Ducto (U220)

REPSOL
8ª CONFERENCIA LATINOAMERICANA DE SEGURIDAD DE PROCESOS DEL CCPS

Evaluación de riesgos

03-00007GU - Guía para la evaluación cualitativa del riesgo en Seguridad y Medio Ambiente

CÓDIGO	PELIGRO	FUENTE	TOP EVENT	AMENAZAS	CONSECUENCIAS	EVALUACIÓN DE RIESGO								
						PERSONAS	ACTIVOS	MEDIO AMBIENTE	REPUTACIÓN	CONSECUENCIA	EXPOSICIÓN	PROBABILIDAD	RIESGO	NIVEL DE RIESGO
H-08.02	Transporte por barco (fluvial)	Operaciones fluviales	Pérdida de control de operaciones fluviales	1. Colisión con otros aparatos fluviales 2. Presencia de palisadas y/u objetos sumergidos 3. Pobres condiciones de navegabilidad del río 4. Inadecuado amarre de recipientes 5. Pobres condiciones de contenedroes 6. Pobres condicones de facilidades portuarias 7. Inadecuada carga y descarga de contenedores 8. Piratas y sabotaje 9. Problemas con comunidades 10. Pédida de control de operaciones de izado 11. Pérdida de control de la gestión de combustible	1. Colisión con fatalidades 2. Fuego o explosión 3. Colisión con daño a terceros 4. Liberación de productos peligrosos y/o tóxicos 5. Retraso en las operaciones 6. Problemas con comunidades y/o gobierno	40	40	40	40	40	1.2	5	240	Riesgo Urgente

REPSOL

8ª CONFERENCIA LATINOAMERICANA DE SEGURIDAD DE PROCESOS DEL CCPS

Bow Tie del transporte Fluvial

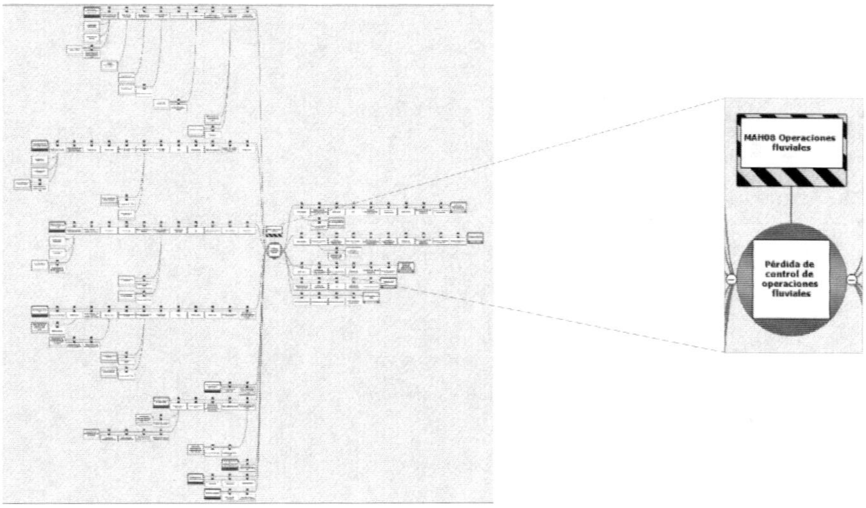

REPSOL

8ª CONFERENCIA LATINOAMERICANA DE SEGURIDAD DE PROCESOS DEL CCPS

Principales amenazas y barreras de control

Amenazas

- Abordaje / Colisión de embarcaciones
- Objetos flotantes o sumergidos en el río
- Pobres condiciones de navegación en el río
- Condiciones inadecuadas de la embarcación

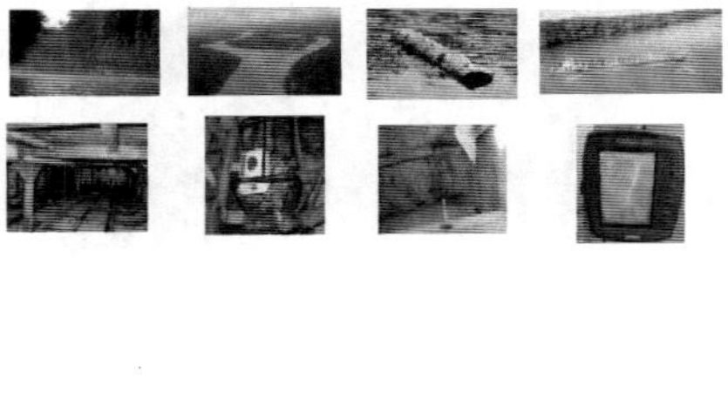

Barreras de control

- Estudio de navegabilidad
- Requerimiento de bandera
- Clasificación de embarcaciones fluviales
- Reporte diario de posición de naves
- Acompañamiento de bote madrina
- Manual de operaciones fluviales
- Plan de viaje
- Embarcaciones con doble motor
- Proceso de Vetting

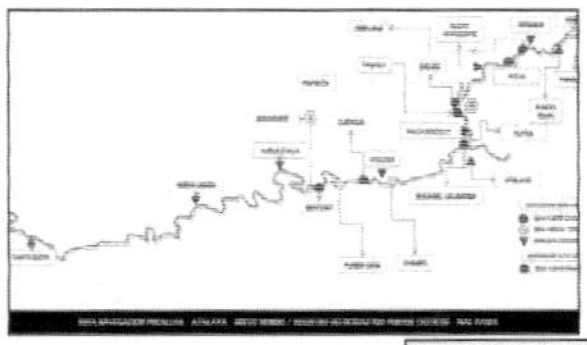

Principales Consecuencuencias y barreras de mitigación

Consecuencias

- Fuego o explosión con daños personales
- Derrames de materiales peligrosos / no peligrosos al río

Medidas de Mitigación

- Equipos intrínsecamente seguros
- Detección de fuego y humo
- Señalización de rutas / accesos / salidas de emergencia
- Acuerdos de colaboración con comunidades
- Sistemas de comunicación
- Equipos de respuesta de emergencias
- Equipos de lucha contra incendio
- Plan de respuesta de emergencias
- Embarcaciones con doble casco

REPSOL
8ª CONFERENCIA LATINOAMERICANA DE SEGURIDAD DE PROCESOS DEL CCPS

Principal Consecuencuencia y barreras de mitigación

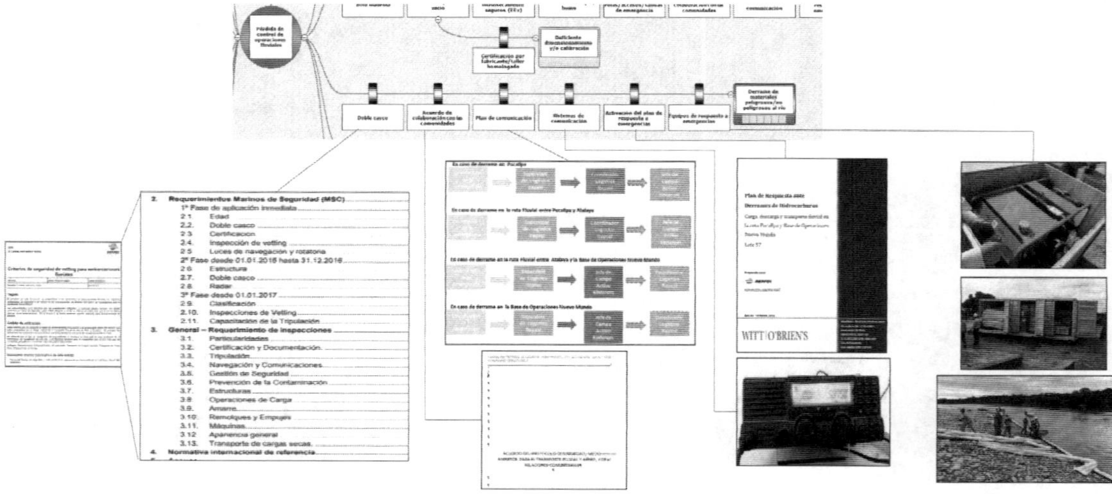

REPSOL

8ª CONFERENCIA LATINOAMERICANA DE SEGURIDAD DE PROCESOS DEL CCPS

Aplicación de barreras en equipos y personas

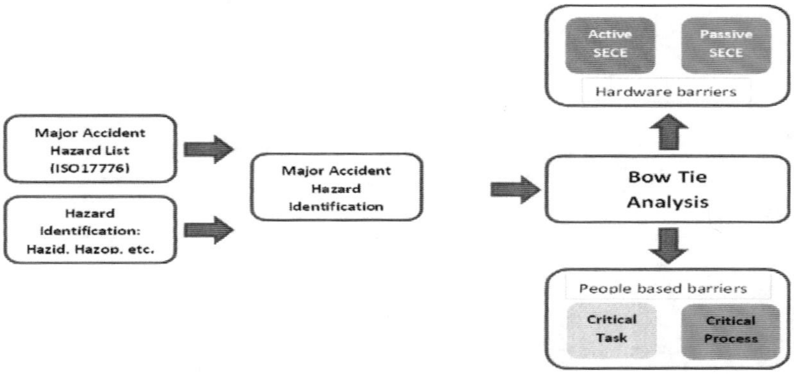

REPSOL

8ª CONFERENCIA LATINOAMERICANA DE SEGURIDAD DE PROCESOS DEL CCPS

Bow TIE - Hardware barriers

Active SECE

Equipamiento y sistemas de emergencia

Pasive SECE

Normativa Vetting Repsol

REPSOL

8ª CONFERENCIA LATINOAMERICANA DE SEGURIDAD DE PROCESOS DEL CCPS

Bow Tie - People based barriers

Critical Task

Capacitación y entrenamientos de respuesta de emergencias

Critical Process

Procedimientos operativos y planes de respuesta de emergencia

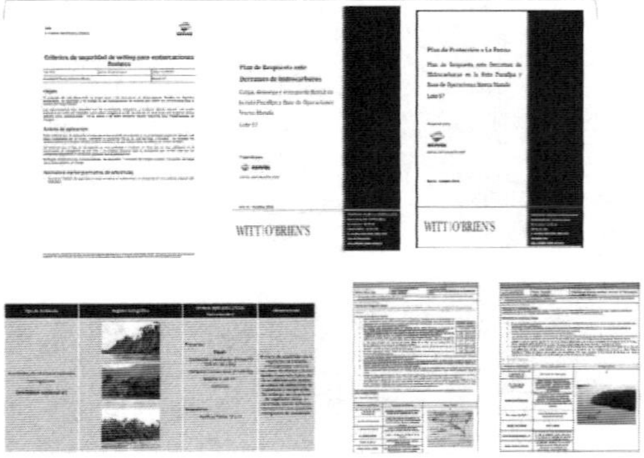

REPSOL

8ª CONFERENCIA LATINOAMERICANA DE SEGURIDAD DE PROCESOS DEL CCPS

Estrategia de atención de derrames

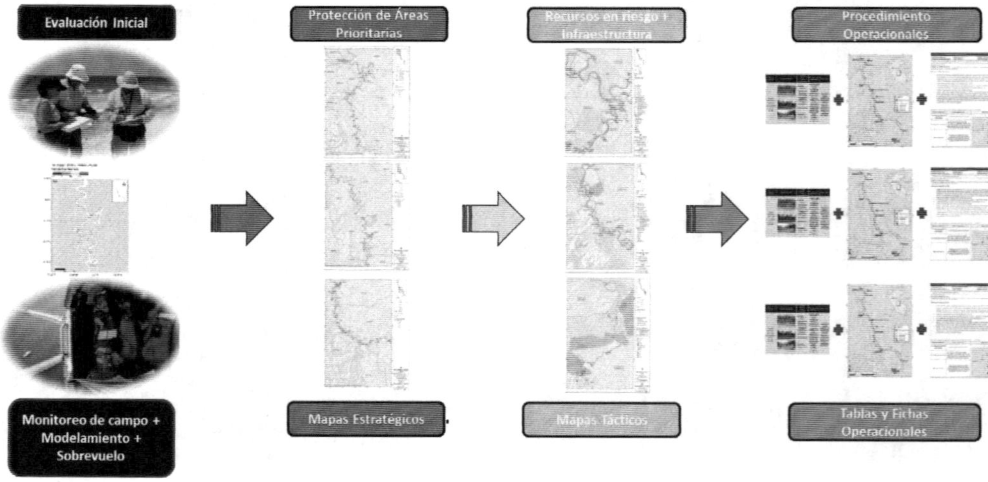

Guía de uso de plan – Nivel estratégico

- Las áreas prioritarias de protección deben ser identificadas en el nivel Estratégico de protección y limpieza;
- Los mapas estratégicos son herramientas que deben ser utilizados para definir cuál será el área que se protegerá de manera prioritaria.

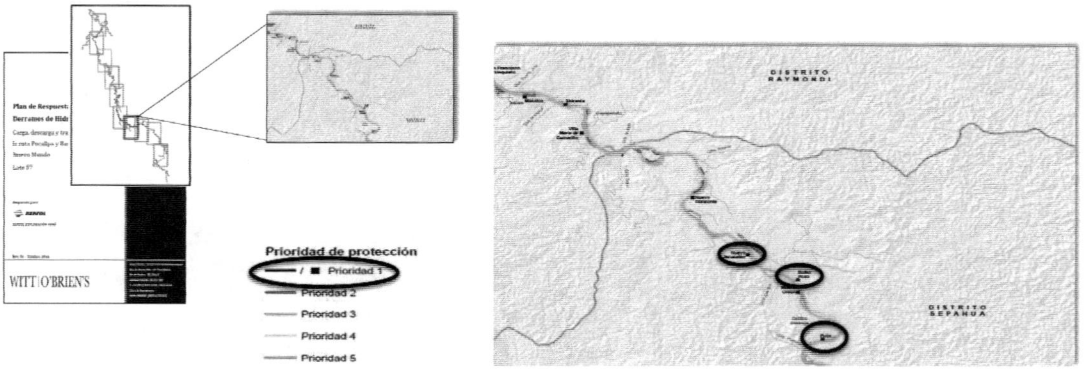

8ª CONFERENCIA LATINOAMERICANA DE SEGURIDAD DE PROCESOS DEL CCPS

Guía de uso de plan – Mapas Tácticos

- Conociendo las áreas prioritarias se debes evaluar los recursos sensibles en riesgo en cada región;
- Para esto, la respuesta empieza en el nivel Táctico de protección;
- Los Mapas tácticos muestran la ubicación y el tipo de recursos sensibles:
  - Recurso Biológicos;
  - Medios y Recursos.
  - Personas

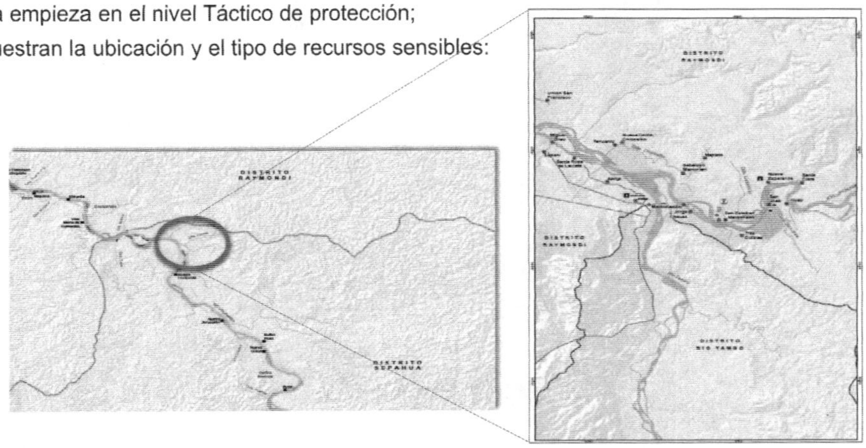

8ª CONFERENCIA LATINOAMERICANA DE SEGURIDAD DE PROCESOS DEL CCPS

Guía de uso de plan – Mapas Tácticos

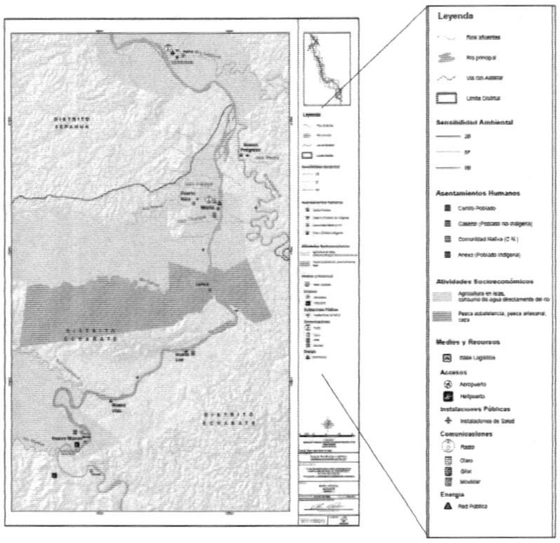

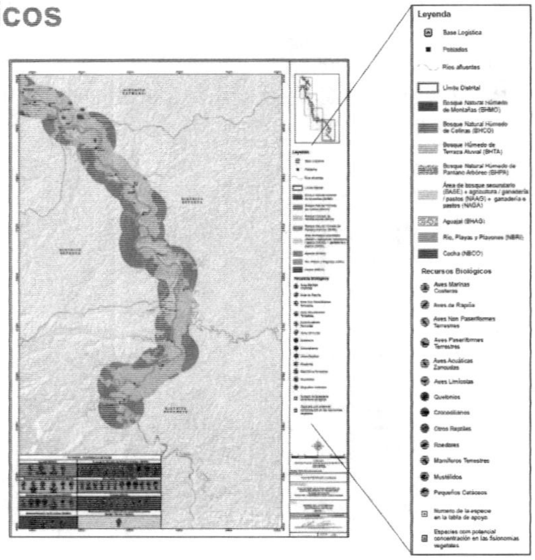

8ª CONFERENCIA LATINOAMERICANA DE SEGURIDAD DE PROCESOS DEL CCPS

Guía de uso de plan – Tablas operacionales

- Indican las técnicas y los equipos de protección y limpieza de respuesta más adecuadas a la operación;
- Características físicas de los tipos de ambientes.
- Debe-se conocer el tipo y la conducta del hidrocarburo en los ríos:
- Gasohol 90 Plus;
- Turbo Jet A-1;
- Diésel.

Tablas Operacionales

Tipo de Ambiente	Registro Fotográfico	Técnicas Aplicables (Fichas Operacionales)	Base Avanzada Área de Apoyo	Observaciones
Bancos bajos vegetados **(Sensibilidad Ambiental 9B)**		**Diesel:** -Deflexión Convencional (FO-DX-02); Exclusión (FO-OE-01) - Deflexión BoomVane (FO-DX-01); Exclusión (FO-OE-01) **Gasohol y Jet A1:** - Deflexión (FO-DX-02 o FO-DX-01); Exclusión (FO-OE-01)	La base avanzada que apoyará las operaciones dependerá del derrame. Dichas bases son Pucallpa, Atalaya o Nuevo Mundo.	En este caso necesitarán los barcos para llevar a cabo la deflexión para aislar el hidrocarburo de la zona sensible.

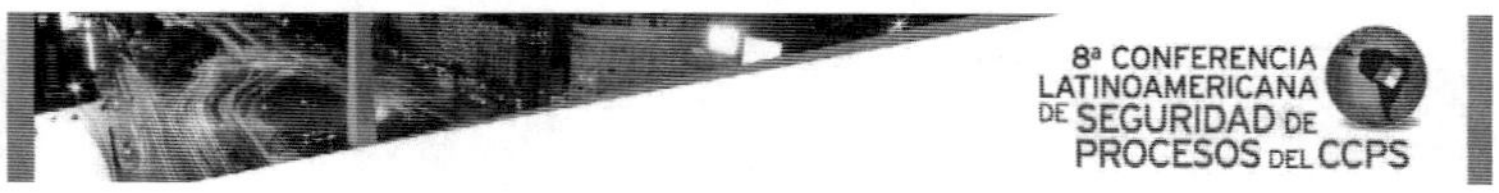

Guía de uso de plan – Fichas operacionales

- Objetivos tácticos;
- Descripción de Asignación Táctica
- Descripción de los recursos;
- Consideraciones ambientales y de se

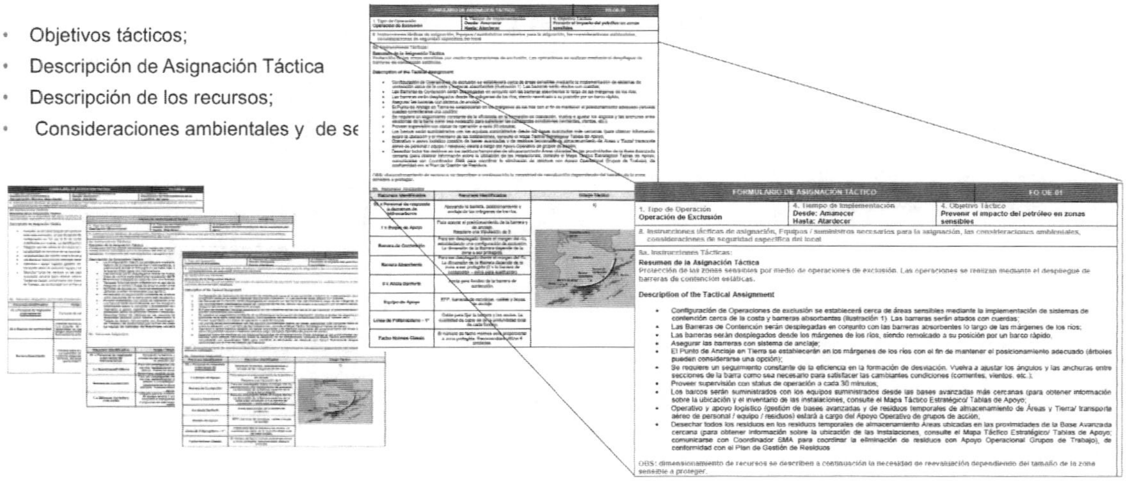

FORMULARIO DE ASIGNACIÓN TÁCTICO		FO OE 01
1. Tipo de Operación **Operación de Exclusión**	4. Tiempo de Implementación **Desde: Amanecer** **Hasta: Atardecer**	4. Objetivo Táctico **Prevenir el impacto del petróleo en zonas sensibles**
8. Instrucciones tácticas de asignación, Equipos / suministros necesarios para la asignación, las consideraciones ambientales, consideraciones de seguridad específica del local		

8a. Instrucciones Tácticas:

Resumen de la Asignación Táctica
Protección de las zonas sensibles por medio de operaciones de exclusión. Las operaciones se realizan mediante el despliegue de barreras de contención estáticas.

Description of the Tactical Assignment

- Configuración de Operaciones de exclusión se establecerá cerca de áreas sensibles mediante la implementación de sistemas de contención cerca de la costa y barreras absorbentes (ilustración 1). Las barreras serán atados con cuerdas;
- Las Barreras de Contención serán desplegadas en conjunto con las barreras absorbentes lo largo de las márgenes de los ríos;
- Las barreras serán desplegados desde los márgenes de los ríos, siendo remolcado a su posición por un barco rápido.
- Asegurar las barreras con sistema de anclaje;
- El Punto de Anclaje en Tierra se establecerán en los márgenes de los ríos con el fin de mantener el posicionamiento adecuado (árboles pueden considerarse una opción);
- Se requiere un seguimiento constante de la eficiencia en la formación de desviación. Vuelva a ajustar los ángulos y las anchuras entre secciones de la barra como sea necesario para satisfacer las cambiantes condiciones (corrientes, vientos, etc.);
- Proveer supervisión con status de operación a cada 30 minutos;
- Los barcos serán suministrados con los equipos suministrados desde las bases avanzadas más cercanas (para obtener información sobre la ubicación y el inventario de las instalaciones, consulte el Mapa Táctico Estratégico/ Tablas de Apoyo;
- Operativo y apoyo logístico (gestión de bases avanzadas y de residuos temporales de almacenamiento de Áreas y Tierra/ transporte aéreo de personal / equipo / residuos) estará a cargo del Apoyo Operativo de grupos de acción;
- Desechar todos los residuos en los residuos temporales de almacenamiento Áreas ubicadas en las proximidades de la Base Avanzada cercana (para obtener información sobre la ubicación de las instalaciones, consulte el Mapa Táctico Estratégico/ Tablas de Apoyo; comunicarse con Coordinador SMA para coordinar la eliminación de residuos con Apoyo Operacional Grupos de Trabajo), de conformidad con el Plan de Gestión de Residuos

OBS: dimensionamiento de recursos se describen a continuación la necesidad de reevaluación dependiendo del tamaño de la zona sensible a proteger.

Guía de uso de plan – Fichas operacionales

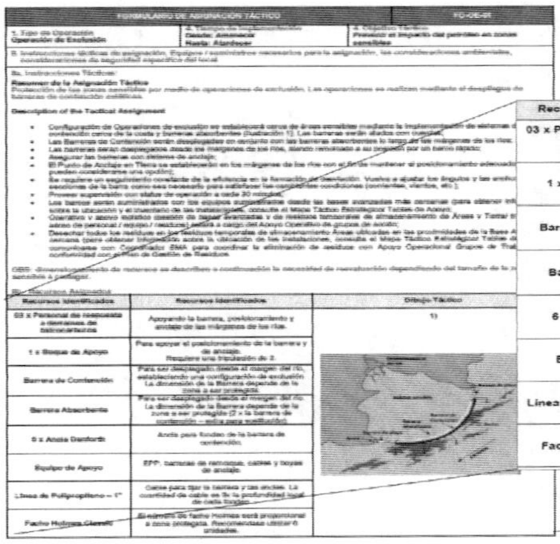

Recursos Identificados	Recursos Identificados	Dibujo Táctico
03 x Personal de respuesta a derrames de hidrocarburos	Apoyando la barrera, posicionamiento y anclaje de las márgenes de los ríos.	1) 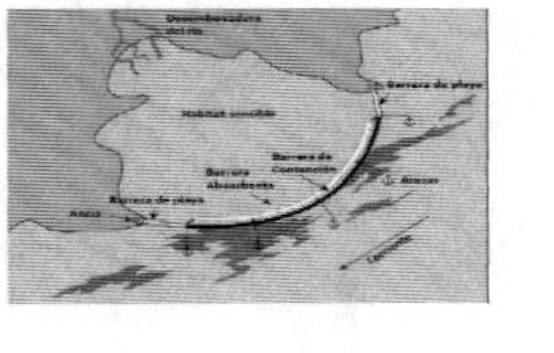
1 x Buque de Apoyo	Para apoyar el posicionamiento de la barrera y de anclaje. Requiere una tripulación de 3.	
Barrera de Contención	Para ser desplegado desde el margen del río, estableciendo una configuración de exclusión. La dimensión de la Barrera depende de la zona a ser protegida.	
Barrera Absorbente	Para ser desplegado desde el margen del río. La dimensión de la Barrera depende de la zona a ser protegida (2 x la barrera de contención – extra para sustitución)	
6 x Ancla Danforth	Ancla para fondeo de la barrera de contención.	
Equipo de Apoyo	EPP, barreras de remolque, cables y boyas de anclaje.	
Linea de Polipropileno – 1"	Cable para fijar la barrera y las anclas. La cantidad de cable es 3x la profundidad local de cada fondeo.	
Facho Holmes Classic	El número de facho Holmes será proporcional a zona protegida. Recomendase utilizar 6 unidades.	

8ª CONFERENCIA LATINOAMERICANA DE SEGURIDAD DE PROCESOS DEL CCPS

Guía de uso de plan – Fichas operacionales

FORMULARIO DE ASIGNACIÓN TÁCTICO		TO-OE-01
1. Tipo de Operación **Operación de Exclusión**	4. Tiempo de implementación **Desde: Amanecer** **Hasta: Atardecer**	4. Objetivo Táctico **Prevenir el impacto del petróleo en zonas sensibles**
2 x Estacas	Estacas para amarre y soporte de barreras de contención	

8c. Condiciones de Ambientales:

- Gestion de residuos debe hacerse de conformidad con el Plan de Gestion de Residuos aprobado;
- Informar al Coordinador de SMS cualquier fauna observada dentro de la zona de operaciones (describir tipo y número de individuos, describir si existen impactos por el hidrocarburo);
- Tras la desmovilización, embarcaciones, equipos y personal deben ser sometidos a los procedimientos de descontaminación.

8d. Condiciones de Seguridad:

- Tome las siguientes precauciones y este atento a los siguientes riesgos asociados con las operaciones de:
  - exposición al ruido;
  - resbalones, tropezones, caídas;
  - peligro ergonómico;
  - Hombre al agua;
  - animales venenosos.
- Se deben implementar las siguientes medidas de control:
  - Detener las operaciones durante la noche (en la ausencia de luz);
  - miembros o de la tripulación estarán usando EPP apropiado (en general, casco de seguridad, guantes, zapatos de seguridad, chalecos vivo, tapones para los oídos, protector solar);
  - Garantizar la tripulación se hidrata/alimentar y proporcionar tiempos de reposo periódicas de acuerdo con el Plan de Seguridad del Sitio (si la información no esta disponible, consultar Coordinador SMS);
  - Realizar la cubierta de limpieza antes de las operaciones;
  - Mantenga la postura ergonómica durante el despliegue auge;
  - " Buddy System "Equipos de, al menos, dos personas que trabajan juntas como una sola unidad, monitoreando constantemente el uno al otro durante las operaciones;
  - Proporcionar medicación mareo;
  - Realizar la planificación de trabajo previo;
  - Asegúrese de que todos los miembros de la tripulación reciben Seguridad Informativa antes del inicio de las operaciones.
- Reporte cualquier lesión o cuasi accidentes inmediatamente al Coordinador de SMS.

8e. Consideraciones de Comunicación:

- La comunicación entre los buques que se debe hacer a través de la radio - A determinar el canal;
- La comunicación con el supervisor Division deberá hacerse a través de la radio - A determinar el canal;
- La comunicación con el coordinador de HSSE debe hacerse a través de la radio - A determinar el canal;
- La comunicación con Apoyo Operativo grupos de acción se debe hacer a través de la radio - A determinar el canal.

9. Otros accesorios (caso necesario)

- ☒ **Mapas Estratégicos**
- ☒ **Mapas Tácticos**
- ☒ **Tablas de Soporte – Áreas Prioritarias**
- ☒ **Tablas de Soporte – Bases Avanzadas**
- ☐ **Pronóstico del Tiempo (recomendado)**
- ☐ **Cartas de Navegación (recomendado)**

10. Preparado por (Nombre/Fecha): **Witt	O'Brien's Brasil (Junio/2015)**	11. Revisado por (Nombre/Fecha):	12. Aprobado por (Nombre/Fecha):

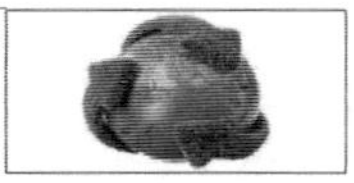

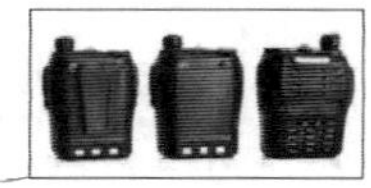

REPSOL

8ª CONFERENCIA LATINOAMERICANA DE SEGURIDAD DE PROCESOS DEL CCPS

Estrategia de atención de derrames

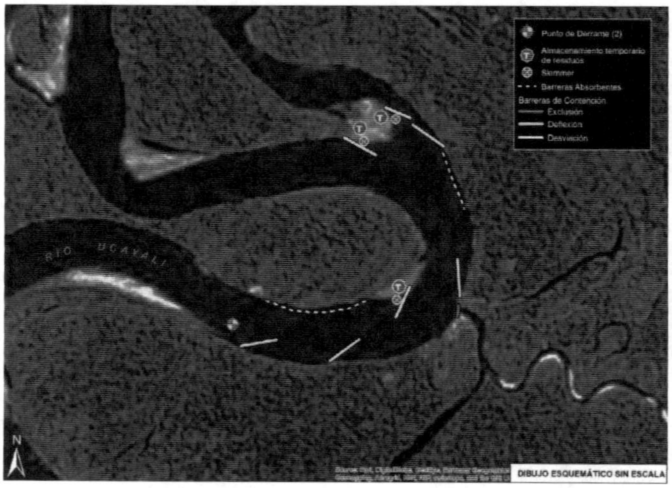

REPSOL

8ª CONFERENCIA LATINOAMERICANA DE SEGURIDAD DE PROCESOS DEL CCPS

Conclusiones:

- Desde la aplicación de los criterios de MAH y de seguridad de procesos (vetting) se han eliminado la utilización de embarcaciones sub estándar para el transporte de carga seca y de combustibles.
- La identificación y valoración de MAH ha permitido dimensionar la adquisición de equipamiento y entrenamiento de personal para la actividad del transporte de combustible en la ruta fluvial Pucallpa – Nuevo Mundo.
- Se cuenta con un plan de respuesta sólido ante la eventualidad de la materialización de un derrame de combustible en la ruta Pucallpa Nuevo Mundo.

Revisiting the Financial Impact of Major Accidents in Chemical Plants, the Need to Develop New Metrics on Financial Losses and Communication Strategies Towards Shareholders or Financial Decision Makers

8TH CCPS LATIN AMERICAN CONFERENCE ON PROCESS SAFETY

Conference: CCPS Latin American Conference on Process Safety

Year: 2018

Proceeding: 8th CCPS Latin American Conference on Process Safety

Group: General Program

Session: Emergency Management and Stakeholders Outreach

Time: Wednesday, September 12, 2018 - 1:15am-1:45am

Authors:

Medrano, M. A., ISA Sección México

The traditional risk assessment in chemical processes focuses on reviewing thedamages or effects to workers, the population, facilities or the environment from chemical risks. Nowadays, many chemical process companies are listed on the stock exchange to get money for funding their investment projects, such as expansion, modernization of existing facilities, among others investment projects.

There are situations in which shareholders or financial decision makers do not fully understand the financial implications of a major accident in a chemical process or for these shareholders, the use of financial risk analysis tools can be complex or difficult to understand or interpret its results.

From our experience, shareholders and financial decision makers are usually familiar with the use of financial ratios generated from the accounting that result easier to understand and visualize financial implications of a major chemical accident in the daily operations of the company or in the level of performance on credibility of this company in the stock market. This paper suggests to revisit and to develop new financial metrics together with effective communication strategies for shareholders and decision makers related to the financial implications of major chemical accidents.

Golfo de México

Crisis, Continuity Management & Emergency Response

Pre Planificación Ambiental Offshore

8th LACPS
Universidad Católica Argentina
September 11-13, 2018

Ing. DIEGO FORMICA
dformica@pan-energy.com

Acerca de HOKCHI energy

Agenda

1. Objetivo
2. Marco de trabajo
3. Desarrollo
4. Resultados

1. Objetivo

Gestionar en forma adecuada la respuesta a emergencias ambientales

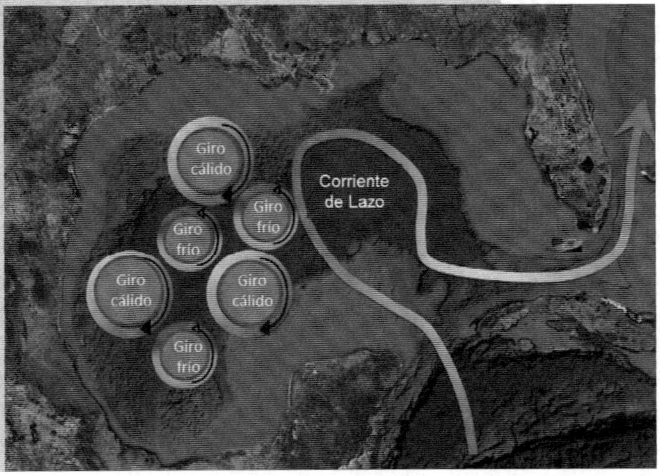

2. Marco de trabajo

3. Desarrollo — Identificar precursores

RELEVAMIENTOS

Estudios meta oceánicos

Potencialidad reservorios

Stakeholders

Clima, mareas, costas

Economías regionales

Empresas respuesta a emergencia marítimas

Golfo de México
PRE PLANIFICACIÓN AMBIENTAL OFFSHORE

3. Desarrollo — Identificar precursores

GEOFISICA — BLOQUE HOKCHI — Instituto de Ciencias del Mar y Limnología

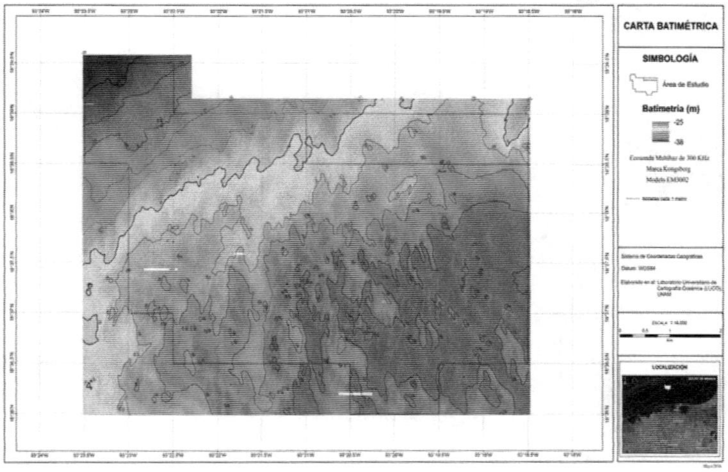

Golfo de México
PRE PLANIFICACIÓN AMBIENTAL OFFSHORE

3. Desarrollo — Identificar precursores

ESTUDIOS AMBIENTALES

Línea de Base Ambiental

Línea de Base Social

Estudio de Riesgo Ambiental

Manifiesto Impacto Ambiental

Derrame - impacto costa: litoral de aprox. 100 km de extensión sobre costa

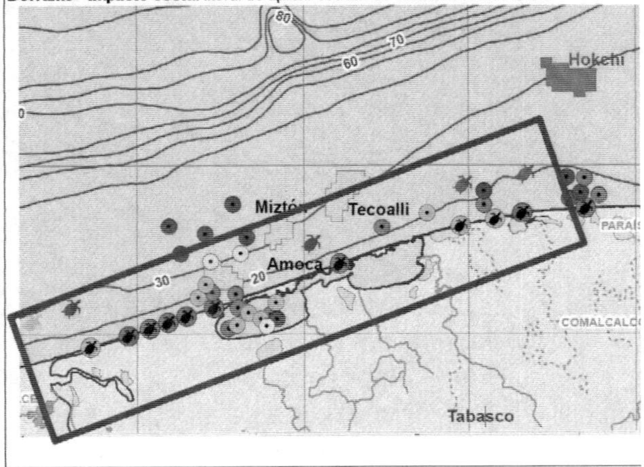

3. Desarrollo — Desarrollar análisis de riesgos

EQUIPO DE TRABAJO
Exploración
HSE
Perforación y
Completación
Finanzas
UNAM
DNV

UNAM

HOKCHI energy — Pan American ENERGY — DNV·GL

CPS Center for Chemical Process Safety
Golfo de México
PRE PLANIFICACIÓN AMBIENTAL OFFSHORE
arpel

3. Desarrollo — Desarrollar análisis de riesgos

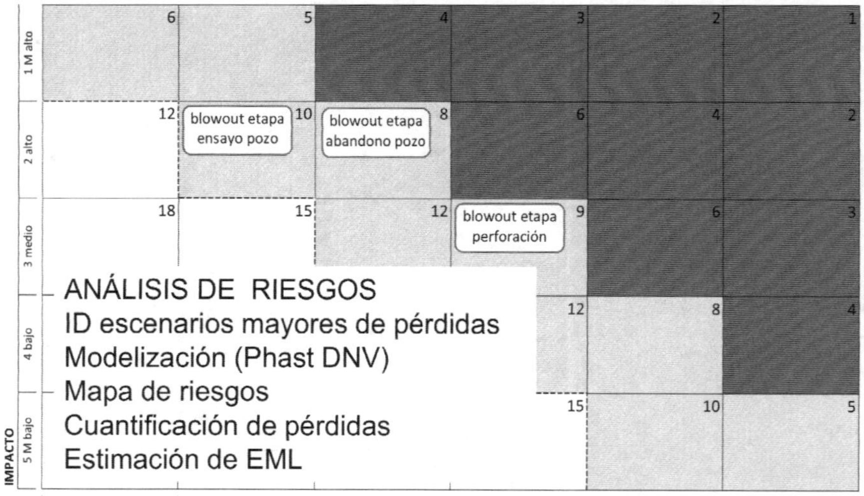

ANÁLISIS DE RIESGOS
ID escenarios mayores de pérdidas
Modelización (Phast DNV)
Mapa de riesgos
Cuantificación de pérdidas
Estimación de EML

8th LACPS - Universidad Católica Argentina - September 11-13, 2018 Ing. Diego Formica

3. Desarrollo — Desarrollar análisis de riesgos

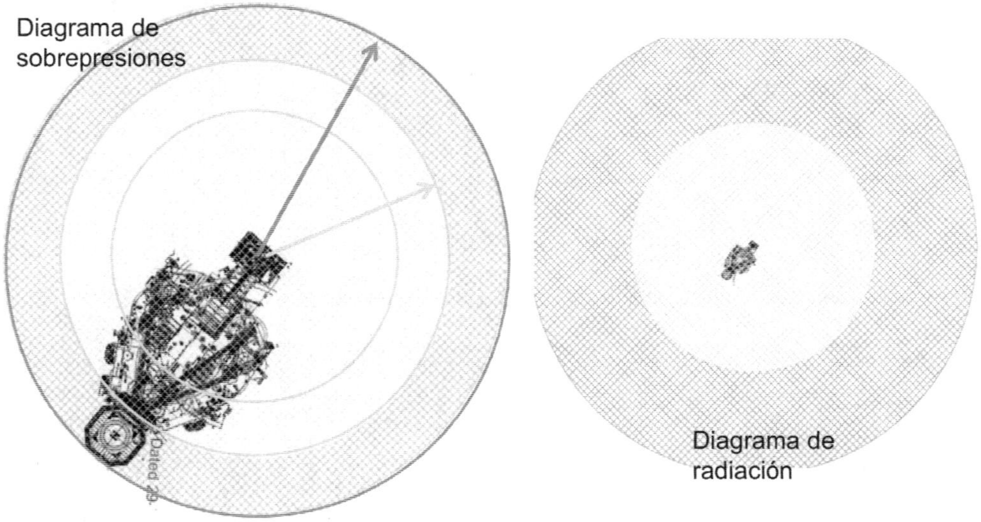

3. Desarrollo — Cuantificar los escenarios

Bienes: valores de reposición o de reconstrucción a nuevo

Servicios: valores de mercado, incluyen costos fijos y variables (ej mano de obra, insumos, viáticos, honorarios profesionales)

Reclamos y demandas: estimados en base a actividades económicas, antecedentes siniestrales para la actividad. No se contemplan: multas y sanciones (exclusión generald e pólizas de RC)

FUENTES CONSULTADAS: Además de los referentes mencionados al inicio del informe, se consultó a:
- Mercado Asegurador
- Cías. Operadoras Colegas
- Profesionales en Respuesta a Emergencias

3. Desarrollo — Calcular Pérdidas Máximas

PML (Pérdida Máxima Probable): " el valor máximo de la pérdida resultante del peor escenario considerado, suponiendo que las medidas de prevención y mitigación del Regulado funcionan".

A la vez indica el documento que se deben calcular dos valores de PML:

PML - RC: pérdida máxima probable por Responsabilidad Civil

PML - RDA: pérdida máxima probable por Responsabilidad por Daños Ambientales

3. Desarrollo — Calcular Pérdidas Máximas

OEE (Operators Extra Expense): estimación de los gastos estimados para control de pozo, reperforación y limpieza/reclamos

EML (Estimated Maximum Loss): Máxima pérdida posible.

Los cálculos de EML consideran daño directo (valores de reposición/r econstrucción a nuevo de activos) y daño indirecto (beneficio bruto por tipo de crudo/gas).

3. Desarrollo — Tablero de resultados

CONCEPTO	TOTAL (daño directo e indirecto - U$D)	
7.1 Control del pozo	$	
7.2 Re perforación del pozo	$	
Sub-total: Control de pozo, reperforación (excluye limpieza/reclamos):	$	EML-OEE
7.3 Limpieza / Reclamos por descontrol de pozo		
7.3.1 Observación y seguimiento del derrame	$	
7.3.2 Contención y recuperación del derrame en mar	$	
7.3.3 Aplicación de dispersantes	$	
7.3.4 Limpieza de costas	$	
Sub-total: Responsabilidad por Daños Ambientales:	$	PML-RDA
7.3. Reclamos generales	$	
Sub-total: Responsabilidad Civil:	$	PML-RC
TOTAL - ESTIMACIÓN DE PÉRDIDAS MÁXIMAS:	$	**EML HOKCHI**

3. Desarrollo — Calcular Pérdidas Máximas

7.1 CONTROL DEL POZO

servicio/equipo
Se intenta control por propios medios (asistido por WWControl)
Pozo de Alivio (Relief well)

7.2 RE PERFORACIÓN DEL POZO

servicio/equipo
Se re perfora al mismo costo

3. Desarrollo — Calcular Pérdidas Máximas

7.3 LIMPIEZA / RECLAMOS POR DESCONTROL

7.3.1. observación y seguimiento del derrame: Puede incluir helicóptero, avión y desde ya HH.HH.

servicio/equipo
Avioneta para observador
Aerial survelliance service (fuel includded)
Tripulación
Personnel Local:
Capitanía Puerto Dos Bocas (observador) - personal de fuerzas vivas para dirigir contingencia
Personnel OSRL:
Director
Senior Oil Spill Response Manager (Incident Manager)
Oil Spill Response Manager (Duty / Response Manager)
Oil Spill Response Specialist / Responder
Logistics Service Branch coordinator (Duty Administrator)
Observator
Accomodation: travel
Accomodation: hotel

3. Desarrollo — Calcular Pérdidas Máximas

7.3.2. contención y recuperación del derrame en mar: Puede incluir barcos para recupero en mar, servicio de puerto, recolección en tierra, llevar a lugar final de tratamiento, etc

servicio/equipo
TIER 1 equipment package kit: incluye
offshore boom reel system: 200m
Offshore oil skimmer: 1
barcaza (barge) almacenamiento: 1 (25 m3)
marine tacking buoy: 1
PPE sets: 12
Kit en Puerto: incluye,
fence boom: 150 m
disc or skimmer and pump unit: 1
fastank 2000: 1
pad absorbentes: 3
TIER 2 equipment package kit (en verde: todo lo que incluye)
Asumimos que el costo del KIT es el triple del KIT para TIER1
Quema de petróleo "in situ"
Barcos asistencia en alta mar (incluye 2 crew/comidas)
ASUMIMOS: 4 meses de petróleo derramando
Barcos asistencia en alta mar (oil spill vessel): despliegue booms (incluye 2 crew/comidas)
Barcos asistencia en alta mar (oil spill vessel): despliegue skimmer (incluye 2 crew/comidas)

Golfo de México
PRE PLANIFICACIÓN AMBIENTAL OFFSHORE

3. Desarrollo — Calcular Pérdidas Máximas

7.3.3. aplicación de dispersantes: Ver tabla donde se indica la relación dispersante/petróleo

servicio/equipo
TIER 1 equipment package kit (costo incluido en C.2): kit incluye,
aplicador dispersant with noozles: 1
DISPERSANTE corexit 9500: 4 m3
pad absorbentes: 3
kit dispersantes: 1
PPE sets: 12
TIER 3 DISPERSANTE corexit 9500 1m3: Vuelos para aplicar dispersantes (se estiman 10: 20 m3 c/u)
ADDS Pack dispersant spray system (aircraft not included)
Nimbus dispersant system (aircraft not included)
Boeing 727: Response fl ights - MOVILIZATION (from MIAMI to VILLAHERMOSA Intl Airport)
Boeing 727: Response fl ights - applicable on days where fl ights are carried out - charged on hourly basis (excluding fuel). Su
Combustible JP1: B-727 aprox 3100 lts/hr - 0,30 U$D/l - 10 vuelos de 2 hs c/u
Personal operativo (pilotos avión)
Accomodation: travel
Accomodation: hotel
Personal operativo (asistencia avión en tierra: carga/descarga)
Accomodation: travel
Accomodation: hotel
Necesidad estimada de dispersante: 200 m3

3. Desarrollo — Calcular Pérdidas Máximas

7.3.4. limpieza de costas: Contempla limpiar/despejar la costa antes que llegue el derrame (basura, retiro animales, taludes

servicio/equipo
TIER 1 equipment package kit (costo incluido en C.2): kit incluye,
response trailer: 1
shoreline boom: 250 m
disc or skimmer and pump unit: 1
fastank 2000: 1
shoreline flushing equipment: 1
pad absorbentes+50m abs boom: 1 (50 m)
shoreline ancillary eq: 1
PPE sets: 20
Otros

3. Desarrollo — Calcular Pérdidas Máximas

ASUMIMOS: impacto de 100 km lineales en la costa, incluyendo manglares y playa
Respuesta inicial: Personal para limpieza manual en costas (excluye manglares)
Respuesta inicial: Personal para limpieza manual en costas (manglares)
Respuesta inicial: Personal observador flora y fauna y costas
Respuesta inicial: 2 barcos para observadores de flora y fauna y costas
Respuesta inicial: Personal para barcos de observadores de flora y fauna (2 tripulantes por barco)
Respuesta inicial: 4 Barcos para movilizar recursos de limpieza en manglares (barcos pesqueros - no incluye crew)
Respuesta inicial: Personal para operar 4 barcos de asistencia en manglares (2 tripulantes por barco)
Respuesta inicial: Personal para rescate y limpieza de fauna (tortugas, otros)
Respuesta inicial: Viáticos personal (comidas, tiendas campaña, remises, etc)
Respuesta largo plazo: Personal limpieza manual en costas (excluye manglares - durante 3 años)
Respuesta largo plazo: Personal limpieza manual en costas (manglares - durante 3 años)
Respuesta largo plazo: Personal observador flora y fauna (durante 3 años)
Respuesta final: 1 barco para observador de flora y fauna (durante 3 años)
Respuesta final: Personal para barco de observador de flora y fauna (2 tripulantes por barco)
Respuesta final: 2 Barcos para movilizar recursos de limpieza en manglares (barcos pesqueros - no incluye crew)
Respuesta final: Personal para operar 2 barcos de asistencia en manglares (2 tripulantes por barco) - 3 ciclos lluvia recupera

3. Desarrollo — Calcular Pérdidas Máximas

7.3.5. Reclamos generales: Afectación de actividades económicas, Afectación al medio ambiente

Reclamos (ej terceros afectados)
Paraíso: Afectación actividad pesquera en alta mar (pesca de variada; 19 cooperativas pesqueras en Dos Bocas): reclamo subsi
Paraíso: Afectación actividad pesquera en lagunas costeras (pesca de ostión, almeja, camarón blanco)
Paraíso: Afectación actividad ganadera en zonas inundables costeras
Paraíso: Afectación actividad pesquera (estimado: salario medio de un pescador: estimado en 100 u$/día)
Paraíso: Afectación Zonas protegidas (pantanos): reclamo por impacto ambiental de Organismos Regionales
Paraíso: Afectación poblaciones perilagos costeros (comunidades precarias - 40 familias): zona impactada (no hay tratam efluen
Paraíso: afectación turística playas cercanas (Nuevo Paraíso - Playa Dorada - Playa Bruja - Playa Pelicanos)
Paraíso: Afectación actividad turística hotelera en zona de playas (2 hoteles en zona: 40 hab c/u - 120 camas c/u - valor medio 4(
Paraíso: Afectación actividad turística de pesca y buceo (desde Laguna Mecoacan): se estiman 10 excursiones/día
Puerto ceiba: Afectación de actividad turística renta de lanchas turísticas (desde Laguna Mecoacan)
Puerto Dos Bocas: Afectación turismo de cruceros (actividad muy eventual; consideramos 4 buques por temporada)
Puerto Dos Bocas: Afectación movimiento de cargas generales (ej exportación de azúcar)
Puerto Dos Bocas: Afectación área de servicios petroleros (acopio y tratam residuos)
Puerto Dos Bocas: Afectación área de servicios petroleros (talleres reparación - estimamos 5 reparaciones en 6 meses)
Puerto Dos Bocas: Afectación amarras (supply vessel, carga) - costo diario amarra y servicios estimado en u$ 500
Puerto Dos Bocas: Afectación suministro de combustible
Puerto Dos Bocas: Afectación personal portuario (interrupción de la actividad)
Personal lesionado: por evento inicial (reclamos por incapacidad de parte de 60 personas lesionadas)
Personal fallecido (asumimos un total de 6 personas fallecidas a consecuencia de la explosión inicial e incendio)
Personal afectado psicológicamente (reclamos de parte de 40 personas)
Mamíferos marinos - no se afectan
Tránsito aéreo - no se afecta

3. Desarrollo — Desarrollar Plan Respuesta

Así arribamos a un plan de respuesta a emergencia que incluyó:

- foco en identificación de peligros y riesgos y prevención de incidentes ambientales
- definición de equipamiento para control de derrames
- listado de recursos materiales
- recursos humanos para liderar y responder
- las siguientes figuras exponen los recursos disponibles

3. Desarrollo — Desarrollar Plan Respuesta

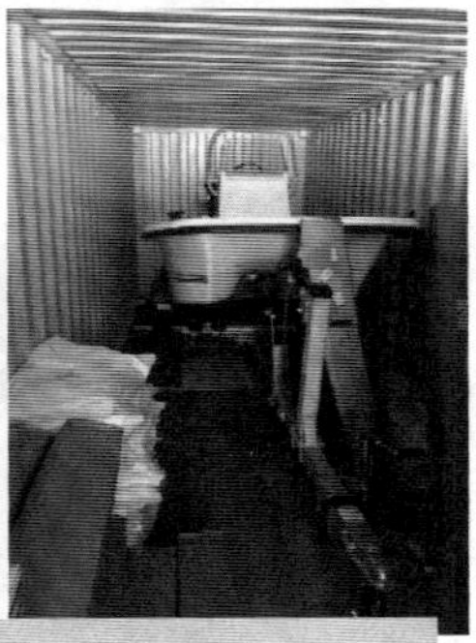

NRC MAINTENANCE 2017

Equipment	January	February	March	April	May	Ju
Air Blower ECHO BAIN-0015-INT (SN: 2012/64 0680 01) / FBXU014921_0						
Air Blower ECHO P44614083126 / FBXU014921_0						
Air Blower ECHO BAIN-0016-INT (SN: 2002/88 0314 00) / CPIU252917_2						
Air Blower ECHO P44614137535 / CPIU252917_2						
Air Blower ECHO BAIN-0111-INT (SN: AB326) / CPIU252930_0						
Airfan Desmi Inflation Hose BAIN-0108-INT / CPIU252930_0						

Golfo de México
PRE PLANIFICACIÓN AMBIENTAL OFFSHORE

3. Desarrollo — Desarrollar Plan Respuesta

Clasificación de escenarios por TIER:
- tier 1: respuesta de la empresa perforadora
- tier 2: respuesta de una empresa local mexicana
- tier 3: respuesta a emergencia respaldo internacional

Transferencia a seguros: pólizas petroleras con reducción de prima

Empleo del modelo de respuesta NIMS/FEMA - NFPA 1600 basado en comando unificado

Definición de equipos de respuesta TRT, IMT y BST

Enlace con Entes y Autoridades publicas

Establecimiento del Comando Unificado

8th LACPS - Universidad Católica Argentina - September 11-13, 2018 Ing. Diego Formica

Golfo de México
PRE PLANIFICACIÓN AMBIENTAL OFFSHORE

3. Desarrollo — Desarrollar Plan Respuesta

Programa de capacitación y entrenamiento de roles y responsabilidades

8th LACPS - Universidad Católica Argentina - September 11-13, 2018 Ing. Diego Formica

3. Desarrollo — Desarrollar Plan Respuesta

Programa de prácticas y simulacros

Golfo de México
PRE PLANIFICACIÓN AMBIENTAL OFFSHORE

4. Resultados

En números:

- 3 equipos de respuesta (denominados TRT, IMT y BST)
- 18 prácticas (1 por mes)
- 2 simulacros mayores
- 4 ejercicios de escritorio (tabletop)
- 1 centro operativo de respuesta desarrollado (Ciudad Paraíso)
- 2 centros de comando (Ciudad Paraíso - Ciudad de México)

8th LACPS - Universidad Católica Argentina - September 11-13, 2018 Ing. Diego Formica

4. Resultados

- Campaña: 18 meses (enero de 2016 / septiembre de 2017)
- Sin incidentes ambientales
- Desarrollo proveedor de respuesta a derrames local (inédito, único desarrollado antes de Ronda 1 era Pemex)
- Coordinación de ejercicios con Fuerzas Vivas (Guardia Marina, Policía, Defensa Civil), Contratistas (Well Control, Oil Spill Response, Suppliers, Operador Perforación) y personal propio de Hokchi Energy
- Seguros: se accedió a una adecuada cobertura de Property, Liability y Seguro Ambiental.

Golfo de México
PRE PLANIFICACIÓN AMBIENTAL OFFSHORE

Agradecimiento final:

Elena Vicente
Miguel Farinella
Víctor Falconi
Eduardo Avilés
Fernando Rueda
Diego Leiguarda

¡Muchas gracias!

Ing. Diego Formica
dformica@pan-energy.com
diegoformica@yahoo.com.ar

8th LACPS - Universidad Católica Argentina - September 11-13, 2018 Ing. Diego Formica

Intuitive Schemes, Procedures and Validations for Decision and Action of the Emergency Leader, Case and Simulation Analysis

8TH CCPS LATIN AMERICAN CONFERENCE ON PROCESS SAFETY

Conference: CCPS Latin American Conference on Process Safety

Year: 2018

Proceeding: 8th CCPS Latin American Conference on Process Safety

Group: General Program

Session: Emergency Management and Stakeholders Outreach

Time: Wednesday, September 12, 2018 - 2:00am-2:30am

Authors:

Avila Filho, S., Federal University of Bahia
Spinola Avila, J., Federal University of Campina Grande
Cerqueira, I. C. S., UFBA
Nascimento, J., SSP BA
Drigo, E., UFBA

Accidents are events of the risk activity that can have as consequence from the increase of cost until the loss of the business, this depends on the frequency, the impact, the perception of the society and the complexity of the communications. The big difficulty of analyzing the initiating causes, the promoting environment, and the secondary causes of top events is in the urgency to act in a corrective or preventive way.

This urgency affects the need for rapid decision making, with knowledge, skills and referral of rules not sufficient to contain the danger that extravasates of equipment and processes. Thus, the investigations and the speeches of the processes are suggested for the leader and the team without treatment of crisis situations.

The characteristics for the leader and the team are discussed from the decision model. One of the main requirements for acting in the middle of an emergency is know how to manage the level of stress by reducing the possibility of loss of cognitive function in the emergency brigade. The Leader, although having important command characteristics and being able to "energize" the group, needs to understand the importance of retrieving information about major impacts on the original danger line, or the danger line after his intervention.

This article intends to discuss the decision models of the group that treats emergencies in industrial activities of high risk in both the leadership role and the support to the leader. Real and / or projected industrial and public service accidents are discussed taking into account risk reports or analyzes and characteristics identified through decision models. Thus, accidents, FPSO São Mateus, Fireball with LPG, Piper Alpha, Madre de Deus, Bhopal and Texas City are the object of study to evaluate perception, decision, memory, competence, "energization", emotional balance, velocity and action of the leader and team.

The aspects analyzed in each accident are the description of the context, the history before the event, the events close to the top event, the characteristics of the leadership and the team, and the critical analysis identifying the expected pattern and what was found in the occurrence. What is intends to verify is the quantitative difference between the standard state and the observations of the facts happened for each case and later to realize a mean of these characteristics showing the structuring of the team and of the leader for the treatment of the emergency and contingency actions.

The characteristics of the emergency leader are analyzed based on the criteria: Perception of the hazard where failure to perceive the impact and possibility of occurrence of the event will create a comfort in the team that controls the danger until complacency in actions and risk aversion. The impact is decreased if the non-perception is in the deviation phase and the impact will be increased if the non-perception of the occurrence is close to happening. The presence of the deviation is recognized when the transient state is differentiated from the abnormal one. This depends on the experience of the operator who must have visual memory and experience. The perception of decision risk is measured, therefore, when the difference in state is noticed at some stage of the fault's life cycle. In the decision of action in emergency situation it is expected that from the deviation one detects the abnormality and the sensation of urgency.

Energization. Energizing the moment of emergence depends on knowing the impending release of danger, which indicates a high risk of the top event occurring. The complacency state does not generate enough energization to initiate emergency coping. Decision. The decision history indicates if the emergency leader is prepared for actual action. Competence. To understand the causal nexus of the phenomena involved in the accident, to have experience and experience similar to the activities related to the events, know how to treat with situations already seen and to be able to infer, extrapolate and test unusual situations.

Memory. Parallel Memory Rescue means to quickly and conjoin the history of the week and day, similar past sensations without cognitive processing, comparison, interpolation, hypothesis, confirmation of the pattern. Impulse and Speed. Impulse action seems to be inappropriate as it does not perform cognitive pattern recognition and uses the intuitive recognition of the action environment. In the case of emergencies, often the leader does not have time for this cognitive recognition.

The characteristics of the emergency leader are analyzed based on the following criteria: Memory rescue. A number of procedures, manuals, historical and technical specifications should be available for fast retrieval of memory for interpretation of emergency brigade problems. Knowledge base. If the decision support team in command of the emergency does not have sufficient knowledge to relate the causal nexus and the environments that may be potentiating the release of the danger energy or even what the likely cause for the barrier failures for each technical system will be difficult establish corrective or mitigation actions. Emotional balance. The discussion of solutions to support the emergency command requires care to avoid emotional instability.

Fast Cognitive Elaboration. The speed for memory rescue, validation, calculations, conferences, and comparisons should be high enough to enable rapid cognitive processing that supports the emergency command. Action of support in the emergency. The set of memory rescue, knowledge base, emotional balance and rapid cognitive elaboration allow solutions.

The analyzes are constructed by making the equivalence of the characteristics of the led with the leaders. Thus, a fast team cognitive enhances the quality of perception in releasing the hazard and its risk. The energizing promoted by leadership through its command action demands an emotional balance of the team to be able to rescue information that the leadership does not possess. The command should have fast speed but team action requires a comparison of requirements to avoid contingency failure. The leader can only develop emergency action if he has a well-structured working memory from previous experiences and especially from the sensations and noises known in the emergency. The knowledge of the team must support the competence of the leader, above all, the gaps of one are covered by the other.

For the analysis of the results we used the radar chart with the launch of the measurement of the characteristics already discussed in classifications 1 (missing), 2 (intermediate) and 3 (complete equal to the desired standard).

Based on the Madre de Deus Ball of Fire case where the LPG preheating furnace exploded. Some deviations in the process were identified due to improper maintenance of the sphere causing the presence of LPG with oxygen, and the prolongation of explosions and leaks with great loss of assets and personnel.

Analyzing the results it is noticed that there is a low perception of the risk of a deviation becoming an event by the leader's look and also, the team's low cognitive quality, that is, low speed for action. It is considered that the level of competence of the leadership is average for unusual situations, but the knowledge of the team is great to discuss the phenomena. The memory of the emergency leaders is intermediate because it does not include deviations, but in return, the memory rescue in the case of LPG is good since the shift books are preserved and the maintenance records are of good quality. In the evaluated case it is verified that the speed of command of the leadership is fast, which in a certain way can be a problem if it is precipitate and the attitude for action is low. The attitude of the leader is considered intermediate, since the team has a low emotional balance. From these analyzes it is concluded that the team does not support the decisions of the leader, reason to cause accidents.

Taking into account the average of responses of all accidents addressed it is noticed that the perception of leadership and cognitive are low, causing a delay to help the accident. The competence of the leader is less than the knowledge of the team proving that the approach to the environment of the accident makes the operator more experienced. The memory of the leader and the memory of the team are average. Leadership energizing is low compared to the team's emotional balance. And team action is low relative to leadership command speed, which can be justified due to low energization.

Therefore, it is concluded that it is necessary to devise procedures to select a brigade team, prepare training, analyze the effect of stress for leaders and brigade staff, simulate human behavior at high stress and what care taken. In order to minimize accidents and their impacts, ensuring the safety of the process.

International Association of Oil & Gas Producers

Process Safety Indicators – some surprising analysis of fatal incidents data

8th CCPS Latin American Conference on Process Safety
September 10 – 13 Buenos Aires
Chris Hawkes – Safety Director

IOGP Member Company Work hours (contractor and employee) and FAR

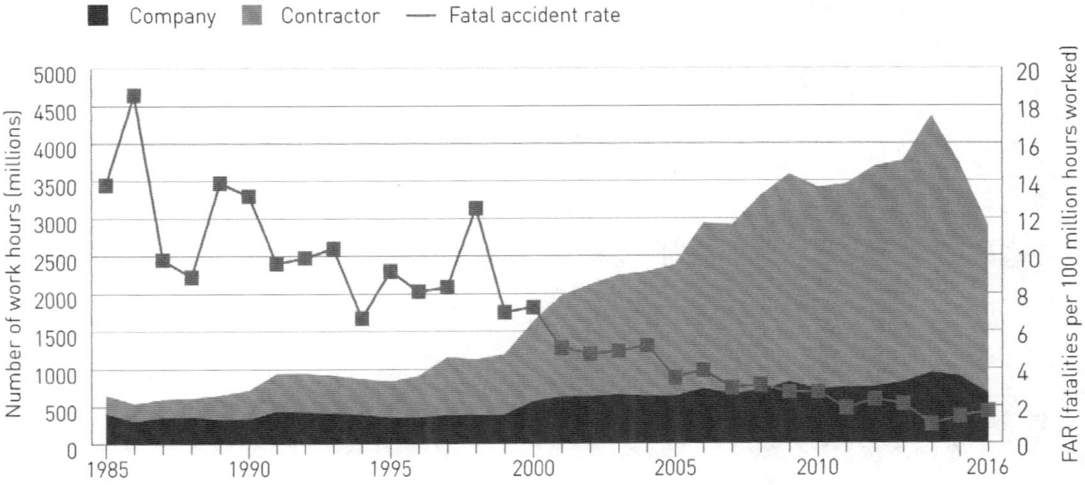

International Association of Oil & Gas Producers

Project Safira:
For no more fatalities in the Upstream Industry

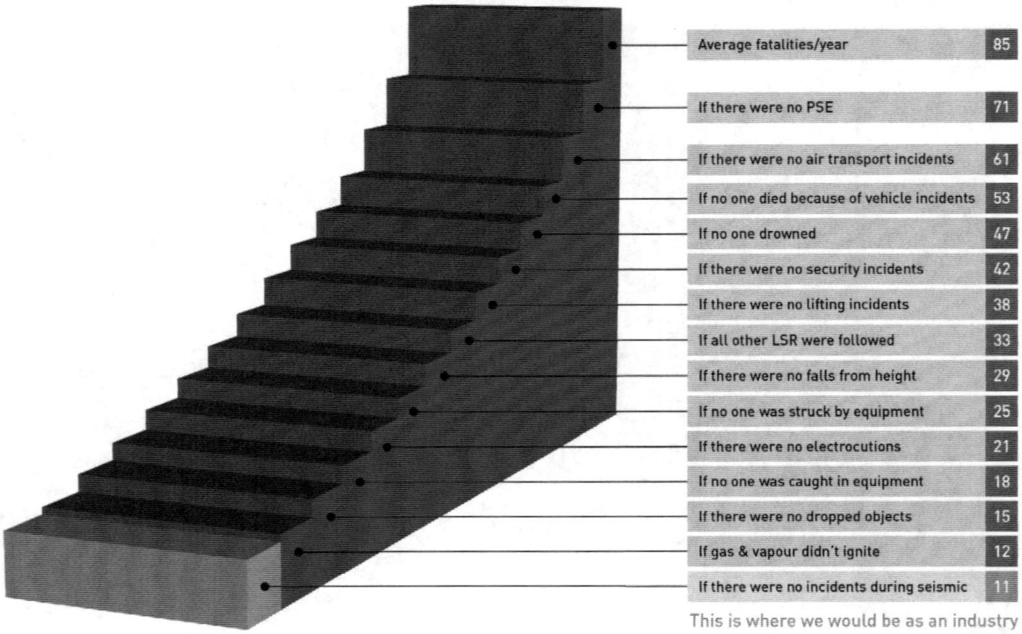

IOGP International Association of Oil & Gas Producers

Process Safety in IOGP

What I hope to cover

- About IOGP
- Project Safira
- Process Safety Indicators
- Analysis
- Fatal Event Analysis
- Some final thoughts

IOGP International Association of Oil & Gas Producers

About IOGP

Wherever you are...
Wherever you go...
Whatever you do...

chances are you're relying on oil and gas for heat, light, power and mobility

IOGP's Members produce 40% of the world's oil and gas - safely, efficiently and reliably

IOGP International Association of Oil & Gas Producers

Who we are

IOGP works on behalf of the world's oil and gas companies and organizations to promote safe, responsible and sustainable exploration and production

The Association encompasses many of the world's leading publicly-traded, private and state-owned oil and gas companies, industry associations and major upstream service companies

IOGP International Association of Oil & Gas Producers

81 Members around the world

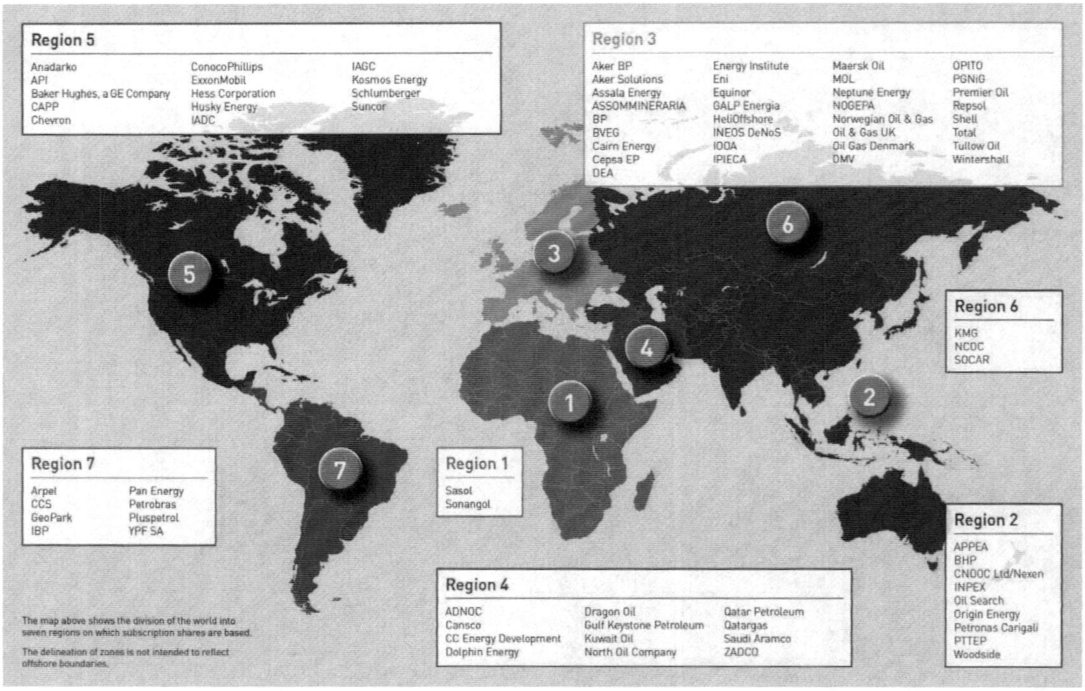

Map shows locations of Member Head Offices. Many operate globally

International Association of Oil & Gas Producers

International Association of Oil & Gas Producers

IOGP Committees 2018

Management Committee

Arctic	Legal
Communications	Metocean
Decommissioning	Safety
Environment	Security
EU	Standards
Geomatics	Subsea
Health (with IPIECA)	Wells Expert

Participants come from member companies and organizations, bringing with them a wide range of know-how, data and experience

With support from IOGP's secretariat, the work of the committees reaches a wider global audience through publications, events and an expanding media programme

Committee: Safety

One of IOGP's founding committees, it is primarily a forum where participants engage deeply to learn from significant events

- Works to prevent fatalities and injuries, with a strong focus on major incidents
- Aims to develop a level playing field for safety, recognized by regulatory authorities
- Collects and publishes data on worldwide upstream operations, onshore and offshore, from participating member companies and their contractor employees.

For more information including fatal incident, high potential events and causal factors data visit http://safetyzone.iogp.org/

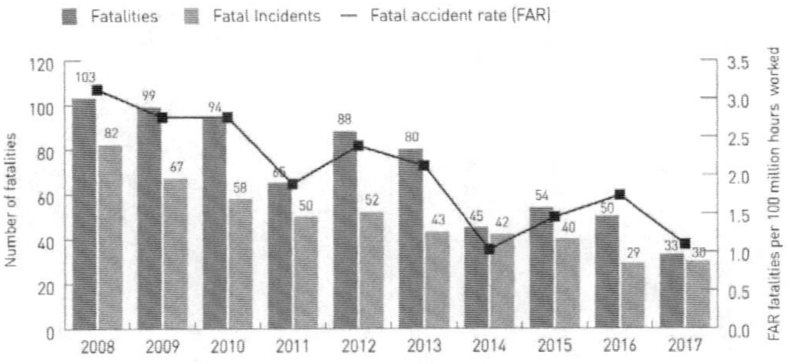

Number of fatalities and fatal accident rate (2008–2017)

Figure 1 from *'IOGP Safety Performance Indicators – 2017 data'*

More information at **www.iogp.org/safety**

Project Safira:
For no more fatalities in our industry

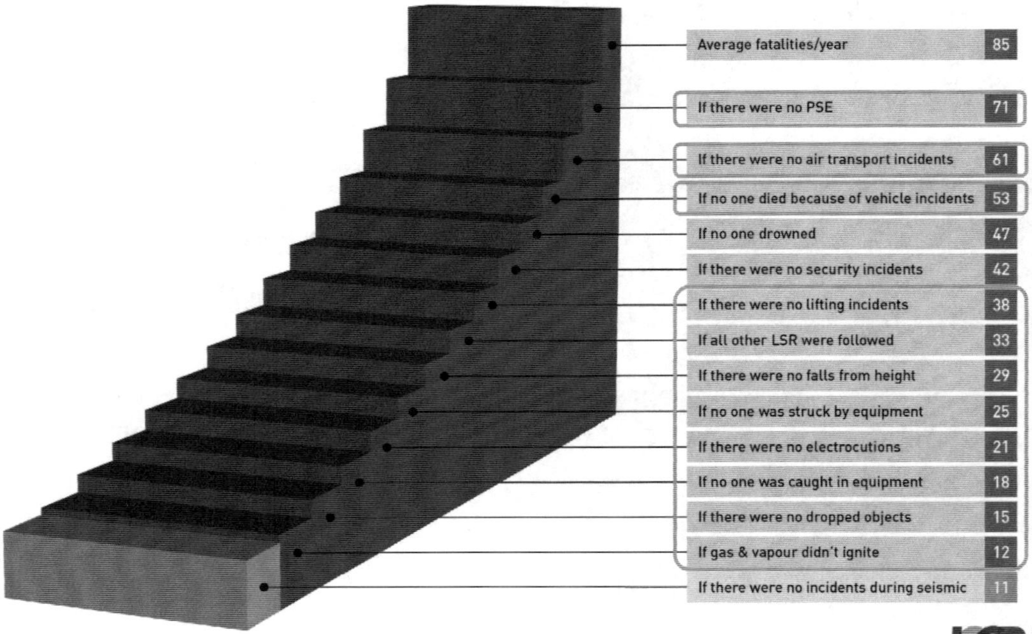

International Association of Oil & Gas Producers

International Association of Oil & Gas Producers

ASC Safety Focus Areas

FOCUS AREAS:

This top 5 list intentionally overlaps existing aviation industry focus areas

1. **Robust aircraft design / system reliability**
   - System Failure early diagnosis, reliability, operational impact (HeliOffshore work stream)
   - Longer-term strategies and actions to improve single-point failure in rotorcraft, in-service achievement of certification standard by research and advocacy for regulatory improvements (ASC, industry, HeliOffshore, IOGP)
2. **Assured flight path**
   - Aircraft Upset, Flight Path Management, CFIT/W (HeliOffshore work streams)
   - Effective design, use of automation, etc. (HeliOffshore work stream and IOGP)
   - HTAWS (HeliOffshore work stream, IOGP)
3. **Effective human and organisational performance**
   - Safety systems, culture and safety leadership in O&G aviation organisations (IOGP programmes)
   - O&G company-contractor interface management to enhance safety performance (IOGP programmes)
4. **Targeted technical solutions**
   - Active participation in specific HeliOffshore and IOGP work streams
5. **Industry standardisation and compliance**
   - Development of a true industry standard for offshore helicopter operations. (Joint and IOGP HeliOffshore work stream)
   - Comparison of agreed standards, IOGP registration of R590 differences

International Association of Oil & Gas Producers

International Association of Oil & Gas Producers

Land Transportation

Since 2005, land transportation-related incidents reported to IOGP resulted in 163 workforce fatalities

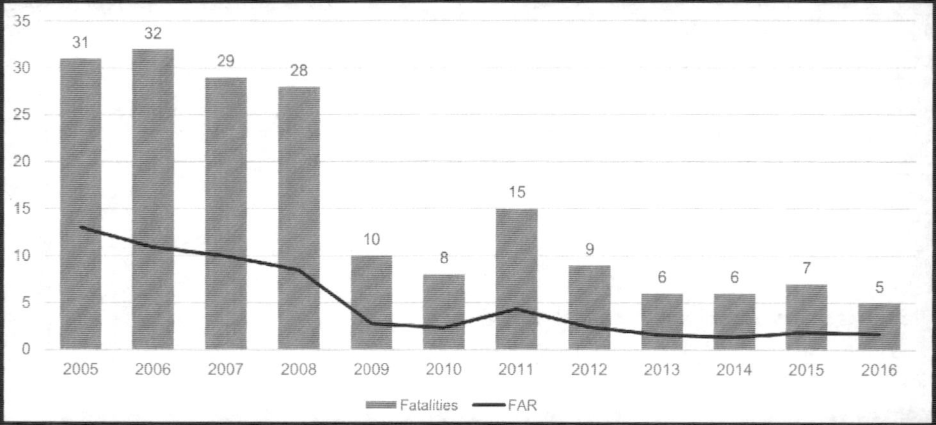

6 again in 2017

After significant fewer fatalities in 2009, little progress has been made

Something needs to change if we want to achieve **no fatalities**

Project Safira:

For no more fatalities in the Upstream Industry

The IOGP Land Transportation Subcommittee has proposed a strategy to eliminate land transport related workforce fatalities

ROAD TO ZERO

- Three-point seat belts
- Safer vehicles
- Enhanced vehicle technology

Not all vehicles are the same…

- National regulations set minimum, or sometimes no, vehicle safety standards
- The same vehicle model in different markets can have different build quality and safety features

- NCAP test and rate vehicles from 0 to 5 stars.
- The difference between a **five star and a zero star** vehicle may be the difference between **life and death**
- **https://www.latinncap.com/es/**

International Association of Oil & Gas Producers

International Association of Oil & Gas Producers

Update of the IOGP Life-Saving Rules

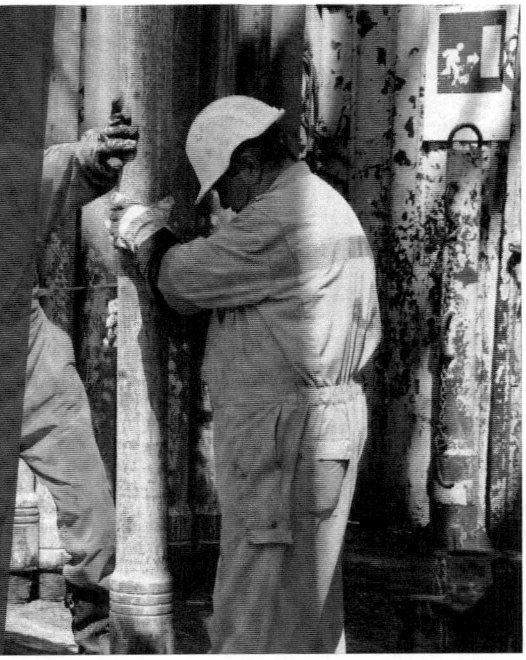

The new 9 IOGP Life-Saving Rules
Part 1

Bypassing Safety Controls

Obtain authorization before overriding or disabling safety controls

- I understand and use safety-critical equipment and procedures which apply to my task
- I obtain authorization before:
  - disabling or overriding safety equipment
  - deviating from procedures
  - crossing a barrier

Confined Space

Obtain authorization before entering a confined space

- I confirm energy sources are isolated
- I confirm the atmosphere has been tested and is monitored
- I check and use my breathing apparatus when required
- I confirm there is an attendant standing by
- I confirm a rescue plan is in place
- I obtain authorization to enter

Driving

Follow safe driving rules

- I always wear a seatbelt
- I do not exceed the speed limit, and reduce my speed for road conditions
- I do not use phones or operate devices while driving
- I am fit, rested and fully alert while driving
- I follow journey management requirements

IOGP International Association of Oil & Gas Producers

The new 9 IOGP Life-Saving Rules
Part 2

Energy Isolation

Verify isolation and zero energy before work begins

- I have identified all energy sources
- I confirm that hazardous energy sources have been isolated, locked, and tagged
- I have checked there is zero energy and tested for residual or stored energy

Hot Work

Control flammables and ignition sources

- I identify and control ignition sources
- Before starting any hot work:
  - I confirm flammable material has been removed or isolated
  - I obtain authorization
- Before starting hot work in a hazardous area I confirm:
  - a gas test has been completed
  - gas will be monitored continually

Line of Fire

Keep yourself and others out of the line of fire

- I position myself to avoid:
  - moving objects
  - vehicles
  - pressure releases
  - dropped objects
- I establish and obey barriers and exclusion zones
- I take action to secure loose objects and report potential dropped objects

IOGP International Association of Oil & Gas Producers

The new 9 IOGP Life-Saving Rules
Part 3

Safe Mechanical Lifting

Plan lifting operations and control the area

- I confirm that the equipment and load have been inspected and are fit for purpose
- I only operate equipment that I am qualified to use
- I establish and obey barriers and exclusion zones
- I never walk under a suspended load

Work Authorization

Work with a valid permit when required

- I have confirmed if a permit is required
- I am authorized to perform the work
- I understand the permit
- I have confirmed that hazards are controlled and it is safe to start
- I stop and reassess if conditions change

Working at Height

Protect yourself against a fall when working at height

- I inspect my fall protection equipment before use
- I secure tools and work materials to prevent dropped objects
- I tie off 100% to approved anchor points while outside a protected area

International Association of Oil & Gas Producers

International Association of Oil & Gas Producers

Eliminating fatalities due to Process Safety Events

Process safety events – high severity, low frequency

7 fatalities
2015

11 fatalities,
2010

31 fatalities,
2012

As well as severe environmental and business consequences

International Association of Oil & Gas Producers

However…

IOGP Members report on average **5 fatal PSEs per year**

We see **a 4+ fatality event** on average **every 18 months**

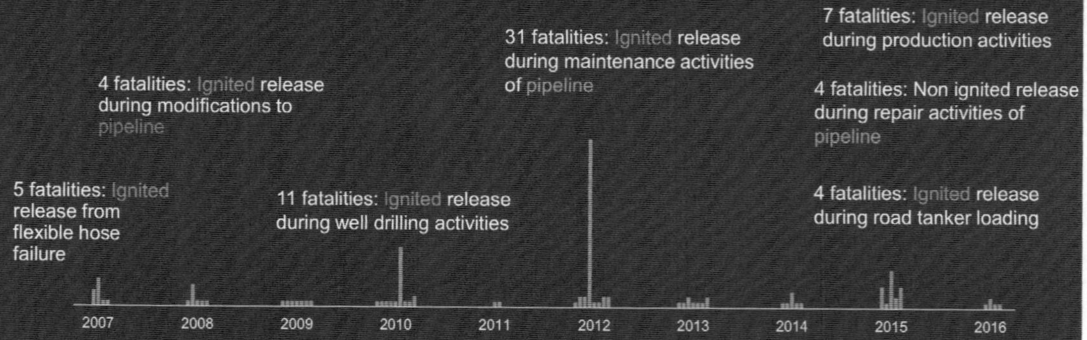

International Association of Oil & Gas Producers

And beyond our dataset

Several road tanker accidental events impacting gathering crowd generating some of the highest severity events

Many instances of pipeline fires, most typically due to pipeline strikes

One davit launched lifeboat incident causing high fatalities after a PSE during severe weather

Observations after qualitative review of industry accidents based on recent publicly available information. Examples above are of events in last 5 years not reported to IOGP

IOGP International Association of Oil & Gas Producers

Analysis of all Process Safety Events reported to IOGP (2014 – 2016 inclusive)

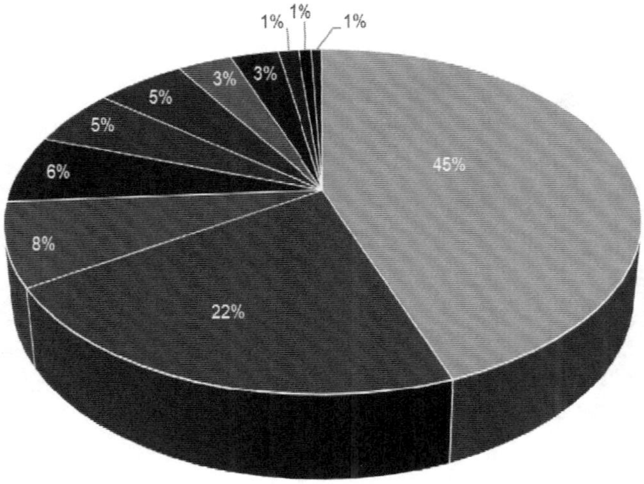

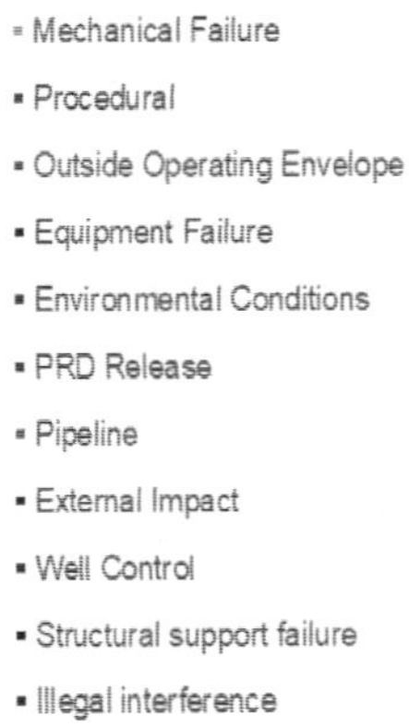

IOGP International Association of Oil & Gas Producers

Consequence analysis

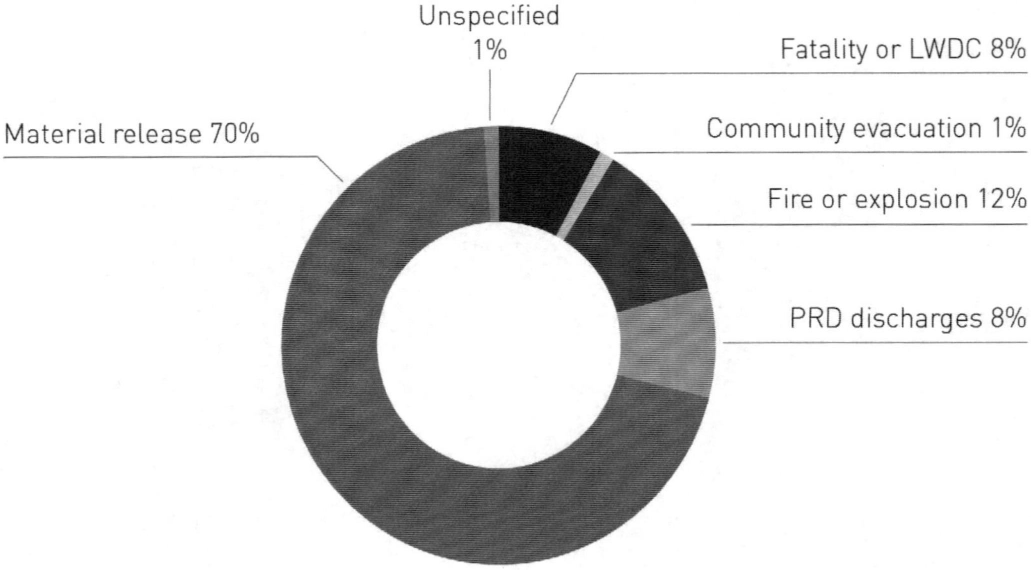

Figure 24: Consequences assigned to Tier 1 PSE – 2016

Activity analysis

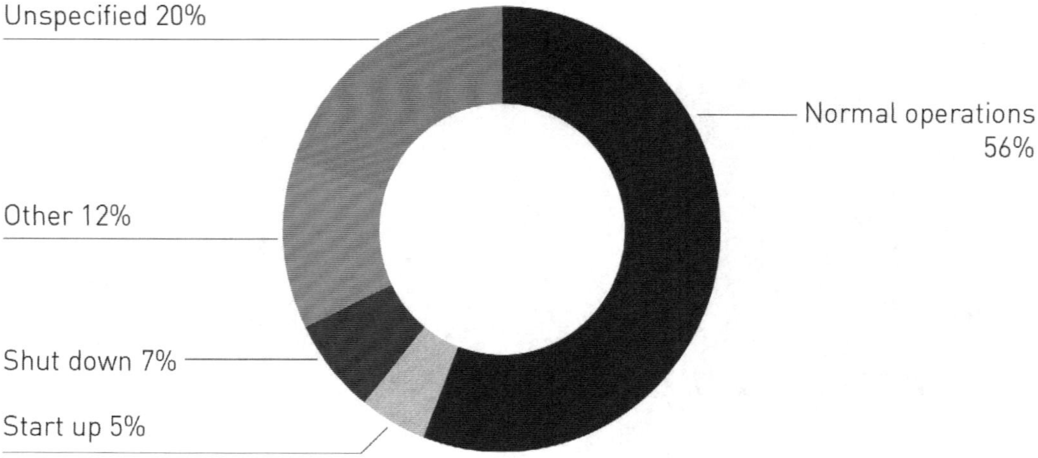

Figure 22: Production PSE by activity 2016 – Tier 1

Top 10 causes

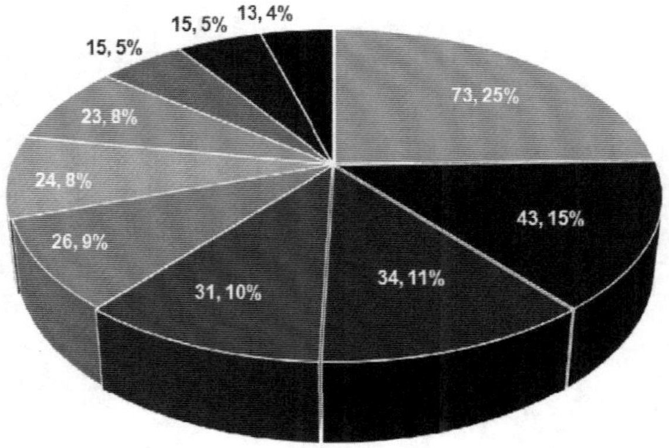

- Mechanical failure - Corrosion
- Mechanical failure - unknown
- Mechanical failure - Flange/gasket failure
- Procedural - Valving error
- Mechanical failure - Erosion
- Procedural - Control of Work
- Outside operating envelope - Overfill
- PRD Release - Unsafe location
- Procedural - Procedures
- Environmental conditions - Freezing

International Association of Oil & Gas Producers

All PSE Analysis summary

- Over 1/3rd of PSE Tier 1 events are due to Corrosion (25%) or Erosion (9%)
- 56% occur during **normal** operations
- Control of work/procedural account for about 20% of incidents
- Wells and well operations do not feature highly
- Only about 8% of PSE's result in injury or fatality

International Association of Oil & Gas Producers

Fatal PSE Data analysis
Approach

IOGP PSE data extended to 10 years (2007-2016)
PSE and "unknown" fatality data reviewed and filtered to events with LOPC
Remaining events reviewed and characterised by high level keywords:

- Ignited
- Struck-by
- Hotwork
- Static or pyrophoric ignition
- Mech/Equipment Failure
- Control of Work (CoW)
- Pigging
- Competency/training
- Hose/connections
- Wells
- Overpressure
- Contaminated water
- Overflow
- Loading/unloading
- Isolation
- Purging/hot work preparation
- Temp modification
- Steam burns
- Lifting
- Pipeline
- Internal explosion
- Occupied buildings
- Procedural
- Start-up

56 PSEs

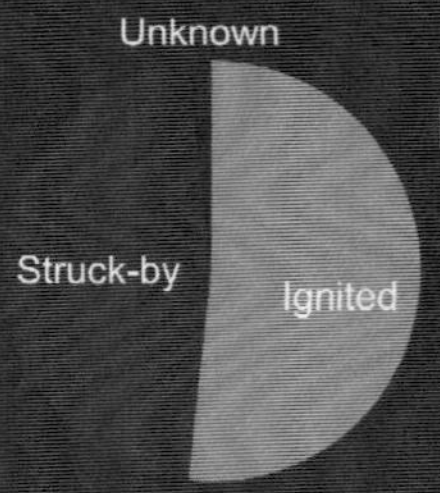

Fatal PSEs are either Ignited or Struck-by events

128 Fatalities

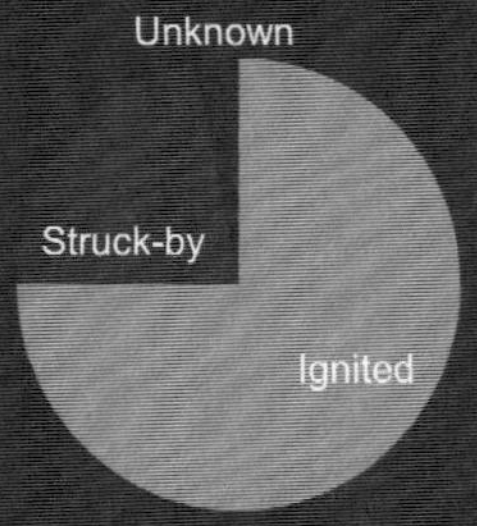

Ignited **events** are **75%** of **fatalities**

Nearly all **4+ fatality events** ignited

Almost half of PSEs occur during maintenance, inspection and testing
– this is equivalent for either Ignited or Struck-by events

- About 1/3 during drilling, workover and well services
- Fewer than 20% during normal production ops

Analysis of ignited events

- Usually over 3 fatalities per event
- **Control of work** related to over **50% of fatalities**
- **Procedural issues** were relevant in over almost **25% of fatalities**
  - Focus on Control of Work/Procedural remains valid when data screened to actual/potential higher severity events only
- **Well Operations** releases involved in **16% of fatalities** (mainly surface equipment)
- Mechanical failure associated with one very high severity event
- Lack of Hazard Awareness underpinning many events
- No events tagged with overpressure – unlike struck-by

International Association of Oil & Gas Producers

Analysis of Struck-by events

- Typically single fatality events
- Struck-by events are dominated by **Control of Work** type activities
  - Single largest contributor is "**flying debris**" due to an inadvertent overpressure
    (Other large contributors are pig traps/doors and movement of fixed equipment)
  - Addressed by Life Saving Rule: "Line of Fire" if **overpressure** is a known hazard

International Association of Oil & Gas Producers

Fatal PSE Analysis summary

- Approximately half of fatal PSEs are ignited events and half struck-by
- Many events occur during **maintenance, inspection and testing,** with relatively few during normal operations
- **Control of work/procedural** is a strong theme across the dataset
- About a **third of events involve wells** (mostly releases from surface equipment)
- Ignited events are particularly diverse but most commonly involve control of work/procedural issues
- Struck-by PSE events are typically **single fatality**, with flying debris caused by inadvertent overpressure being most common

IOGP International Association of Oil & Gas Producers

Underlying themes

- PSE fatality events are diverse in cause and circumstances
- Although some <4 fatality events are addressed by recently revised IOGP Life Saving Rules (LSR), LSR rules alone will not fully address PSE fatalities
- Although full root cause analysis of many events is not available, we concluded that:
  - Lack of **hazard awareness** is a factor in many PSE fatality events
  - More **effective leadership** on process safety will support fatality reduction
  - Minimising **exposure of personnel to hazards** is a pragmatic approach to reducing event severities

IOGP International Association of Oil & Gas Producers

What do the Incident Investigations say?
Fatal and High Potential PSEs –Top 10 assigned actions.

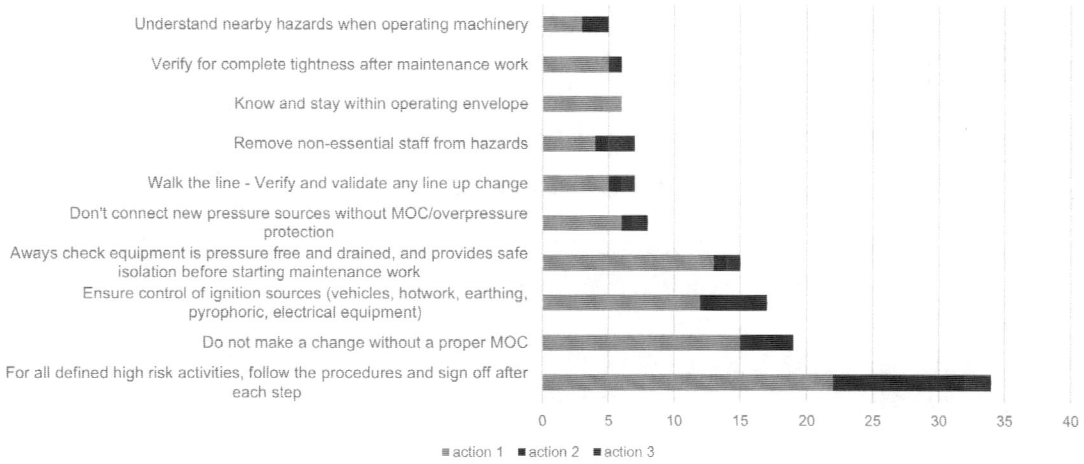

Conclusions

- The causes of PSE's that kill people are not the same as the causes of environmental PSE's
- Over half of fatal PSE's occur during some sort of intervention whereas half of non fatal PSE's occur during normal operations
- Valves and valving errors figure highly whatever the outcome
- Actions from incident investigations seem reasonable and sensible – we know what to do to keep our plants and operations safe, and yet….

A Final Word on Fatalities

- There are **no new accidents**
- Every fatality reported to IOGP **has happened before**, including the helicopter accidents
- We all know or can easily find out, what to do **to prevent fatalities**, process safety events and most accidents
- Nobody wants to have an accident, however **choices are made** that make accidents inevitable
- It is up to us to stand up and **choose NOT to have accidents** that result in fatalities

International Association of Oil & Gas Producers

For more information please contact:

Chris Hawkes

Safety Director

ch@iogp.org

www.iogp.org

Registered Office
City Tower
40 Basinghall Street 14th Floor
London EC2V 5DE
United Kingdom
T +44 (0)20 3763 9700
F +44 (0)20 3763 9701

Brussels Office
Bd du Souverain,165
4th Floor
B-1160 Brussels
Belgium
T +32 (0)2 566 9150
F +32 (0)2 566 9159

Houston Office
16225 Park Ten Place, Suite 500
Houston, Texas 77084
United States
T +1 (713) 338 3494

reception@iogp.org

¿QUÉ ES UN ECOSISTEMA?

Un sistema o grupo de elementos interconectados, formado por la interacción de una comunidad de organismos con su entorno.

Cualquier sistema o red que esta interconectada o partes que interactúan.

Antonio Macías latam@nfpa.org

¿QUÉ ES EL ECOSISTEMA NFPA?

El ecosistema de seguridad contra incendios y vida de NFPA es el marco a través del cual queremos comprometernos con cada uno de ustedes, trabajando juntos para proteger a las personas y sus propiedades.

Cada uno de los elementos que lo conforman juega un papel crítico en la protección de personas y propiedades. La falta de atención a cualquiera de estos puede resultar en mayores riesgos y crear una amenaza de seguridad significativa.

Antonio Macías latam@nfpa.org

RESPONSABILIDAD DEL GOBIERNO

Lo que buscamos con esto es que nuestros funcionarios del gobierno mantengan una política eficaz y un entorno reglamentario que respalde la seguridad en incendios, electricidad, edificaciones y la vida.

Para ser exitosos, los funcionarios estatales y locales elegidos deben crear un entorno reglamentario donde las leyes, políticas y prioridades de gastos se dicten por necesidades de seguridad pública no por intereses especiales.

Antonio Macías latam@nfpa.org

Intersección de la gestión de riesgos y seguridad de proceso con NFPA

La seguridad de proceso dirige la atención a lo que se esta haciendo bien y lo trata de replicar a lo largo de su proceso:

Utiliza las lecciones aprendidas en aspectos que son un desafío y se restablece la dirección según sea necesario

Las normas nacionales e internacionales apoyan las estrategias de seguridad del proceso basado en el riesgo y contribuyen a enmarcar y orientar la implementación

Antonio Macías latam@nfpa.org

West Fertilizer

West, Texas - abril de 2013. una explosión de fertilizante de nitrato de amonio ilustrado como un inadecuado control de zonificación, permitió que población vulnerable estaban demasiado cerca a una instalación que almacena, maneja y utiliza productos químicos peligrosos a pesar que los códigos principales y los requisitos de códigos y normas de referencia indican lo contrario.

Fallecieron 15 personas y más de 160 resultaron heridas.

Más de 150 edificaciones fueron dañadas

https://youtu.be/jzDC3iKbTzY

Antonio Macías latam@nfpa.org

Entonces, ¿que pasa después?

Los comités reciben resultados de la investigación

Conducen la investigación

Revisiones incorporan lecciones aprendidas en los cambios

¿Pero, cuando se incorporan cambios en la práctica?

- La Seguridad de proceso basado en el riesgo exige más acción oportuna

Antonio Macías latam@nfpa.org

DESARROLLO Y USO DE CÓDIGOS ACTUALES

Los códigos de seguridad son desarrollados por expertos de todo el mundo que garantizan los niveles mínimos de seguridad para proteger a las personas y las propiedades.

Las revisiones periódicas regulares incorporan los aprendizajes de investigaciones recientes, avances tecnológicos y casos de estudio.

Antonio Macías latam@nfpa.org

Seguridad del proceso basado en el riesgo

Bloques fundamentales

- Comprometerse con la seguridad del proceso
- Comprender los peligros y riesgos
- Gestionar los riesgos
- Aprender de la experiencia

¿Estrategias basadas en normas y su cumplimiento ?

¿Qué debo hacer y lo que tengo que hacer?

Antonio Macías latam@nfpa.org

NFPA ha desarrollarlo 4 tipos de código: Fuego, Seguridad de Vida, Construcción y Eléctrico

NFPA 5000

Código de Construcción y seguridad

NFPA 1

Código de Incendios

NFPA 101

Código de Seguridad de Vida

NFPA 70

Código Eléctrico Nacional

Antonio Macías latam@nfpa.org

NORMAS DE REFERENCIA

Aplicar en todas las leyes y reglamentos las referencias de los códigos y estándares de fuego, seguridad de vida, edificación y eléctrico.

Los códigos de seguridad desarrollados por expertos mundiales a menudo referencian otros códigos y normas, productos listados y otros documentos de referencia en su contenido.

Dichos elementos de referencia son piezas fundamentales del código y deben utilizarse.

Antonio Macías latam@nfpa.org

Impacto Nacional y Global de las normas

RAGAGEP

Practica Reconocida y Generalmente Aceptada, buena practica de Ingeniería

- Permitido en la ley en un lugar especifico de regulación o requisitos en las normas

- Fomenta la cultura de seguridad con normas proactivas en vez de enfoques reactivos

Antonio Macías latam@nfpa.org

Edificaciones en construcción

Códigos de incendios y el edificio no cubren las medidas de protección de incendios que son escánciales en las diferentes etapas de construcción de las edificaciones los diseños de sistemas de protección de incendio y otros componentes de seguridad podrían no ser funcionales.

NFPA 241 aborda los riesgos durante la demolición, modificación y construcción, y establece un proceso para la gestión de los riesgos. Los incidentes ocurren alrededor del mundo cuando los nuevos edificios son vulnerables a incendios y amenazan la seguridad de vida por que los componente del ecosistema de seguridad de vida y previsión de incendios no es reconocido.

Antonio Macías latam@nfpa.org

INVERSIÓN EN SEGURIDAD

- La seguridad debe ser siempre priorizada y no sacrificada por competencia presupuestaria.
- La inversión de la que hablo es una conectada a la conciencia de peligro que permite a todos los interesados identificar y administrar los peligros de incendio, electricidad y relacionados de manera que genere un cambio en la cultura, en constructores, diseñadores, contratistas, ingenieros, bomberos y rescatistas, encargados de la elaboración de leyes, trabajadores y el público en general.

Antonio Macías latam@nfpa.org

INVERSIÓN EN SEGURIDAD

- Con esta inversión viene la expectativa de que todos los interesados deben responder para prevenir el fuego y la vida. Cuando todas las partes interesadas se han comprometido con esta inversión, podemos establecer un marco que se dirija a los desafíos más críticos para que la seguridad se convierta en una prioridad compartida entre las partes interesadas.

Antonio Macías latam@nfpa.org

Comprometer a la seguridad del proceso

- Cumplimiento de normas
  - ✓Mantener una práctica confiable
  - ✓Realizar actividades de trabajo de conformidad
  - ✓Siga a través en las decisiones, acciones y utilización de resultados de cumplimiento
- Alcance de los interesados
  - ✓CCPS y NFPA "desarrollar y difundir la información" para evitar incidentes

Antonio Macías latam@nfpa.org

MANO DE OBRA CALIFICADA

- Frecuentemente las personas que son muy importantes para el ecosistema de seguridad general no entienden, el papel que juegan para mantener seguras a las personas, o no están conscientes de las oportunidades de capacitación y educación disponibles para ellos.

Antonio Macías latam@nfpa.org

CUMPLIMIENTO DEL CÓDIGO

Ya sea una casa o un nuevo edificio de oficinas, los lugares donde viven y trabajan las personas son solamente tan seguros como la construcción y el cumplimiento del código en su jurisdicción y el código vigente.

El cumplimiento de las disposiciones de seguridad más actualizadas para cubrir los rápidos avances tecnológicos y las preferencias de los consumidores, requiere la participación de diseñadores, propietarios de edificios, contratistas, empleados y otros.

Antonio Macías latam@nfpa.org

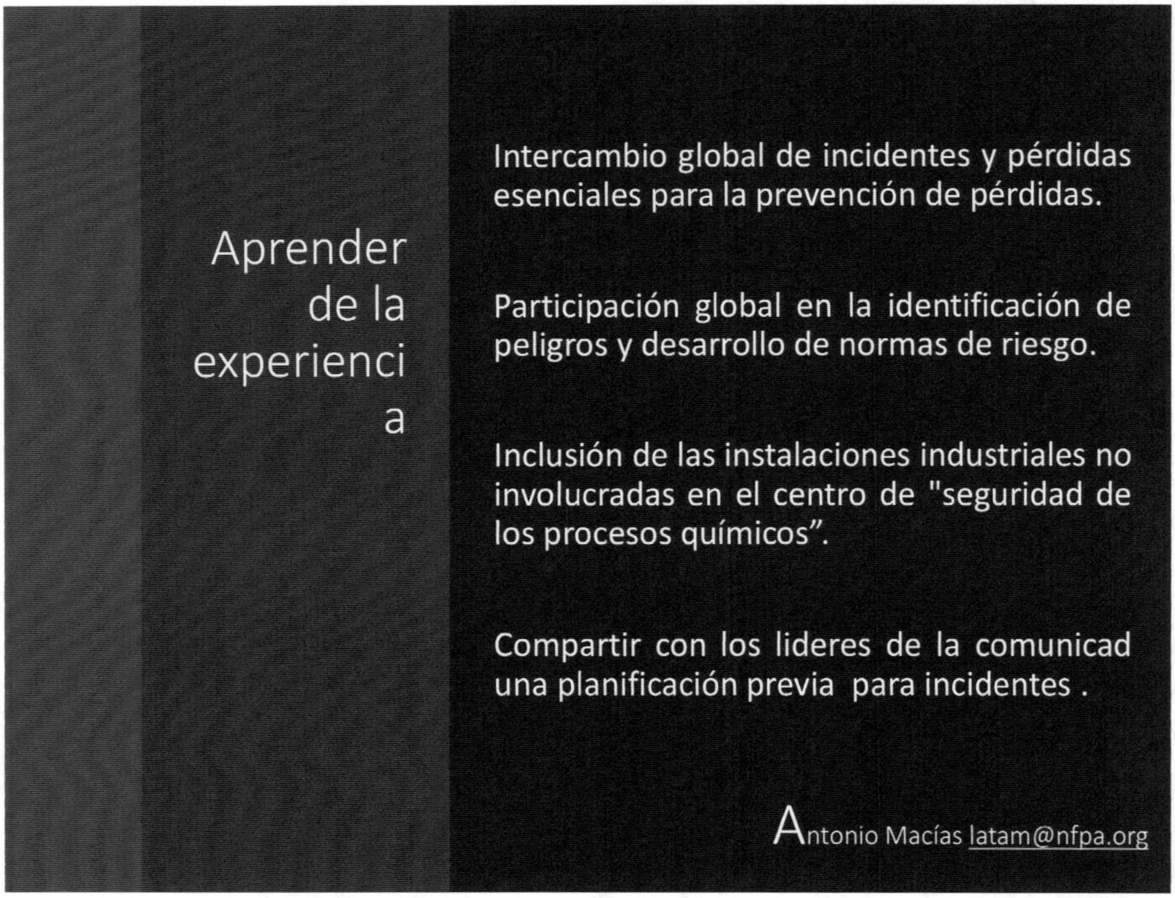
Aprender de la experienci a
Intercambio global de incidentes y pérdidas esenciales para la prevención de pérdidas.
Participación global en la identificación de peligros y desarrollo de normas de riesgo.
Inclusión de las instalaciones industriales no involucradas en el centro de "seguridad de los procesos químicos".
Compartir con los lideres de la comunicad una planificación previa para incidentes .
Antonio Macías latam@nfpa.org

PREVENCIÓN Y RESPUESTA DE EMERGENCIAS
Disponer de servicios eficaces de prevención y capacidad de respuesta para hacer frente a incendios, electricidad, y otros peligros relacionados

PREVENCIÓN Y RESPUESTA DE EMERGENCIAS

Las comunidades necesitan prevención efectiva y capacidad de respuesta para lidiar con los incidentes relacionados al fuego, electricidad y peligros relacionados.

Hoy le pedimos a los primeros en responder que se preparen y respondan no solo en incendios, sino en una variedad de desastres que se pueden iniciar. Desde accidentes en el coche y emergencias médicas hasta desastres naturales y eventos catastróficos hechos por el hombre, los primeros en responder son la primera línea de defensa y ataque. Merecen estar bien capacitados, bien equipados y bien preparados para cumplir con las necesidades variadas de sus

¿Qué es lo que NO sabemos?

Condiciones que conducen a las explosiones no precisamente conocidas

Contaminación por materiales combustibles parece ser el denominador común de aumento de riesgo de explosión.

El riesgo de explosión se incrementa cuando la siguiente combinación, ocurre:

Calentamiento (exposición al fuego), confinamiento y la contaminación

Respuesta y preparación para emergencias

PÚBLICO INFORMADO

Cuando no están informados, confían demasiado en las otras piezas del ecosistema y damos por sentada la seguridad; podrían participar en prácticas de seguridad de fuego y de vida. Cuando entiendan los riesgos involucrados, estarán más inclinados a actuar.

En esta era digital de sobrecarga de información, es nuestra responsabilidad encontrar maneras creativas de romper el "ruido" y empoderar a comunidades, personas y familiares para convertirse en sus propios héroes y actuar para estar más seguros.

Antonio Macías latam@nfpa.org

Comprender los peligros y riesgos

Lecciones aprendidas

- Investigaciones de nivel de gobierno.
- Informes sobre factores causales.
- Acciones correctivas para las industrias respectivas.

Recomendaciones a los organismos reglamentarios y el establecimiento de normas.

- Implementación de cambios de la NFPA

Antonio Macías latam@nfpa.org

INVERSIÓN EN SEGURIDAD	Priorizar la seguridad a través del consejo	MANO DE OBRA CALIFICADA
Promover el desarrollo de profesionales capacitados para aplicar los códigos y estándares	CUMPLIMIENTO DEL CÓDIGO	Apoyo al cumplimiento efectico del código
PREPACIÓN Y RESPUESTA DE EMERGENCIAS	Proveer de servicios eficaces de preparación y capacidad de respuesta para hacer frente a incendios, electricidad, y otros peligros relacionados	PUBLICO INFORMADO
	Educar al público sobre los peligros de un incendio, eléctricos y otros peligros relacionados	

Antonio Macías latam@nfpa.org

DESAFÍO

Hemos presentado el ecosistema como un medio para tener las conversaciones importantes y destacar los variados y diversos desafíos que dichos proyectos representan. Al comprender mejor las necesidades de cada grupo de interés, los resultados de estas conversaciones pueden resultar en más colaboración y menos competencia entre miembros del ecosistema.

Antonio Macías latam@nfpa.org

DESAFÍO

Reconocer a todos los interesados involucrados, y sus necesidades. Cuanto más entendemos las necesidades, mejor podemos planificar y gestionar un proyecto coherente que integre esas necesidades conjuntas.

Piensen en su papel en un proyecto. Consideren si su papel puede cambiar o evolucionar a medida que progresa el proyecto. Consideren las partes interesadas aquí y sus interacciones con cada uno:

¿cuál es su papel y responsabilidad en el proyecto? ¿Cómo y cuándo ocurre su interacción? Qué sucede si no están involucrados en discusiones y decisiones, o qué sucede si un papel o función identificada para una de estas partes interesadas no existe en su jurisdicción.

Antonio Macías latam@nfpa.org

Conclusión

Comenzamos esta presentación hablando de todos ustedes y su papel en el ecosistema. La seguridad es responsabilidad de todos y su papel puede e impactará la seguridad.

El objetivo es considerar todas las partes interesadas y sus necesidades en un proyecto, y cumplir con todos los códigos y estándares aplicables. La NFPA está aquí para servir como fuente de información y conocimiento para ustedes, su empleador y su jurisdicción.

Antonio Macías latam@nfpa.org

Impresiones sociales

Hoy y más allá

CCPS y NFPA tienen misiones muy similares

Las normas impactan objetivos de seguridad de proceso basado en el riesgo de muchas maneras

No se necesita reinventar nada

Los procesos de seguridad es un largo viaje de una carrera para todos los interesados en el ecosistema

Antonio Macías latam@nfpa.org

Para mayor información visiten: www.nfpa.org/ecosystem

NFPA®

Gracias

NFPA®

Ing. Antonio Macías

Director para Latino

Óscar L. Del Águila Chumbe

Superintendente de Planta
Pluspetrol Peru Corporation S.A.

Óscar Del Águila es Superintendente de la Planta de Fraccionamiento de líquidos de gas natural de Pluspetrol localizada en la costa sur del Perú, Pisco. Óscar se une a Pluspetrol en el 2004 para la Unidad de Producción, donde recorre sus diferentes áreas de proceso. Partiendo desde campo y asumiendo progresivamente puestos de mayor responsabilidad como el de Superintendente. Tienen más de 14 años junto a Pluspetrol, y en ella fue participe y líder de múltiples arranques y paradas de Planta exitosas, sin accidentes incapacitantes.

Dentro de sus principales Responsabilidades se encuentran: Asegurarse que la Planta opere dentro de los estándares de seguridad de Pluspetrol, velar por el cumplimiento de las Reglas de Vida y los procedimientos de control del trabajo (COT).

Óscar es Ingeniero Químico de la Universidad Nacional de la Amazonia Peruana, cuenta con un MBA otorgado por Centrum- PUPC Graduate Business School. Tiene amplia experiencia en el sector de hidrocarburos liderando equipos multidisciplinarios.

pluspetrol

NORMALIZANDO EL DESVIO: Debilitamiento del Permiso de Trabajo

Óscar Lander Del Águila Chumbe
Pluspetrol Peru Corporation S.A. Lima, Perú
odelagui@pluspetrol.net

Agenda

- Incidente
- Factor crítico
- Factores contribuyentes
- Recomendaciones
- Conclusiones

8ª CONFERENCIA LATINOAMERICANA DE SEGURIDAD DE PROCESOS DEL CCPS

Incidente

PVF Slu
and Packaging

El Incidente

- Durante las tareas de instalación y retiro de andamios en las cercanías de la línea de make-up de Propano de su Sistema de Refrigeración. El contratista apoyo una de las bandejas de andamios sobre la manija de una válvula de drenaje de ¾"Ø de la línea en mención que no tenía bloqueo positivo, lo que ocasionó la apertura parcial de la válvula y el escape de propano al ambiente. Ante el evento, el personal contratista se retiró del área sin dar aviso del hecho.
- Un Operador de planta que vio la fuga de gas informó inmediatamente el evento a Sala de Control.

8ª CONFERENCIA LATINOAMERICANA DE SEGURIDAD DE PROCESOS DEL CCPS

punto de
confino el
rrando dos
sus

la pérdida
cerraron la válvula de
drenaje.

Factor crítico

1. Normalización de los desvíos:

   •Operar una Planta con una seguridad deshabilitada (Sello "U leg" fisurado) y sin un Compresor de reciclo de VF, que es un equipo vital para el proceso.

   • Válvula de ¾" Ø sin bloqueo positivo, brida ciega ".

2. Débil gestión de Permisos de Trabajo.

- Este factor castiga al Pilar 2 de prevención de accidentes del CCPS, elemento Identificación de Peligros y Análisis de Riesgos.

8ª CONFERENCIA LATINOAMERICANA DE SEGURIDAD DE PROCESOS DEL CCPS

Factores contribuyentes

Falta en Asegurar

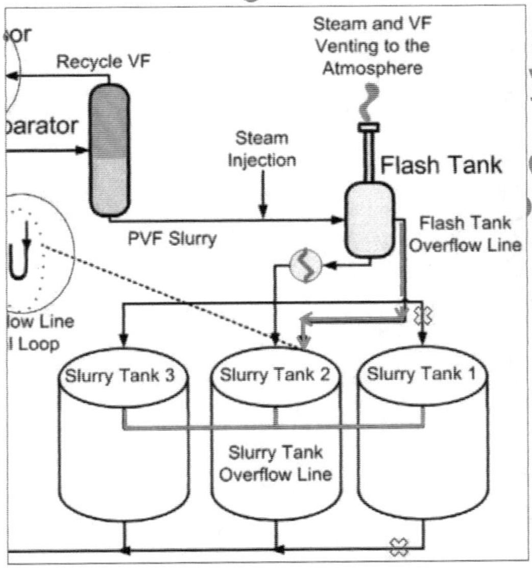

Factores contribuyentes

Liderazgo en Seguridad

- No involucraron a supervisores de planta, quienes son los dueños naturales cuando la Planta está operando y en consecuencia conocen todos los riegos del proceso.
- No se aseguraron que los trabajadores cumplan con los controles operativos identificados en el análisis de riesgos.

8ª CONFERENCIA LATINOAMERICANA DE SEGURIDAD DE PROCESOS DEL CCPS

Factores contribuyentes

Vulnerabilidad

- Se evidencia la carencia del sentido de vulnerabilidad de los trabajadores frente a los potenciales riesgos existentes.

Sentido de Vulnerabilidad :

Percepción del riesgo + Sentido de Pertenencia

Factores contribuyentes

De manera complementaria, en el evento de fuga de propano se tiene:

Actuación del plan de contingencias

- El personal contratista se retiró del área sin dar aviso del evento a través de la frecuencia de radio de la Planta, como lo demandaba su plan de contingencia, retrasando la toma de acción hasta la llegada del Operador.

8ª CONFERENCIA LATINOAMERICANA DE SEGURIDAD DE PROCESOS DEL CCPS

Recomendaciones

1.Realizar charlas de sensibilización a todo el personal de Planta y Contratistas focalizadas en el Fortalecimiento de la Disciplina Operacional, Gestión de los riesgos y Sentido de Vulnerabilidad.

2.Implementar la Gestión del Control de Trabajo (CoT).

Recomendaciones

3.Asegurar que los Supervisores y Lideres de las Contratistas cuenten con el entrenamiento adecuado en Control de Pérdidas.

4.Asegurarse que se realice el cumplimiento de la Revisión de Seguridad previo al Arranque (PSSR) de un sistema, haciendo énfasis en la detención de fuentes potenciales de pérdidas de contención y que este conformada por un equipo multidisciplinario.

8ª CONFERENCIA LATINOAMERICANA DE SEGURIDAD DE PROCESOS DEL CCPS

Recomendaciones

5.Implementar un plan de simulacros de eventos mayores asociados a pérdidas de contención.

Conclusiones

1. La normalización de la desviación y el debilitamiento de la Gestión del Permiso de Trabajo podría ocasionar pérdidas humanas o la activación de un evento de riesgo mayor con consecuencias catastróficas.

2. La existencia de un programa de Control de trabajo (CoT) bien gestionado, pudo haber identificado y eliminado esta fuente potencial de riesgo.

8ª CONFERENCIA LATINOAMERICANA DE SEGURIDAD DE PROCESOS DEL CCPS

Conclusiones

3. Se capitaliza el verdadero valor que tiene la "Revisión de Seguridad previo al Arranque (PSSR)" de un sistema.

4. El incumplimiento de las acciones demandadas a seguir en los Planes de Contingencia y Manejo de Crisis incrementa las probabilidades que cualquier tipo de evento escale a uno de Riesgo Mayor, comprometiendo la integridad de los trabajadores y la continuidad del Negocio.

8ª CONFERENCIA LATINOAMERICANA DE SEGURIDAD DE PROCESOS DEL CCPS

¿Preguntas?

8ª CONFERENCIA LATINOAMERICANA DE SEGURIDAD DE PROCESOS DEL CCPS

Gracias!!!

Rafael Garcia Yañez

Facilities Engineer
Chevron Global Technology Services Company

Rafael Garcia Yanez is a Senior Process Engineer for Chevron Eastern Venezuela supporting improvement projects and leading Process Safety culture into a Joint Venture Asset. Rafael joints Chevron in 2012 after 5 years working with Foster Wheeler where he held positions of increasing responsibility including: Process Engineer Leader for Detailed Engineering and Troubleshooting Leader for Refineries. Before joining Foster Wheeler, Rafael gained 5-years' experience as process engineer, operational advisor, project leader, and PHA leader with Petrolera Ameriven (Extraheavy Crude Upgrader JV).

Most relevant roles and responsibilities within Chevron includes: engineering quality assurance for Chevron Eastern Venezuela capital project portfolio; developing and facilitating technical training for local partner operating personnel, including Process Safety culture; developing and deploying new Process Engineering monitoring tools; advising Coker Operational Decisions and as Technical support in troubleshooting.

Rafael holds a Bachelor of Science in Chemical Engineering from Simon Bolivar University. He has over 16 years of experience in the oil industry with international training on desalting, distillation, tray internals, delayed coking, and simulation.

Chevron

loss of containment Tier 1 from Hot Vacuum Residue Tank.

Introduction

The hot tank number 12, (TK-012) was designed under the following premises:

TANK SPECIFICATIONS:

- Designed and Built by CBI in 2001-2002
- Design Code: API-650, 10th Edition, Appendix E, M.
- Nominal Capacity 143MBls
- Tank Diameter:160'; Tank Height: 40'
- Design Temp: 500 DegF
- Internal Design Pressure: 0.865 in-H2O
- Design Wind Velocity: 85mph
- Seismic Zone: 3
- The tank storage is a mixture of Vacuum Residue and Medium Vacuum Gasoil with a pour point of 135°F and a viscosity @ 350F of 132 cSt.

Chevron

8ª CONFERENCIA LATINOAMERICANA DE SEGURIDAD DE PROCESOS DEL CCPS

Operational Philosophy for Hot Tank TK-012.

Vacuum Residue/MVGO Blend tank is nitrogen blanketed to handle potential explosive mixture due to high rundown temperature.

Vacuum residue/MVGO blend tank is not provided with steam coil or an external heater/exchanger. The vacuum residue/MVGO blend temperature is maintained at approximately 350°F by continuous flow through the tank. Steam tracing is provided.

Design maximum inflow to the tank by coker shutdown is approximately 104,100 BPSD and maximum outflow is 42,100 BPSD of (100%) vacuum residue. This operation can be performed for up to 6 hours, which is the allowable time for tank TK-012 to attain its maximum operating temperature of 470 F.

Chevron

8ª CONFERENCIA LATINOAMERICANA DE SEGURIDAD DE PROCESOS DEL CCPS

General diagram for VR path

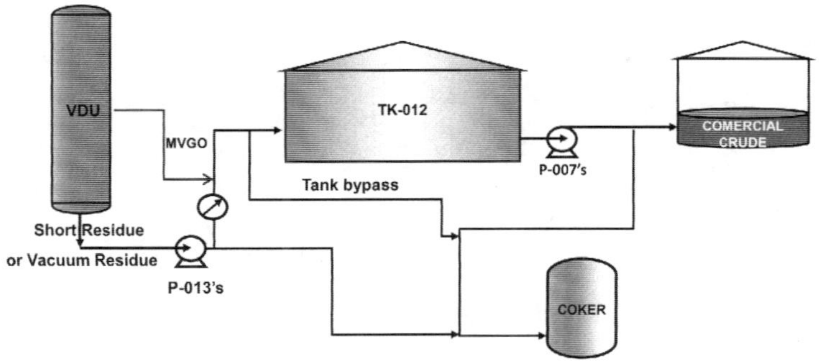

Chevron

8ª CONFERENCIA LATINOAMERICANA DE SEGURIDAD DE PROCESOS DEL CCPS

Incident investigation

Root Cause Analysis (RCA) is a methodology which aim is to find out minor level causes that are:

- Possible to identify
- Corrected and directly can prevent the accident
- Controlled by the organization

For Chevron main advantage of the root cause studies is what from undesired events not only can be determined systematically causes of the issue, also, engineering studies with which facilities were conceived are reviewed, as well as operational philosophy and associated procedures.

Chevron

8ª CONFERENCIA LATINOAMERICANA DE SEGURIDAD DE PROCESOS DEL CCPS

Historical events about tank TK-012

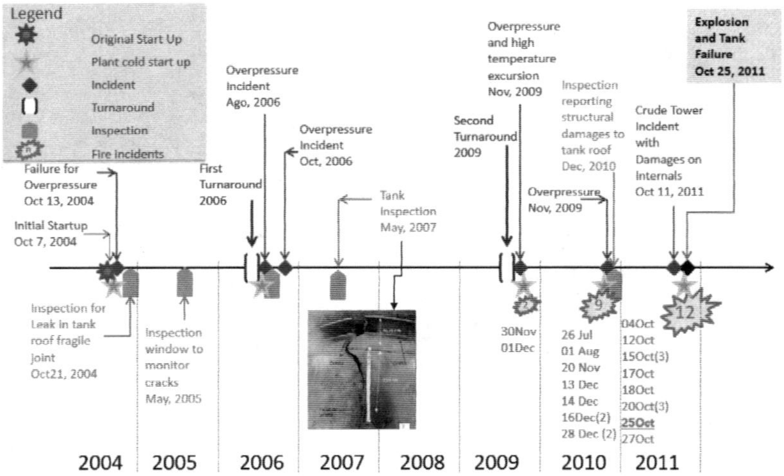

Chevron

8ª CONFERENCIA LATINOAMERICANA DE SEGURIDAD DE PROCESOS DEL CCPS

Explosion of tank TK-012

On Tuesday, October 25, 2011, at 06:40 hours, a crude oil processing and offsite area technician, reported to the duty superintendent that occurred an explosion and there is fire at tank TK-012 into this Non-Operated Joint Venture (NOJV) Chevron refinery facility.

Emergency response to control the fire in the tank was activated. Immediately the Crude Unit was safely shutdown. Other process units continued operating to reduce the inventory of oil in the affected tank to prevent escalation of the event.

The fire was controlled the same day at 10:30 hours. A subsequent fire was presented in the same tank on Thursday, October 27th at 8:05 hours, activating again the emergency response, being controlled at 10:50 hours.

Chevron

8ª CONFERENCIA LATINOAMERICANA DE SEGURIDAD DE PROCESOS DEL CCPS

Explosion of tank TK-012

To avoid new fires, the product inside the tank was cooled by blending it with MVGO.

Production was reestablished on October 28th. The vacuum residue was routed directly to the Coker and Blending units, bypassing tank TK-012, limiting refinery throughput and on-stream factor.

There were no injuries. Losses are estimated over 25MMUSD for tank repair.

There was a significant business impact due to loss of opportunities while the tank was out of service.

Chevron

8ª CONFERENCIA LATINOAMERICANA DE SEGURIDAD DE PROCESOS DEL CCPS

Tank TK-12 previous and after event

Root Cause Analysis Results (2012)

Root Causes

The organization did not apply a systematic process for decision making that considers the risk factors associated with the refinery operations resulted in:

- Accumulations of a significant volume of light hydrocarbons in Tank-12.
- Presence of Oxygen was observed due to damage in the tank (cracks and holes).
- The likelihood of auto ignition mechanism due to light hydrocarbon ingress as Kerosene and operating temperature.

Corrective actions taken

Some of the actions were related to the four following areas:

- **Implement design improvements for TK-012 repair to prevent potential overpressure scenarios.**
- Provide resources to reinforce organizational improvements.
- Implement an Organizational Excellence Management System as a platform.
- Improve the response and efficiency for procurement and contracting process.

Chevron
8ª CONFERENCIA LATINOAMERICANA DE SEGURIDAD DE PROCESOS DEL CCPS

Swiss Cheese Model

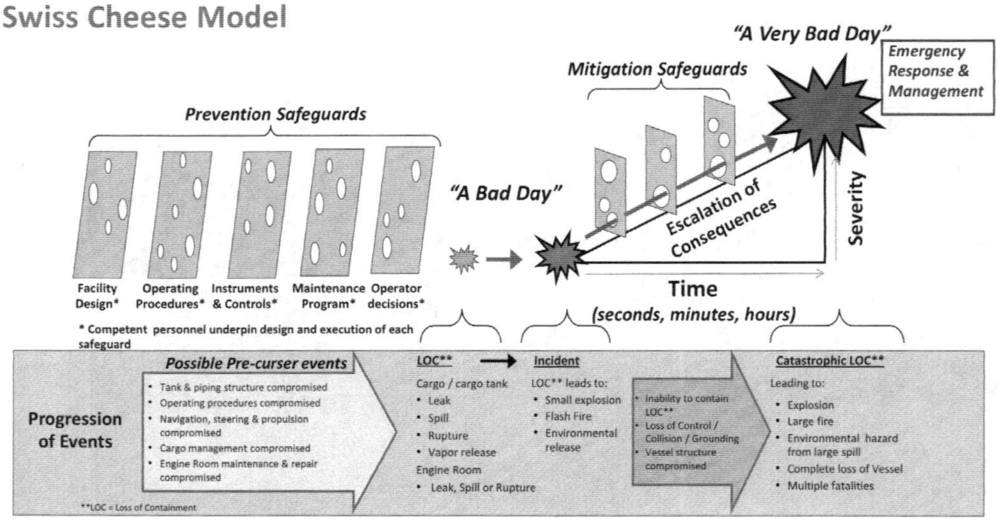

Design Improvement Strategy/Results

Design Improvements for Tank TK-012 (Storage Tank for Short Residue/MVGO Blend).

Evaluation of the relief system capacity vs. operational requirements, assessment of the instrumentation associated with the tank, and improvements to the blanketing gas system.

Main purposes were:

- To perform simulation of Operational scenarios (Crude Unit) to define worst case scenario and requirements for relief capacity of tank TK-012.
- To perform evaluation to tank TK-012, to assure compliance with API 2000.
- To carry out an Operational philosophy review with interfaces, considering ongoing projects.
- To perform Operability / Maintainability review.
- Blanketing system evaluation.

Chevron
8ª CONFERENCIA LATINOAMERICANA DE SEGURIDAD DE PROCESOS DEL CCPS

Operational Philosophy considered for Hot Tank TK-012

Considering current operational philosophy to shutdown vacuum residue circuit when maximum operational temperature is reached (470°F), maximum inflow considered by engineering contractor (EC) for inbreathing calculations was 82,902 BPD.

For maximum outflow EC assumed both outlet pumps in service (in rated flow) total flow was 170,000 BPD.

Vaporization is not occurred during normal operation in tank TK-012, therefore it was made a reconstitution of possible hydrocarbons in circulation during distillation unit stabilization in start up and to do a flash calculation at tank process conditions.

Chevron

8ª CONFERENCIA LATINOAMERICANA DE SEGURIDAD DE PROCESOS DEL CCPS

Vaporization scenario considered for Hot Tank TK-012

Mixture of potential light material to TK-012

Name at Simulation	DN	LGOS	HGOS	ATMBTM
Description	Kerosene	Light Distillate	Heavy Distillate	Atmos. Residue
Percent to be considered	3.3%	5.9%	1.0%	89.8%
Volumetric Flow (BD)	4,768.31	8,608.93	1,485.5	131,217.8

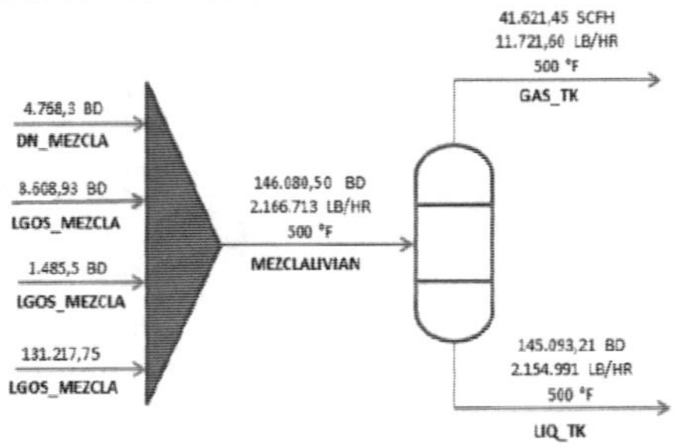

Chevron

8ª CONFERENCIA LATINOAMERICANA DE SEGURIDAD DE PROCESOS DEL CCPS

Calculation results following API 2000

Outbreathing and Inbreathing requirements

Contributor	Gases Out-breath (SCFH)	Air Ingress (SCFH)
Liquid Movement	19,392.4	39,779.2
Thermal Effect	16,152.0	44,104.7
Vaporization	41,621.4	-
Total Flow	77,165.8	83,883.9

Outbreathing requirement for TK-012 during fire scenario

Emergency Vent	
Light Mixture inside	
Requirement (SCFH)	32,327.28

Total amount of outbreathing required: **109,493.1 SCFH**

Calculation results following API 2000

Facilities for Outbreathing requirements

Comparison	Out-breath (SCFH)	Emergency Out-breath Scenario (SCFH)	# Devices –Type
Design	54,000	None	Two PVV 10"
Required by API 2000 calculations	77,165.8	32,327.3	Three PVV 10" and Two PSV 10"
Installed after re-engineering	152,152		Three PVV 10" and Two PSV 10"
Relief excess installed vs requirements	42,658.9 (+39 % vs API2000 and +282 % vs Design)		

Chevron
8ª CONFERENCIA LATINOAMERICANA DE SEGURIDAD DE PROCESOS DEL CCPS

Calculation results following API 2000

Results for blanketing calculations in TK-012

Maximum Charge Case	Blanketing Consumption (SCFH)	Blanketing Evacuation (SCFH)
Thermal Requirement by Blakey/Gary Orlando	718.8	718.8
Liquid Movement at Tank	40,389.7	19,690.0
Total Flow	41,108.4	20,408.7

Additional facilities considered were: Improvement of blanketing system for nitrogen supplied, installing two control valves at ground level, to make maintenance safely. Therefore, for the new nitrogen supplying valves it was recommendable not to install self-regulating design as originally.

Process Hazard Analysis

Hazop Results

As a highlight three (3) high consequences scenarios were identified. One of those consequences is linked to failure of vacuum residue cooling system before going to TK-012 and other two consequences related to ingress of raw crude oil to tank TK-012 with sudden light material vaporization.

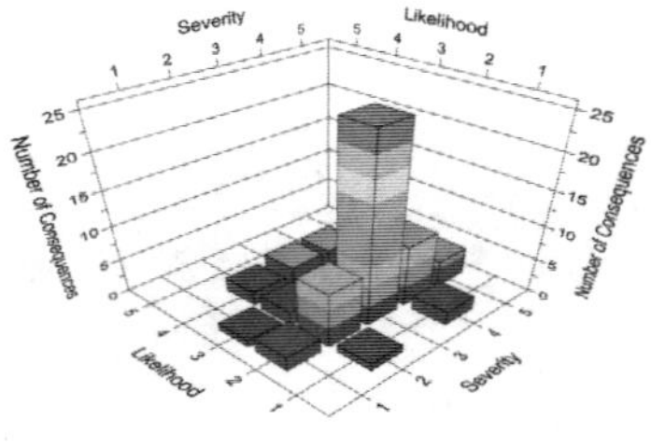

SIL Results

Other improvements compared with original facilities were added: 1) Radar technology for level measurement redundancy; 2) Temperature measurement, with multi-point measurement; 3) Automation of new TK-012 bypass, based on level redundancy indication and feeding density (not installed yet).

212011-4	HIGH LEVEL WITH OVERFILLING OF TANK TK-012. INCREASE OF PRESSURE AND AFFECTING THE INTEGRITY OF THE TANK, INCREASE OF TEMPERATURE OF THE ENTERING PRODUCT BY POSSIBLY AFFECTING THE TANK, LEAK AND FIRE.	SEVERE	MODERATE	LOW	510	Requires SIL 2
212011-5	HIGH LEVEL WITH OVERFILLING OF TANK TK-012. INCREASE OF PRESSURE AND AFFECTING THE INTEGRITY OF THE TANK. LEAK AND FIRE.	SEVERE	MODERATE	LOW	512	Requires SIL 2
212011 - 6	HIGH LEVEL WITH OVERFILLING OF TANK TK-012. INCREASE IN PRESSURE AND AFFECTING THE INTEGRITY OF TANK, VERY HIGH PRESSURE OF ENTERING PRODUCT DUE TO POSSIBLY AFFECTING THE TANK BECAUSE OF THE UNAVAILABILITY OF THE COKE UNITY. LEAK AND FIRE.	CATASTROPHIC	MODERATE	LOW	26	Requires SIL 1

After improvements Tank TK-012 once again over-pressurized

On August 3rd, 2014 at 03:55 hours, during Vacuum Column de-inventory towards Commercial Crude storage tank TK-006 (off-spec) at the Hydro-processing unit, as part of the Distillation Unit pre-start-up process, Charge Crude Oil pass was produced towards the Vacuum Residue tank TK-012, causing overpressure and rupture of the tank safety fragile joint as it is appreciated below.

Chevron

8ª CONFERENCIA LATINOAMERICANA DE SEGURIDAD DE PROCESOS DEL CCPS

Historical events about tank TK-012

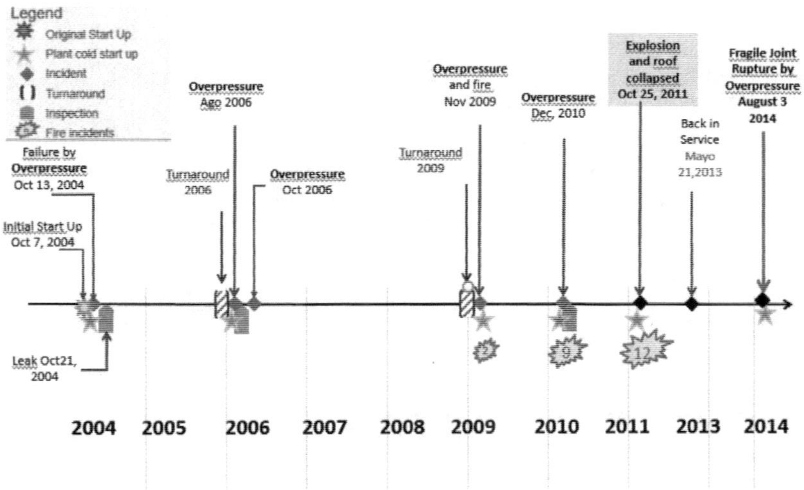

Chevron

8ª CONFERENCIA LATINOAMERICANA DE SEGURIDAD DE PROCESOS DEL CCPS

What Happened?

Fragile joint was specified and calculated to break at 3.17inH2O in tank TK-012, nevertheless during this event, pressure monitoring range set was overcome, and it was necessary an approximation to determine maximum pressure supported by the fragile joint before failing.

Fragile joint is considered the last barrier of mitigation to avoid an explosion of any tank.

Maximum pressure according trend extrapolation was around 4.46inH2O in the moment when it is supposed the fragile joint broke.

Chevron

8ª CONFERENCIA LATINOAMERICANA DE SEGURIDAD DE PROCESOS DEL CCPS

Trends of new event

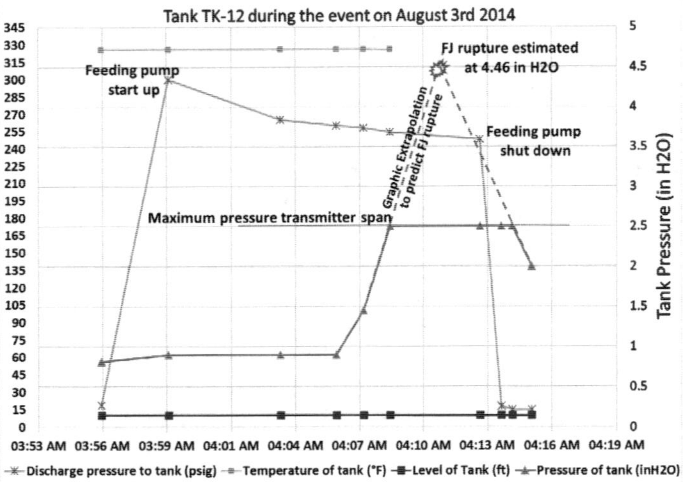

Those trends were basic to reproduce condition under simulation environment and determine what kind of material ingress to tank TK-012 and validate relief capacity.

Chevron

8ª CONFERENCIA LATINOAMERICANA DE SEGURIDAD DE PROCESOS DEL CCPS

What Happened?

The only statement not supported in previous calculations was refer to vaporization.

Statement 3.2.5.16 in API 2000 considers this scenario as "mixing of products of different composition", explained as "Introduction of materials that are more volatile than those normally stored ... This can result in overpressure" however even into statement 4.2.2 where there are additional guidelines for overpressure calculations, it does not appear some reference to calculate vaporizing regarding change of composition. Additionally, no water considerations are mentioned in this API standard.

Chevron

8ª CONFERENCIA LATINOAMERICANA DE SEGURIDAD DE PROCESOS DEL CCPS

Simulation results

It was performance a simulation minute by minute the event to reproduce vaporization assuming raw crude entrance to tank TK-012, and it was possible to conclude:

a) Fragile joint rupture calculations were not accurate as expected due to rupture occurred at 4.5 inH2O approximately.

b) Relief calculation according method described in previous slides during re-engineering was insufficient and/or lack of knowledge/data and scientific basis (no references described into API 2000)

c) During this event Tank TK-012 accumulated between 3,900-5,000 SCF before fragile joint rupture

d) Maximum vaporization inside tank TK-012 during the new event was around 222,000 SCFH = 3700 SCFM, with vapor average MW of 67 lb/lbmol (lower than previous estimation by water vaporization).

Then, according to this event and based on simulation results, we should have installed 46% more relief capacity to avoid this emergency-undesired event. Additionally, it seems necessary to implement additional safeguards regarding high pressure trip acting over the bottom pump which feeds tank TK-012.

Chevron

8ª CONFERENCIA LATINOAMERICANA DE SEGURIDAD DE PROCESOS DEL CCPS

Curve of vaporization into TK-012 simulated (event of August 3rd, 2014)

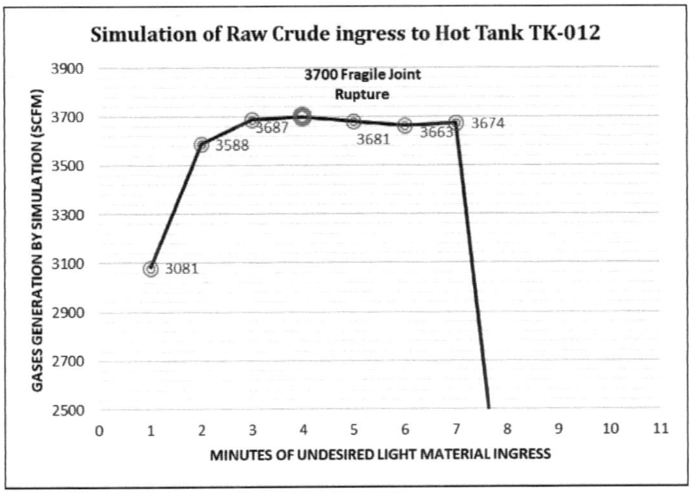

Chevron

8ª CONFERENCIA LATINOAMERICANA DE SEGURIDAD DE PROCESOS DEL CCPS

Root Cause Analysis Results (2014)

Root Causes

Sub-Procedures / Safe work Practices

- DCO or HVGO/MVGO could be used to pack lines after the column shutdown.
- There is no check list for de-inventory columns.
- HAZOP / Safety Work Practices was not transmitted / updated; therefore, recommendations and follow up step are missing.

Risk Assessment - Results were not followed, inadequate Controls or preventive systems.

- Failure to close TK-012 HAZOP recommendations.
- **There isn't a high critic valves system opening/closing indication (Action previously not identified).**

Chevron

8ª CONFERENCIA LATINOAMERICANA DE SEGURIDAD DE PROCESOS DEL CCPS

Root Cause Analysis Results (2014)

Corrective actions taken

- Update shutdown and start-up Safety Operational Procedures (SOP) including difference between line packing with HVGO vs Raw Crude Oil, set up precautions when packing with Raw Crude Oil, valves and bypasses identification and alignment towards mixing unit, operational double block application during start-ups and shutdowns and time for lines displacements.
- Develop a verification list for column de-inventories.
- **Update bypass SOP for tank TK-012, on the new bypass and battery limits inlet and outlet valves' closure.**

Current Results

Since September 28, 2014 tank TK-012 was put on service after repair of its fragile joint and corrective actions were implemented from RCA-2014, resulting as of today, in effective remedy to avoid overpressures during upsets, shutdowns and start-up.

Chevron

8ª CONFERENCIA LATINOAMERICANA DE SEGURIDAD DE PROCESOS DEL CCPS

RCA 2012 & 2014 comparison

Root causes comparison

Root Causes	Related with the Event	Involving a PHA process	Specific Actions	Systemic Actor Identified	Multi-causes	Delegation to Staff Positions	Human Performance Perspective
2012	Yes	No	No	Yes	No	No	No
2014	Yes	Yes	Yes	Yes	Yes	Yes	Yes

Corrective actions comparison

Corrective Actions	Related with Root Causes	Specific Actions	Systemic action implemented	Delegation to Staff Positions	Actions with immediate results	PHA suggested
2012	Not all	Yes	Yes	Yes	No	No
2014	All	Yes	Yes	Yes	Yes	No

Conclusions

Tank TK-012 by design had not enough relief capacity, comparing with API 2000 guidelines, resulting in a detection of constrain in more of two times of the required relief capacity.

New ingress of light material has shown tank TK-012 relief capacity is still compromised. A basic simulation injecting atmospheric residue with an adiabatic flash was not a conservative method to determine quantity of vaporization.

Process data during new overpressure in tank TK-012, contributed as high value tool to perform simulations and/or models to replicate undesired events.

Chevron
8ª CONFERENCIA LATINOAMERICANA DE SEGURIDAD DE PROCESOS DEL CCPS

Conclusions

Raw crude or some lighter product, with potential ingress to hot tanks, could be analyzed as most critical scenario of vaporization or as emergency case. Whether dynamic package is not available, it is possible to get a steady state simulation to replicate a "dynamic simulation" minute by minute with adiabatic flashes to determine maximum vaporization.

It is recommended to consider average Molecular Weight resulted from multi steps in steady state is a better reference for PVVs and PSVs datasheets to be specified.

API 2000 mentions change of composition despite that, it is not reflecting any guideline about vaporization into tanks during overpressure or emergencies.

Conclusions

This paper does not have intention to allow ingress of light material to hot tanks, just an experience of calculation for vaporization inside Hot Tanks.

In every event related with near misses or incident or accident, with potential or high impact, a highly recommended action should be to integrate one team by technicians, Subject Matter Experts, operational personnel and a leader with investigation commitment.

As lesson learned, aspects to be considered during the RCA are:

a) Relation with the event,
b) Involvement with some PHA process,
c) Clearly establishment of specific actions,
d) Identification of systemic actors,
e) Detection of several root causes,
f) Delegation of actions to staff positions for corrections and
g) Include into RCA human performance perspective.

Chevron
8ª CONFERENCIA LATINOAMERICANA DE SEGURIDAD DE PROCESOS DEL CCPS

Conclusions

As lesson learned, corrective actions should include some key items as:

a) Related directly with all root causes in some way,
b) Must describe specific and/or technical/operational actions,
c) Some systemic action should support specific actions,
d) To be delegated to staff positions,
e) Those should reflect immediate results, be verifiable and
f) They should suggest a PHA process according the recent event, with installed facilities.

It should be implemented physical changes to preserve current operation due to current barriers are related with human performance and administrative safeguards (Validation and Verification program). However let's always assume that human beings make mistakes

Comments and Questions

Pablo Francisco Cantasano

Process Safety and Operations Manager in Environment, Safety and Health Vice President´s Office

Pablo Francisco Cantasano is currently working with YPF S.A. He has performed Downstream and Upstream activities (Oil and Gas Industry) for more than 25 years.

He holds a Mechanical Engineering degree and postgraduate Work Engineering, Environmental Engineering, and Business Management degrees. He is a member of the Argentine Oil and Gas Institute Safety Committee and of ARPEL Process Safety Team. He also served as Vice President of NFPA Safety Chapter in Argentina.

He has participated as a lecturer, moderator or organizer in both national and international Workshops and Congresses relating to the Oil & Gas Industry.

In addition, he has performed and currently carries out teaching and research activities at national universities focusing mainly on Process Risks, Work Risks, Fluid Mechanics, Ventilation, and Machine Design issues.

YPF

La Calidad de las Investigaciones como contribución a las lecciones aprendidas

Pablo Francisco Cantasano
pablo.cantasano@ypf.com

YPF

8ª CONFERENCIA LATINOAMERICANA DE SEGURIDAD DE PROCESOS DEL CCPS

AGENDA

- La resiliencia organizacional
- El proceso de investigación
- Reflexiones
- Conclusiones

YPF

8ª CONFERENCIA LATINOAMERICANA DE SEGURIDAD DE PROCESOS DEL CCPS

¿No nos puede volver a ocurrir?

Foto gentileza de Fabián Maciel Arroyo

YPF

8ª CONFERENCIA LATINOAMERICANA DE SEGURIDAD DE PROCESOS DEL CCPS

Resiliencia Organizacional

- El aprendizaje a través de lo que nos sucede
- Los canales que aportan al aprendizaje
- Uno de los canales: La investigación de los incidentes de Seguridad de Procesos

Alcance: Investigaciones realizadas por la organización con sus propios recursos humanos; asistidos o no.

YPF

8ª CONFERENCIA LATINOAMERICANA DE SEGURIDAD DE PROCESOS DEL CCPS

Tres propuestas de acuerdo:

- Aprender a través de los incidentes, es una manera traumática y reactiva de aprender
- Aprovechar al máximo estas oportunidades de aprendizaje
- Mejorar la calidad de la investigaciones, aportará a lecciones aprendidas eficaces

¿Me acompañan?

El proceso de reflexión debería trascender estos 20 minutos, propongo hacernos preguntas sobre algunos aspectos críticos detectados como oportunidades de mejora en la calidad de investigaciones de incidentes de Seguridad de Procesos.

YPF
8ª CONFERENCIA LATINOAMERICANA DE SEGURIDAD DE PROCESOS DEL CCPS

El proceso de investigación

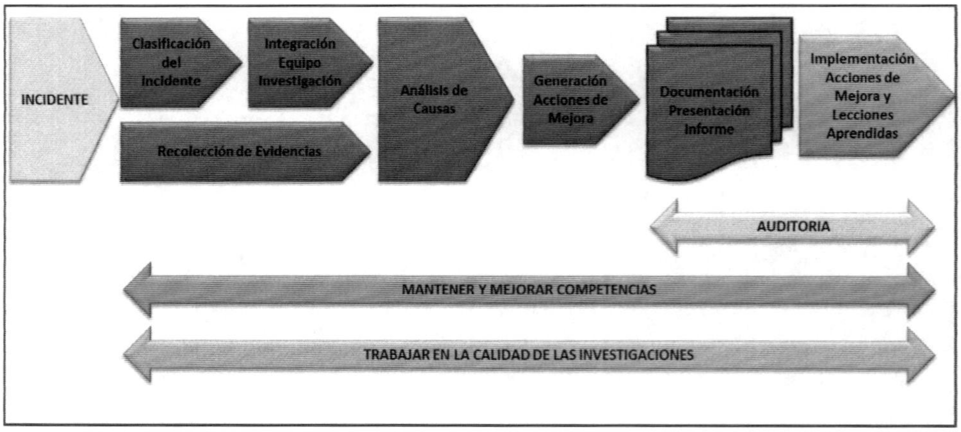

Enfoque de la Investigación

- El enfoque sistémico y el enfoque "pericial". ¿Cual de ellos?
- ¿Estamos integrando eficazmente el conocimiento experto?

YPF

8ª CONFERENCIA LATINOAMERICANA DE SEGURIDAD DE PROCESOS DEL CCPS

Los recursos y el alcance

Clasificación del incidente

- ¿Se predeterminan los recursos en función del tipo de incidente?
- ¿Se incorporan los "cuasi accidentes" de Seguridad de Procesos en las investigaciones?

YPF

8ª CONFERENCIA LATINOAMERICANA DE SEGURIDAD DE PROCESOS DEL CCPS

El equipo de investigación

Integración Equipo Investigación

- ¿Está organizado el trabajo del equipo?
- ¿Se evitan los prejuicios personales de los integrantes?
- ¿Los integrantes cuentan con competencias adecuadas?
- ¿Alguno de los integrantes conoce y aplica la metodología de investigación a aplicar?

YPF

8ª CONFERENCIA LATINOAMERICANA DE SEGURIDAD DE PROCESOS DEL CCPS

La fundamentación

Recolección de Evidencias

- ¿Se han planificado las entrevistas?
- ¿Las evidencias físicas se han referenciado y custodiado?
- ¿Se han descartado evidencias prematuramente?

YPF

8ª CONFERENCIA LATINOAMERICANA DE SEGURIDAD DE PROCESOS DEL CCPS

Las causas y sus evidencias

Análisis de Causas

- ¿Todas las causas halladas tienen evidencias asociadas?
- ¿La metodología aplicada para la determinación de causas no "forzó" su hallazgo?

YPF

8ª CONFERENCIA LATINOAMERICANA DE SEGURIDAD DE PROCESOS DEL CCPS

Las frutillas del postre (1/2)

Generación Acciones de Mejora

- ¿Todas las causas halladas tienen asociada al menos una acción de mejora?
- ¿Están redactadas para que la entienda quien la tiene que implementar?
- ¿El alcance es adecuado?
- ¿Formación? ó ¿Procedimiento?

YPF

8ª CONFERENCIA LATINOAMERICANA DE SEGURIDAD DE PROCESOS DEL CCPS

Las frutillas del postre (2/2)

Generación Acciones de Mejora

- ¿Se mantendrán en el tiempo?
- ¿Son comprobables mediante evidencia concreta?
- ¿Son acciones de relevamiento?
- ¿Tiene impacto sobre el Sistema de Gestión?

YPF

8ª CONFERENCIA LATINOAMERICANA DE SEGURIDAD DE PROCESOS DEL CCPS

Informar y comunicar

Documentación Presentación Informe

- ¿El informe es exhaustivo y refleja todo el trabajo de investigación?
- ¿La presentación con diapositivas es el informe?

Evolución de las Acciones Mejora y de las Lecciones Aprendidas

Implementación Acciones de Mejora y Lecciones Aprendidas

- ¿La implementación de las acciones de mejora tienen el alcance que se estableció?
- ¿Las lecciones aprendidas se mantienen en el tiempo o son anécdotas?

YPF
8ª CONFERENCIA LATINOAMERICANA DE SEGURIDAD DE PROCESOS DEL CCPS

Tres vectores para promover la mejora

- Auditoría del proceso de investigación
- Mantenimiento de competencias
- Calidad de las investigaciones

YPF

8ª CONFERENCIA LATINOAMERICANA DE SEGURIDAD DE PROCESOS DEL CCPS

Conclusiones

- Planteamos 24 preguntas sobre las fallas típicas que aún tenemos que trabajar
- Estamos mucho mejor que hace unos años, pero todavía no es hora de descansar.
- La reflexión y las acciones resultantes nos harán progresar aún más.

YPF

8ª CONFERENCIA LATINOAMERICANA DE SEGURIDAD DE PROCESOS DEL CCPS

El aporte a la resiliencia desde las investigaciones bien realizadas

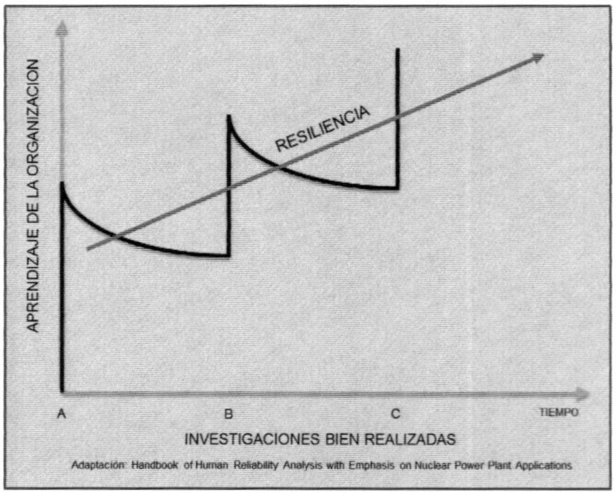

YPF

8ª CONFERENCIA LATINOAMERICANA DE SEGURIDAD DE PROCESOS DEL CCPS

"organizations have no memory; only people have memories and they move on".
Maestro Trevor Kletz

¡¡¡Muchas gracias por vuestra atención!!!
¿Preguntas?

- Pablo Francisco Cantasano
- pablo.cantasano@ypf.com

Supervisión Basada EN La Criticidad: Garantizando La Seguridad De La población

8TH CCPS LATIN AMERICAN CONFERENCE ON PROCESS SAFETY

Conference: CCPS Latin American Conference on Process Safety

Year: 2018

Proceeding: 8th CCPS Latin American Conference on Process Safety

Group: General Program

Session: Case Studies and Lessons Learned

Time: Thursday, September 13, 2018 - 2:30am-3:00am

Authors:

De Tomas Sanchez, J. Sr., ORGANISMO SUPERVISOR DE LA INVERSION EN ENERGIA Y MINERIA – OSINERGMIN
Minguez, N. Sr., Proyelco

El Organismo Supervisor de la Inversión en Energía y Minería (Osinergmin) tiene el encargo del Estado Peruano de fiscalizar que los agentes de la cadena de hidrocarburos (instalaciones, medios de transporte), que son aproximadamente 50,000 , cumplan con las normas de seguridad correspondientes.

Uno de los principales objetivos de Osinergmin es garantizar la seguridad de la población y de los consumidores en la operación de Grifos y Estaciones de Servicio. Para lo cual las acciones de supervisión consideraban la verificación de alrededor 100 ítems relativos a la seguridad exigidos por la normativa, y que al detectarse algún incumplimiento, se procedía a iniciar un Proceso Administrativo Sancionador (PAS) por cada artículo, con la finalidad de imponer sanciones económicas por tales incumplimientos. Sin embargo, los resultados de este modelo de supervisión no garantizaban la seguridad en estos establecimientos ni de la población, puesto que no era un disuasivo suficiente para que los inversionistas acaten las normas de seguridad, poniendo en peligro constante a la población que en más de una ocasión había sido afectada por accidentes graves en estos tipos de establecimientos, generando en la población una percepción de inacción de parte de Osinergmin.

El proceso de fiscalización generaba sanciones económicas las cuales eran apeladas por los inversionistas, e inclusive las judicializaban, lo cual demandaba largos periodos de atención durante el cual, estos establecimientos continuaban funcionando sin haber corregido las condiciones inseguras, exponiendo a un alto riesgo su propia seguridad y de la población cercana.

Frente a esta problemática Osinergmin cambió su estrategia implementando la supervisión por criticidad, que tiene por objetivo mejorar la eficiencia en la supervisión y evitar el funcionamiento de establecimientos que representen un peligro para la seguridad pública; y que consiste en la supervisión focalizada en las condiciones inseguras de criticidad alta que ponen en riesgo inminente la seguridad pública; imponiéndose como medida preventiva el cierre (total o parcial) de las instalaciones al detectarse incumplimientos normativos, hasta que procedan a corregir las condiciones inseguras.

Este tipo de supervisión motiva al operador del establecimiento a tomar acciones preventivas para velar por el cumplimiento de las condiciones de seguridad de sus establecimientos, permitiendo lograr la eficacia en los esfuerzos de supervisión, eliminar la carga laboral que se derivaba de los procedimientos administrativos sancionadores, generando una optimización en el uso de recursos de Osinergmin, empoderar la imagen de Osinergmin frente a la sociedad, generando confianza a través de una actuación oportuna y preventiva para cautelar la seguridad, y brindar una señal directa a los inversionistas de una mayor presencia y eficacia del regulador.

Este nuevo proceso lo iniciamos a fines del 2016, con el siguiente resultado: 40% cumplen. 60% No cumplen y por tanto se procedió con el cierre. La mayoría de los incumplimientos está relacionada a los equipos e instalaciones eléctricas en ÁREAS CLASIFICADAS COMO PELIGROSAS.

Estamos incidiendo con las capacitaciones en cada Región de nuestro País, tanto a los Operadores de los Grifos y Estaciones de Servicio, así como a nuestro personal que dirige la supervisión en cada Región. Esa estrategia ha permitido mejorar los indicadores de nivel de seguridad en estos establecimientos. A mayo 2018 tenemos un nivel de cumplimiento de 57%.

Los beneficios obtenidos con este nuevo proceso de supervisión son:

1. **Garantiza la seguridad de la ciudadanía. -** Se logró reducir la cantidad de grifos que incumplen con las normas de seguridad de criticidad alta de 60% a 33% y ninguno de ellos continuó funcionando sin antes corregir los incumplimientos que ponen en riesgo a la población.

2. **Subsanación de los incumplimientos en menor tiempo. -** Los inversionistas prefieren reiniciar sus operaciones lo más pronto posible, por ello la mayoría corrige las condiciones inseguras dentro de los 3 primeros días en los que se suspenden sus actividades.
3. **Promueve una cultura de prevención en los inversionistas. -** Antes no se realizaban capacitaciones, ahora solo en la implementación del proyecto se realizaron 79 talleres de capacitación a 4053 inversionistas. De acuerdo a un resultado de una encuesta, el 80% de los inversionistas indicó que con este esquema de supervisión se promueve la prevención.
4. **Los inversionistas cuentan con mayor seguridad, asegurando su capital de inversión**. - El 77% indica que la nueva normativa hace que los establecimientos sean más seguros.
5. **Los inversionistas eliminaron costos por procesos administrativos. -** El 50% de inversionistas declara haber apelado a un proceso administrativo sancionador, de los cuales el 73% indica haber incurrido en gastos por este proceso; en la actualidad ya no se aplican PAS, permitiendo que los inversionistas ahorren ese costo.
6. **Ayuda a los inversionistas a mejorar la seguridad**. - 40% declaró que el nuevo proceso de supervisión ayuda a mejorar la seguridad en sus establecimientos.
7. **Es más eficiente. -** Se prioriza la verificación de artículos de seguridad de criticidad alta en los operativos, disminuyendo los artículos verificados de 100 a 21, consiguiendo que los operativos disminuyan en duración de 4 horas en promedio por establecimiento, a la mitad del tiempo.Además, ahora se invierten menos recursos y tiempo para lograr estos objetivos, ya que se disminuyeron de 8 a 3 pasos el proceso de sanción a los agentes supervisados que presenten incumplimientos de criticidad alta.
8. **Se redujo la carga procesal de Osinergmin. -** al reducir la cantidad de Procesos Administrativos Sancionadores impuestos por incumplimientos de criticidad alta, pasando de 156 PAS en el 2015 a cero (0) en la actualidad. Se eliminaron las horas hombre tanto de supervisores como de abogados y recursos invertidos en revisar descargos, apelaciones, emitir informes y responder a los recursos administrativos que presentaban los agentes supervisados.

U.S. Chemical Safety and Hazard Investigation Board

Years of Driving Chemical Safety Change

1998 2018

U.S. Chemical Safety and Hazard Investigation Board

Process Safety Lessons Learned

Kristen M. Kulinowski, Ph.D.
Board Member & Interim
Executive Authority

8th CCPS Latin American
Conference on Process Safety
September 13, 2018

U.S. Chemical Safety and Hazard Investigation Board

https://www.britannica.com/event/Bangladesh-cyclone-of-1991

U.S. Chemical Safety and Hazard Investigation Board

Where the eye passed through

ard Banchich,
litor

merican Red Cross
on a scale of one to
Andrew swept across
ting whole communi-
re than 140,000
six on the Red Cross

('90) was entering
octoral program in
ersity of Rochester
ew landed in
more about the
she decided to
from her studies
volunteer in the
int in her life she
angladesh to aid
She never
eless she had
er relief: For
erved on the
ction Team
house fires. I
ake sure the
tims are met
l and clothing
lay." Her
cause "I had a
nteer in some
e."
the Red Cross
source
elp provide
ctims until
rea takes on

Kristen Kulinowski ('90), left, with fellow Red Cross volunteers who assisted victims of Hurricane Andrew in Florida. Ms. Kulinowski took a three-week leave from graduate work in chemistry at the University of Rochester to work with the Red Cross.

Canisius Chronicle, November 1992.

3

U.S. Chemical Safety and Hazard Investigation Board

Vision:

A nation safe from chemical disasters.

Mission:

Drive chemical safety change through independent investigations to protect people and the environment.

4

U.S. Chemical Safety and Hazard Investigation Board

Arkema Inc. Chemical Fire (August 2017)

NOAA National Environmental Satellite, Data, and Information Service (NESDIS)

U.S. Chemical Safety and Hazard Investigation Board

CLIMA EXTREMO, CONSECUENCIAS EXTREMAS: INVESTIGACIÓN DE LA CSB DE LAS INSTALACIONES DE ARKEMA EN CROSBY Y EL HURACÁN HARVEY

"20 años Generando Cambio en la Seguridad de las Sustancias Químicas"

Years of Driving Chemical Safety Change 1998 2018

CSB Junta de Investigación de Riesgos y Seguridad Química de los EE.UU.

Junta de Investigación de Riesgos y Seguridad Química de los EE.UU.

Resumen Ejecutivo

El 31 de agosto de 2017, se suscitó un incendio en las instalaciones de Arkema en Crosby, Texas, cuando los peróxidos orgánicos refrigerados se descompusieron después de los efectos del huracán Harvey. El incendio comenzó después de que los vapores de la instalación atravesaran una carretera pública y veintiún rescatistas de emergencia buscaran atención médica debido a la exposición a los vapores generados por el producto en descomposición. Debido a los esfuerzos de rescate, los funcionarios decidieron mantener esta carretera abierta a pesar de la zona despejada de evacuación de 1.5 millas alrededor de las instalaciones de Arkema; sin embargo, esta se cerró después de que comenzó el primer incendio. Durante los días siguientes, un segundo incendio y una quema controlada consumieron ocho remolques restantes que contenían el producto de peróxido orgánico a temperatura baja de Arkema.

En el transcurso de los tres incendios, más de 350.000 libras de peróxido orgánico hicieron combustión. Como resultado, más de 200 residentes que habitan a menos de 1.5 millas de la instalación evacuaron y no pudieron regresar a sus casas antes de una semana.

Aunque las instalaciones de Arkema Crosby se encuentran dentro de las llanuras pluviales con periodos de retorno de 100 y 500 años, las extensas inundaciones por fuertes lluvias excedieron las elevaciones de diseño del equipo y causaron que la planta perdiera la energía principal, la energía de respaldo, los sistemas críticos de refrigeración de peróxido y los remolques refrigerados de respaldo fueron necesarios para mantener el peróxido orgánico a bajas temperaturas. Esta inundación también obligó a todos los empleados de Arkema a evacuar la instalación.

El incidente en la planta Arkema Crosby se desarrolló durante doce días, desde el 24 de agosto de 2017 hasta el 4 de septiembre de 2017. La Figura 1 muestra un resumen de la línea de tiempo del incidente. Este incidente se puede separar en tres fases principales:

- Los preparativos de Arkema para el

6

CSB U.S. Chemical Safety and Hazard Investigation Board

Key Findings from Arkema Case

- Process hazard analysis team was unaware of flood risk.
- Floodplain information is not required to be used in process hazard analyses.
- More robust industry guidance is needed to help hazardous chemical facilities better prepare for extreme weather events.

7

CSB U.S. Chemical Safety and Hazard Investigation Board

CSB Guidance to Industry

- Perform an analysis to determine susceptibility to extreme weather events and other natural disasters.
- Apply a conservative risk management approach when evaluating and mitigating the potential effects of extreme scenarios.
- Ensure that critical safeguards and equipment are not susceptible to common mode failures.

8

U.S. Chemical Safety and Hazard Investigation Board

KNOWLEDGE SHARING

9

U.S. Chemical Safety and Hazard Investigation Board

Kleen Energy Explosion

10

U.S. Chemical Safety and Hazard Investigation Board

Tesoro Anacortes Explosion

11

U.S. Chemical Safety and Hazard Investigation Board

LEADERSHIP AND CULTURE

12

RISK IDENTIFICATION AND MANAGEMENT

13

CSB U.S. Chemical Safety and Hazard Investigation Board

STAKEHOLDER OUTREACH

14

U.S. Chemical Safety and Hazard Investigation Board

Vision:

world

A ~~nation~~ safe from chemical disasters.

15

U.S. Chemical Safety and Hazard Investigation Board

Years of Driving Chemical Safety Change

1998 2018

U.S. Chemical Safety and Hazard Investigation Board

1750 Pennsylvania Ave, NW, Suite 910
Washington, DC 20006
202-261-7600

Visit our Website: www.csb.gov

USCSB

@chemsafetyboard
@Kulinowski

U.S. Chemical Safety Board

16

Catastrophic Incidents Lessons Learned

Latin American Conference on Process Safety 2018

Chris Domingo | Risk Control Director

13th September 2018

Willis Towers Watson

Speaker Introduction

Chris Domingo – Risk Control Director, Natural Resources, Risk Engineering Team

- Chris joined Willis, London in 2010 as a member of the Engineering & Risk Management team
- He is a chartered chemical engineer responsible for conducting risk control surveys and providing an engineering service to our clients and brokers
- Prior to joining Willis, Chris spent 10 years in the catalyst manufacturing, precious metal refining, crude oil refining and oil & gas industries working in areas such as process development and design, project management, HazOp studies, commissioning and operations

Agenda

willistowerswatson.com

Agenda

- What is a Catastrophic Incident?
- Lessons Learned from Historic Catastrophic Incidents
- Catastrophic Incident - Case Study
- Loss Incidents - Latin American Oil & Gas Industry
- Recent Major Loss Incidents - Global Oil & Gas Industry
- The "Real" Lessons Learned

willistowerswatson.com

What is a Catastrophic Incident?

What is a Catastrophic Incident?

Oxford English Dictionary Definition:
- A catastrophic incident is one that involves or causes sudden great damage or suffering

Cambridge English Dictionary Definition:
- A catastrophic incident is a sudden event that causes very great trouble or destruction

Collins English Dictionary Definition:
- A catastrophic incident is something that involves or causes a sudden terrible disaster

Catastrophic Incident (Key Words):
- Sudden
- Great Damage
- Great Suffering
- Great Trouble
- Great Destruction
- Terrible Disaster

Lessons Learned from Historic Catastrophic Incidents

Lessons Learned from Historic Catastrophic Incidents

Piper Alpha (Upstream) – Incident Summary

1988

The Piper Alpha Disaster occurred on 6th July 1988.

USD 5 Billion

The Piper Alpha Platform was engulfed in flames due to explosions and fires; it eventually collapsed in the North Sea. The total loss is estimated at GBP 2 Billion (~USD 5 Billion) in today's money.

167

There were 167 fatalities, with many more injured and traumatised.

10%

The Piper Alpha Disaster led to a loss of 10% of the UK's Oil Production.

3 Weeks

It took approximately three weeks for the fires from the explosions on the platform to be extinguished.

References - Piper Alpha: The Disaster in Detail by Fiona Macleod and Stephen Richardson

Lessons Learned from Historic Catastrophic Incidents

Piper Alpha (Upstream) – Lessons Learned

- Management of Change (Design Issues)
- Personal Safety over Process Safety (Firewater Pumps on manual start to protect Divers)
- Permit to Work and Isolation for Maintenance (Pump re-started before Maintenance complete)
- Handover (Inadequate transfer of Information between Crews, Shifts and Disciplines)
- Interconnection (No Rig is an Island)
- Emergency Response – Evacuation
- Safety Culture (Complacency — everything's fine)

References - Piper Alpha: The Disaster in Detail by Fiona Macleod and Stephen Richardson

Lessons Learned from Historic Catastrophic Incidents

Phillips 66, Pasadena (Downstream) – Incident Summary

1989

The Phillips 66, Pasadena Disaster occurred on 23rd October 1989.

USD 2 Billion

The Phillips 66 Chemical Complex at Pasadena (near Houston) experienced a chemical release from the polyethylene plant, which formed a vapour cloud that ignited causing a massive vapour cloud explosion (VCE). The total loss is estimated at USD 2 Billion.

23

There were 23 fatalities, with 100 to 300 people injured.

1 Day

The day before the incident maintenance work had begun to clear three of the six settling legs of a reactor.

2 Mins

It took approximately two minutes for the vapour cloud to ignite.

References – UK Health and Safety Executive (HSE); Willis Towers Watson Energy Loss Database 5th September 2018

Lessons Learned from Historic Catastrophic Incidents

Phillips 66, Pasadena (Downstream) – Lessons Learned

- Maintenance Procedures (Isolation, Re-commissioning, Training/Competence, Management/Supervision)
- Leak/Gas Detection (Positioning of Detectors)
- Plant Layout (Positioning of Occupied Buildings)
- Permit to Work Systems (Working in Hazardous Areas)
- Active/Passive Fire Protection (Testing and Inspection)
- Warning Signs (Human Factors)
- Emergency Response (Site Emergency Plan)

References – UK Health and Safety Executive (HSE)

Catastrophic Incident - Case Study

Catastrophic Incident - Case Study

Outline of the Incident

- 2000, Middle East
- Loss of Primary Containment (LOPC) originated from a third-party transfer pipeline running through the Refinery
- 10" (250Ø) carbon steel above-ground pipeline carrying un-stabilised condensate at ambient temperature and ~40 barg
- ~50 minutes from initial discovery to full line rupture
- Line rupture due to closure of downstream valve and auto-refrigeration
- Released material formed a vapour cloud with delayed ignition
- Resulted in a catastrophic Vapour Cloud Explosion (VCE) event and fires following

Catastrophic Incident - Case Study

Vapour Cloud Explosion (VCE) Damage and Fires Following

Catastrophic Incident - Case Study

Vapour Cloud Explosion (VCE) Damage and Fires Following

Catastrophic Incident - Case Study

Fire-Fighting Effort

Catastrophic Incident - Case Study
Control Building Blast Damage

Catastrophic Incident - Case Study
VCE Damage to Process Unit

Catastrophic Incident - Case Study

Extent of Damage

Catastrophic Incident - Case Study

Consequences of Loss

2000

This catastrophic event occurred at a Middle Eastern Refinery in 2000.

USD 2 Billion

Total economic loss to 5 process units within ~100 m radius with a further 3 process units severely damaged. Property Damage (PD) was USD 375 million. Business Interruption was approximately USD 1.5 million/day. The total loss is estimated at USD 2 Billion.

6

There were 6 fatalities, with approximately 50 people injured.

3 Years

Phased refinery start-up with up to 3 years for the most-damaged process units.

50 Mins

It took approximately 50 minutes for the pipeline to rupture leading to a delayed vapour cloud explosion.

Catastrophic Incident - Case Study

Causation

- Severe internal pitting corrosion in a section of pipeline at the 6 o'clock position
- Degradation mechanism due to water drop-out, chlorides and hydrogen sulphide (H_2S)
- Some external corrosion also noted (moisture/wind blown saline/sandy environment)
- Two modes of corrosion acted together in the area of pipeline support
- The pipeline had been pressure de-rated some years earlier following internal inspection (pigging) by third-party owner and discovery of pitting corrosion
- Inspection results not communicated between the different ownership parties

Catastrophic Incident - Case Study

Failed Condensate Pipeline (North end) and (South end)

Catastrophic Incident - Case Study

Lessons Learned

Mechanical Integrity Learnings:

- Inspection programme for offsite pipelines
  - Risk-based written schemes of examination
  - Check for corrosion at pipeline supports
- Communication between inspection parties
- Audit of third-party inspection activity

Other Learnings:

- Management of Change (Pipeline had been pressure de-rated some years earlier)
- Operations Procedures (Training/Competence, Management/Supervision)
- Leak/Gas Detection (Positioning of Detectors)
- Active Fire Protection
- Emergency Response (Offsite Emergency Plan)

Contributory Causes:

- Identification of offsite pipelines (pipework labelling standards)
- Isolation of offsite pipelines (remote-actuated or accessible manual)
- Identification of isolation points
- Communication between ownership parties

Loss Incidents - Latin American Oil & Gas Industry

Loss Incidents - Latin American Oil & Gas Industry

Total Losses over the last 30 Years

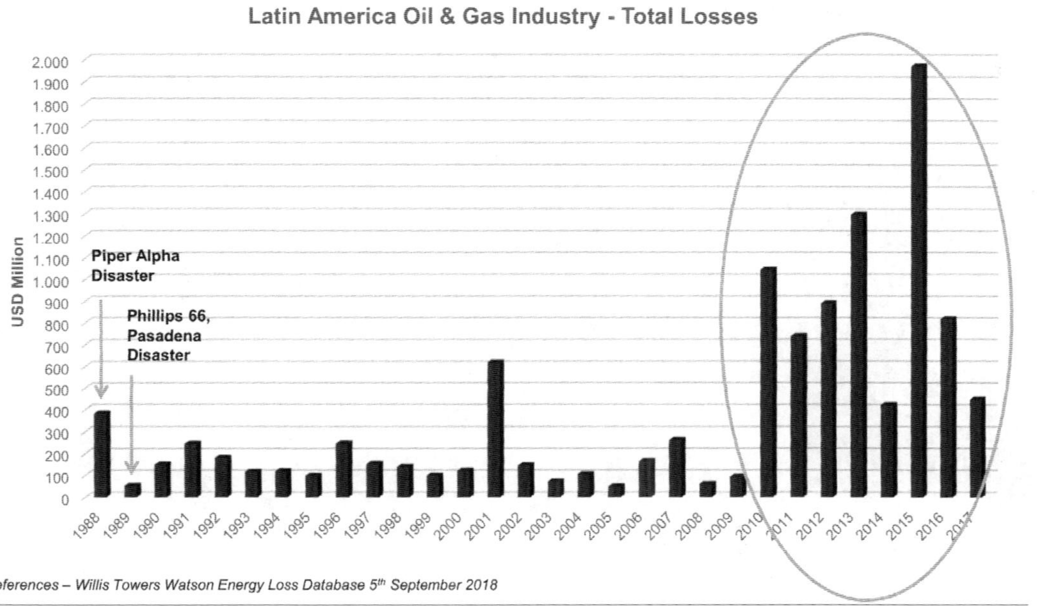

References – Willis Towers Watson Energy Loss Database 5th September 2018

Loss Incidents - Latin American Oil & Gas Industry

Loss Incidents over the last 30 Years

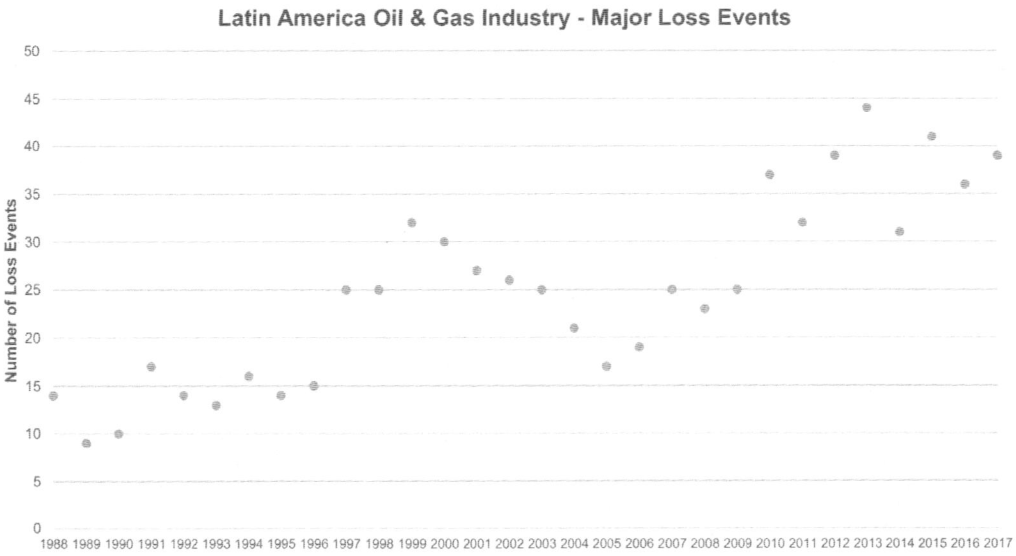

References – Willis Towers Watson Energy Loss Database 5th September 2018

Recent Major Loss Incidents - Global Oil & Gas Industry

Recent Major Loss Incidents - Global Oil & Gas Industry

World Map – Upstream Losses > USD 100 Million (2015 to 2017)

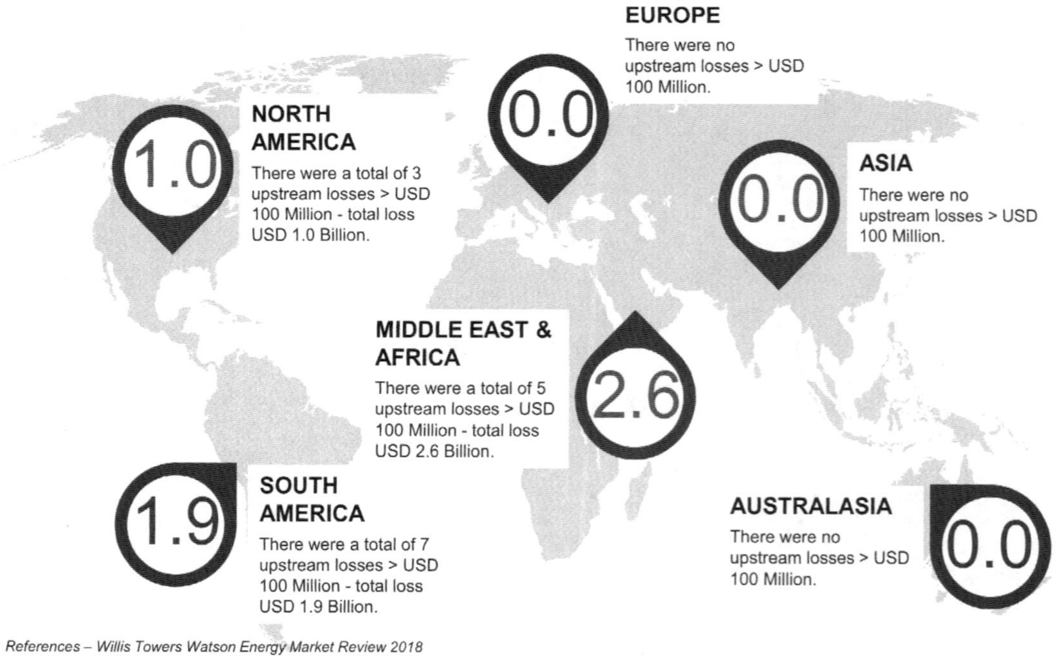

References – Willis Towers Watson Energy Market Review 2018

Recent Major Loss Incidents - Global Oil & Gas Industry

World Map – Downstream Losses > USD 100 Million (2015 to 2017)

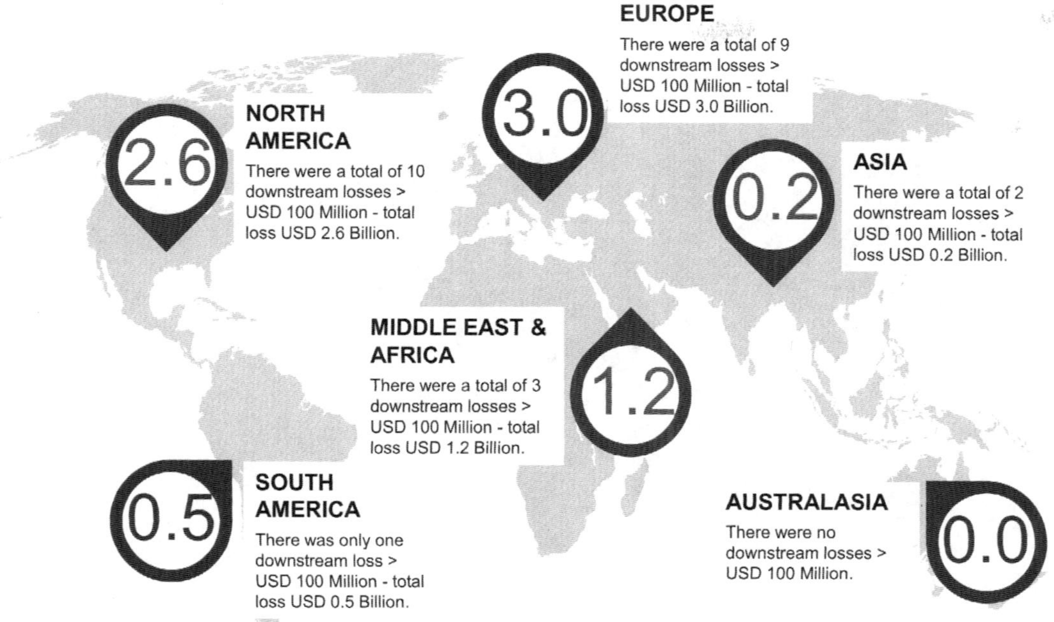

References – Willis Towers Watson Energy Market Review 2018

The “Real” Lessons Learned

The "Real" Lessons Learned

Key Trends

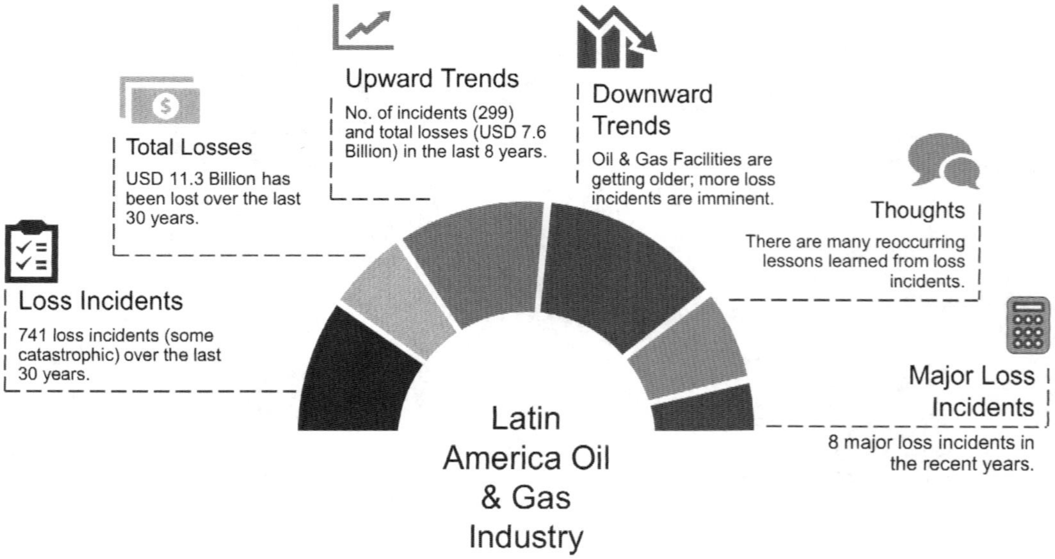

The "Real" Lessons Learned

The Way Forward

There are many lessons learned from catastrophic incidents but are we really learning our lessons?!

Similar lessons learned from catastrophic loss incidents seem to be reoccurring (e.g. Management of Change, Permit to Work, Isolation Practices, Leak/Gas Detection, Mechanical Integrity, etc.). These key lessons require a renewed focus.

Sharing of high potential (HiPo) incidents between Latin American Oil & Gas Companies is the key to tackling these worrying trends (increasing number of loss incidents and increasing total losses).

Oil & Gas Facilities in Latin America need to be renewed (most are over 20 to 30 years old) to prevent further major loss incidents and/or catastrophic incidents, as these may be imminent.

Thank You

AUTHOR INDEX

AIChE
120 Wall Street, FL 23
New York, NY 10005-4020

ISBN 978-1-5108-8235-5

CURRAN ASSOCIATES INC.
proceedings.com